智能制造
SMT设备操作与维护

ZHINENG ZHIZAO
SMT SHEBEI CAOZUO YU WEIHU

余佳阳　汤　鹏　主编

化学工业出版社

·北京·

内 容 简 介

本书采用通俗易懂的语言、图文并茂的形式，详细讲解了智能制造 SMT 设备操作与维护的相关知识，覆盖了 SMT 生产线常用的设备，主要包括上板机、印刷机、SPI 设备、双轨平移机、贴片机、AOI 设备、缓存机、回流焊、X-ray 激光检测仪、AGV 机器人、传感器、烤箱、电桥等，还对 SMT 生产线的运行管理做了介绍。

本书内容丰富实用，讲解循序渐进，非常适合 SMT 生产线的技术人员、电子工程师、自动化工程师等自学使用，也可用作职业院校相关专业的教材及参考书。

图书在版编目（CIP）数据

智能制造 SMT 设备操作与维护/余佳阳，汤鹏主编. —北京：化学工业出版社，2022.10（2023.8重印）
ISBN 978-7-122-41945-3

Ⅰ.①智… Ⅱ.①余… ②汤… Ⅲ.①SMT 设备-操作②SMT 设备-维修 Ⅳ.①TN305.94

中国版本图书馆 CIP 数据核字（2022）第 137031 号

责任编辑：耍利娜　　　　　　　　　　　文字编辑：林　丹　吴开亮
责任校对：杜杏然　　　　　　　　　　　装帧设计：刘丽华

出版发行：化学工业出版社（北京市东城区青年湖南街 13 号　邮政编码 100011）
印　　装：北京天宇星印刷厂
787mm×1092mm　1/16　印张 21½　字数 539 千字　2023 年 8 月北京第 1 版第 2 次印刷

购书咨询：010-64518888　　　　　　　售后服务：010-64518899
网　　址：http://www.cip.com.cn
凡购买本书，如有缺损质量问题，本社销售中心负责调换。

定　　价：98.00 元　　　　　　　　　　　　版权所有　违者必究

前言

SMT（Surface Mounted Technology，表面贴装技术）是电子组装行业里非常流行的一种技术和工艺。它是一种将无引脚或短引线表面贴装器件（SMC/SMD，也称片状元器件）安装在印制电路板（Printed Circuit Board，PCB)的表面或其他基板的表面上，通过再流焊或浸焊等方法加以焊接组装的电路装连技术。日常生活中常见的电子产品内部的电路板（印制电路板）都是通过这个技术实现的，通过SMT设备中的贴片机将电子元器件贴装到电路板上，再经过回流炉焊接，最终成为一块主板。SMT在当今电子行业中发挥着巨大作用。

SMT设备就是表面贴装技术所需要的机器，一般一条完整的SMT生产线需要包含上板机、印刷机、接驳台、SPI设备、贴片机、插件机、回流焊、波峰焊、X-ray激光检测仪、下板机等设备，不同工厂可根据实际产品需要增删相关设备，必须拥有的设备有印刷机、贴片机、回流焊。

SMT的优点有组装密度高、电子产品体积小、重量轻、可靠性高、抗振能力强、焊点缺陷率低、高频特性好，同时易于实现自动化，可提高生产效率，节约材料、能源、设备、人力、时间等成本。

如今，电子产品呈现小型化、多功能化的发展趋势，IC封装也向着高度集成化、高性能化、多引线和窄间距化方向发展，使得SMT在高端电子产品中的应用越来越广泛。SMT在我国的发展也十分迅速，近些年我国引进了大量生产线，产能规模扩大了数倍，从业人员数量也大幅增加。鉴于SMT是一门综合性比较强的工程科学技术，需要具备系统的理论知识和实践经验，才能成为合格的从业人员，因此笔者决定编写本书。

本书通过项目任务式的编写方式，帮助读者系统掌握SMT设备操作与维护的相关知识，用通俗易懂的语言、图文并茂的形式，详细地介绍了每个设备的结构、工作原理、操作规范、注意事项、保养维护技巧等，对于SMT生产线各环节的技术人员，本书都能为之提供一定的帮助。

本书由北海市中等职业技术学校的余佳阳（项目三、项目八、项目十和项目十三）、汤鹏（项目五、项目六、项目九和项目十一）主编，参编人员还有北海市中等职业技术学校的翟炎诗（项目一）、李敏（项目二）、覃雪清（项目四）、陈雪（项目七）、叶志林（项目十二）。

由于时间和水平有限，书中不足之处在所难免，请广大读者批评指正。

编　者

目录

项目六　AOI设备操作与维护

项目七　缓存机操作与维护

项目八　回流焊操作与维护

项目九　X-ray激光检测仪操作与维护

项目十　AGV机器人操作与维护

项目十一　传感器

项目十二　其他设备操作与维护

项目十三　SMT生产线运行管理

附　录

项目一

上板机操作与维护

📋 项目概述

　　LD-250 型全自动上板机（送板机）能与自插机、丝印机、贴片机、A.P.T（自动编程工具）等设备连接，自动完成 PCB（印制电路板，也称基板）的上料，实现联机自动化。该机以 PLC（可编程逻辑控制器）为控制核心，抗干扰能力强。设计上采用多重保护措施，自动化程度高，可靠性及稳定性高，操作简单。

　　本机主要特点：

- 外观采用流线型设计；
- 采用 PLC 控制，抗干扰能力强，工作稳定可靠；
- 操作界面采用触摸屏控制，操作简便，人机对话方便；
- 具有故障报警信息显示及提示功能，方便快速处理故障；
- 具有多项声光报警功能；
- 具有紧急制动功能；
- 可使用标准料架，通用性强；
- 可根据 PCB 厚度设定料架升降步距；
- 内置推板机构，无须单独购买推板机；
- 备有信号通信接口，可与其他机器在线联机。

🐛 本项目主要学习任务

　　学习任务 1　　了解上板机
　　学习任务 2　　上板机操作
　　学习任务 3　　上板机维护

学习任务 1　　了解上板机

🌪 任务描述

　　上板机是生产线体的自动化投入第一站，可以有效减少人工作业的隐患问题，节约人力成本，是线体自动化及高产量的必备设备。那么，上板机的构造是什么？上板机的工作原理是什么？设备安装过程中需要注意什么？如何调校？

学习目标

（1）认识上板机及其构造、工作流程及主要参数。

（2）上板机设备安装与调校。

知识准备

一、认识上板机及其构造

（1）硬件介绍：如图 1-1 所示，主要包括本体设备、周转箱等。

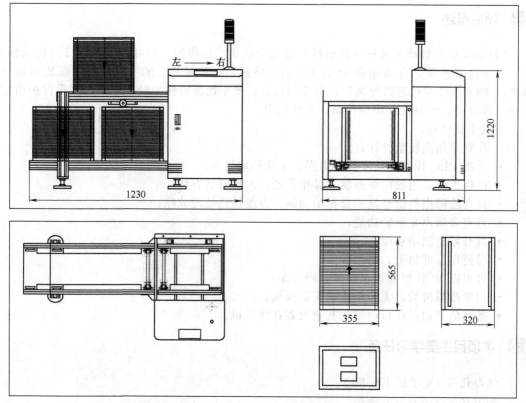

技术说明

1—机器外形尺寸为 $W(811) \times L(1230) \times H(1220)$；

2—周转箱规格为 $W(320) \times L(355) \times H(565)$；

3—电路板尺寸为 $W(250) \times L(330)$；

4—送板高度为 920±30；

5—周转箱可储板 50PCS。

图 1-1

（2）上板机工作流程图如图 1-2 所示。

（3）主要技术参数如表 1-1 所示。

二、机器安装与调校

1. 工作环境及条件

（1）本设备应放置在平坦坚硬地面；

（2）工作环境温度应在 5～45℃；

（3）工作环境湿度应在 20%～95%；

（4）机器附近不能有强磁场；

（5）使用具有单相 220V（10A）稳定电压的电源（保证接地良好）；

（6）使用经过净化处理的 0.5～0.7MPa 的工业气源。

2. 设备安装

（1）开箱后将本机平稳落地，装上三色信号灯；

（2）根据本机与上工位设备的接驳情况，将其调整到正确的位置；

（3）升高并调整机架底部的固定脚杯，使机架呈水平状态并达到正确高度；

（4）接入电源（1P，220V，16A）、气源（将气压调至 0.4MPa）；

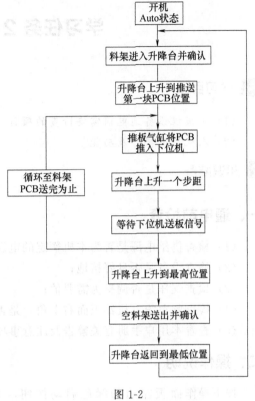

图 1-2

表 1-1

英文项目	中文项目	LD-250 参数
PCB Size	PCB 尺寸	(60～250)mm×350mm
PCB Convey or Height	PCB 运输高度	900mm±20mm
PCB Convey or Direction	PCB 运输方向	L→R(R→L 选配)
PCB Pitch Selection	PCB 料架升降步距	10mm,20mm,30mm,40mm
Magazine Size	适用料架规格	355mm×320mm×565mm
Power Requirement	电源	220V，单相 50/60Hz
Power for Operation	电力消耗	180W
Air Supply	气源	5kg/cm²
Weight	重量	约 145kg
Dimensions	外形尺寸(L×W×H)	1250mm×810mm×1200mm

（5）本设备必须可靠接地，从电箱内部左下角接地标志处引出接地线可靠接大地。

3. 调整

该设备出厂前已调试完毕，若需调整可按如下方法进行：

（1）调整机器下的脚杯可使机器处于水平，同时使接驳装置导轨高度与上位机 PCB 输出导轨高度适配（详细请参照项目二的学习任务 7 接驳装置的调节）。

（2）在手动操作状态，打开丝杆传动系统后盖，可根据需要分别做如下调整：

① 调整"升降台上升最高位置传感器"的位置，使升降台与上运输台高度一致，使料箱进入顺畅。

② 调整"升降台下降最低位置传感器"的位置，使升降台与下运输台高度一致，使料箱送出顺畅。

学习任务 2 上板机操作

学习目标

（1）上板机设备通电前需要检查的项目。
（2）人机界面操作及功能。

知识准备

一、通电前检查

（1）检查供给电源是否为本机额定的电源；
（2）检查设备是否良好接地；
（3）检查气压是否调整为需要值；
（4）检查紧急掣（机器正面右上角）是否已弹起；
（5）查看本用户手册有关警告及注意事项部分的说明，确认整机调整已经完成。

二、操作说明

按下操作面板左边的绿色启动按钮，人机界面（HMI）自检后进入欢迎界面，见图 1-3。

点击"进入"后，系统会自动进入自动操作界面，见图 1-4。

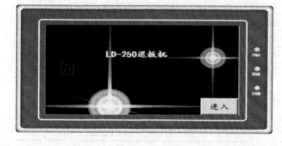

图 1-3

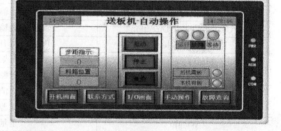

图 1-4

在此界面中可进行设备的启动和停止，用于正常工作中，并显示当前工作的间距及当前位；还可监控后设备信号状态。轻轻按下"联系方式"，系统将进入联系方式界面，见图 1-5，在此界面可查询相应的联系方式及地址。

轻轻按下"I/O 画面"，系统将进入"I/O 界面"，如图 1-6 所示，此界面中可查看机器的 I/O 状态。

按下"手动操作"，系统将进入手动操作界面，如图 1-7 所示，此界面中可进行各种手动操作，一般用于设备调试及步距设置，设置步距则直接在输入栏中写入数字 1～4。

本系统设有声光报警并具有故障报警原因分析系统，出现故障时会弹出相应的报警对话框，见图 1-8。

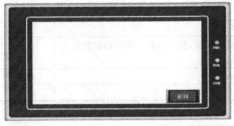
图 1-5

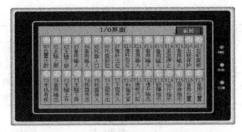
图 1-6

图 1-7

图 1-8

此时可以根据提示进行故障的查找和排除，故障排除后轻轻按下"自动界面"键，系统将退到自动操作界面，按下"启动"键系统继续工作。

注意：操作人员在操作人机界面时请轻轻触摸，不要用力过大或用尖锐的器具操作，以免损坏触摸屏。

学习任务 3 上板机维护

📚 学习目标

（1）上板机的保养项目。
（2）上板机气动原理图。
（3）上板机电气原理图。

➡️ 知识准备

一、上板机维护保养项目

上板机维护保养项目见表 1-2。

二、上板机气动原理图

上板机气动原理如图 1-9 所示。

三、上板机电气原理图

上板机电气原理如图 1-10 所示。

表 1-2

序号	项目	操作方法	时间
1	减速箱	打开减速箱底部放油螺栓,放完旧油后锁紧,然后打开上部注油螺栓注入新油(30 号润滑油),注满后锁紧	1 次/年
2	所有传感器	检查所有传感器是否松动或正常感应	1 次/周
3	传动系统	给升降导杆及丝杠加润滑脂	1 次/周

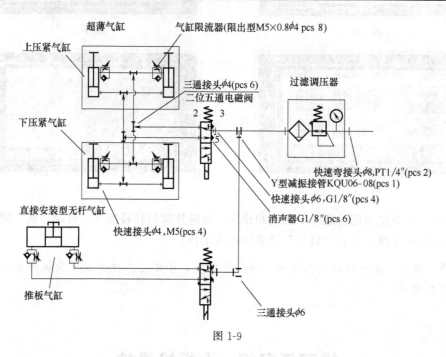

图 1-9

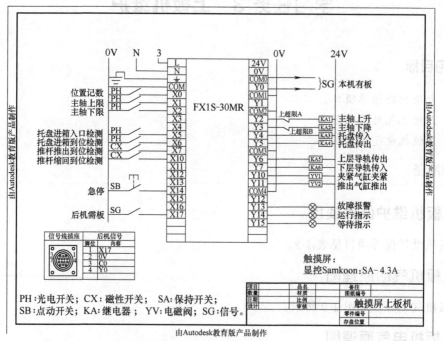

(a)

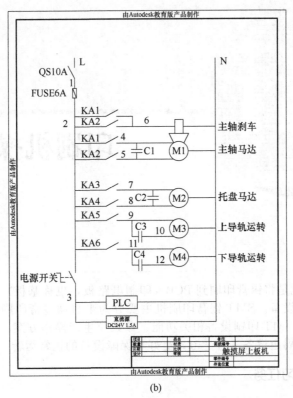

(b)

图 1-10

四、上板机维护注意事项

（1）本设备只能由专业维护及维修人员或培训合格的人员进行维护操作；通电之前，应确认外接输入电源与该设备的额定电压及电流相符，本设备内含机械及气压传动装置，操作时应注意人身安全。

（2）设备工作时严禁把头、手、脚伸入护栏内，以免造成人身伤害。

印刷机操作与维护

项目概述

    SMT 锡膏印刷机是将锡膏印刷到 PCB（印制电路板，也称基板）上的设备，它是对工艺和质量影响最大的设备。SMT 锡膏印刷机主要分为半自动锡膏印刷机和全自动锡膏印刷机。本项目重点阐述 SMT 印刷设备相关功能、参数及生产操作方案，进而让设备维护人员更好地运用该设备及周边设备进行学习，更好地保障设备的正常运转。

本项目主要学习任务

    学习任务 1   了解印刷机
    学习任务 2   典型印刷机认知——GKG 全自动印刷机
    学习任务 3   了解 I/O 信号与机器进行通信接线
    学习任务 4   印刷机操作与编程
    学习任务 5   印刷机维护
    学习任务 6   钢网张力检测仪的操作及使用注意事项
    学习任务 7   接驳台操作及使用注意事项

学习任务 1   了解印刷机

学习目标

（1）了解 SMT 印刷设备发展过程。
（2）掌握 SMT 印刷设备的工作原理。
（3）了解 SMT 印刷设备分类。

知识准备

一、了解 SMT 印刷设备发展过程

    锡膏印刷机是 SMT 生产过程中将锡膏印刷到印制电路板的必备设备。锡膏印刷机分为

自动锡膏印刷机、半自动锡膏印刷机和手动锡膏印刷机，通常锡膏印刷机是以自动锡膏印刷机为代表。

二、掌握 SMT 印刷设备的工作原理

SMT 印刷设备由网板（Stencil）、刮刀（Squeegee）、印刷工作台（Table）等构成。生产时，将锡膏（Solder Paste）涂敷于网板上，网板与印制电路板以光学点（Mark）对应定位后，刮刀以一定的速度和压力划过，将锡膏挤压填充进网板开口部位，利用锡膏的触变性和黏附性，透过网孔以固定形状将锡膏脱模落在基板（PCB）对应的焊盘（Pad）上。

三、了解 SMT 印刷设备分类

1. 按照设备功能先进程度分类

（1）手动锡膏印刷机（也称人工印刷机，图 2-1）。人工印刷机是将锡膏（贴片胶）漏印到 PCB 的焊盘上（焊盘中间），为下一工序做准备。人工印刷机是人工进行放板、定位、印刷、取板及清洗网板等工作。

（2）半自动印刷设备（图 2-2）。采用精密导轨和调速马达来驱动刮刀座，确保印刷精度；印刷刮刀可向上旋转 45° 固定，便于印刷网板及刮刀的清洗及更换；刮刀座可前后调节，以选择合适的印刷位置；组合式印刷台板具有固定沟槽及PIN，安装调节方便，适用于单、双面板的印刷；校板方式采用钢网移动，并结合 PCB 的 X、Y、Z校正微调，方便快捷；采用 PLC 及触摸屏控制，简单、方便，更适于人机对话；可设定单向及双向等多种印刷方式；具有自动计数功能，方便生

图 2-1

产产量的统计；刮刀角度可调，钢刮刀、橡胶刮刀均适合；触摸屏具有屏保功能，时间可任意调节，保证触摸屏使用寿命；具有擦网报警功能，便于准时擦洗网板，保证印刷质量；采用 AE 独特的程序设计，印刷刮刀座调节方便；印刷机速度显示，可任意调节；上下升降采用专用气缸，保证工作稳定。

（3）全自动印刷设备（图 2-3）。设计上更加智能化、简单化，取消了繁杂的操作程序，可以一键操作。速度也可以自由调节，同时刮刀的角度也可以任意调节；屏保设计在使用中就避免了使用过久屏幕损坏的情况发生；通过内部的系统调节，可以调节出单向印刷和双向印刷的形式，同时还可以调节出多项的印刷形式，这样就避免了印刷形式的单一，从而迎合多种印刷模式的需求；在印刷中最难

图 2-2

的是调节正确的位置，通过对锡膏印刷机的刮刀座进行设计，可以找到印刷的需求位置；使用了很好的输出系统，让员工进入工作区域进行调整有一套完整的系统。通过这样的系统来调整工作的每个环节，能更方便确保每个工作进度的正常进行，从而达到每个进度都能对号

入座；锡膏印刷机具有智能化的特性，能自动记录生产的数量，这样可以计算出生产效率，同时也能根据记录分配工作任务；内部通过导轨和电机来驱动其中的刮刀，确保印刷过程中的精准度。

图 2-3

2. 按照品牌厂商分类

(1) DEK Photon。采用快速输送技术（Rapid Transit Conveyor，RTC），强调 4s 的核心周期。

(2) MPM Accela。强调在上板和定位的过程中可实现钢网的清洗动作，将清洗所占用的周期时间（Cycle Time）压缩到最小值。

(3) GKG 全新机型。并行处理清洗和印刷的印刷机，通过两个钢网的交替使用：一个钢网正常生产，另一个清洗备用（已申请专利）。完全将清洗所占用的时间过滤掉，使得印刷设备工作过程中只处理印刷，Cycle Time 只同印刷相关；采用快速进板机构和三段导轨系统缩短定位时间从而压缩 Cycle Time。

➡️ 任务小结

通过对印刷设备发展历程及印刷设备类型学习，初步了解印刷设备技术指标，进而认识到印刷设备在 SMT 制程中的重要性。

学习任务 2　典型印刷机认知——GKG 全自动印刷机

📖 学习目标

(1) 能够清楚了解并掌握该设备功能。

(2) 能够清楚了解设备技术参数。

➡️ 知识准备

一、印刷设备功能了解

(1) 先进的上视/下视视觉系统，独立控制与调节的照明，高速移动的镜头，精确地进行 PCB 与模板的对准，确保印刷精度为 ±0.025mm。

(2) 高精度伺服电机驱动及 PC 控制，确保印刷的稳定性和精密度，无限制的图像模式识别技术，具有 ±0.01mm 重复定位精度。

(3) 悬浮式印刷头，具有特殊设计的高刚性结构，刮刀压力、速度、行程均由计算机伺服控制，维持印刷质量的均匀稳定；刮刀横梁经过特殊优化结构设计，轻巧且外形美观。

(4) 可选择人工/自动网板底面清洁功能。自动、无辅助的网板底面清洁功能，可编程控制干式、湿式或真空清洗，清洗间隔时间可自由选择，能彻底清除网孔中的残留锡膏，保证印刷品质。

（5）组合式万用工作台，可依 PCB 大小设定安置顶针和真空吸嘴，使装夹更加快速、容易。

（6）多功能的板处理装置，可自动定位夹持各种尺寸和厚度的 PCB，带有可移动的磁性顶针和真空平台及真空盒，有效地克服板的变形，确保印刷过程均匀。

（7）具有"Windows XP 视窗"操作界面和丰富的软件功能，具有良好的人机对话环境，操作简单、方便、易学、易用。

（8）具有对故障自诊断声、光报警和提示故障原因的功能。

（9）无论单/双面 PCB 均可作业。

（10）可完美印刷 0.3mm 间距的焊盘。

（11）平衡式印刷头。

（12）橡胶刮刀。

（13）真空盒。

（14）真空平台（印刷 0.4～0.6mm 厚薄板时选用）。

二、设备技术参数

1. 印刷参数

印刷参数如表 2-1 所示。

表 2-1

Frame Size	网框最小尺寸	370mm×370mm
	网框最大尺寸	737mm×737mm
PCB Size	PCB 最小尺寸	50mm×50mm
	PCB 最大尺寸	400mm×340mm
PCB Thickness	PCB 厚度	0.4～6mm
PCB Distortion	PCB 扭曲度	最大 PCB 对角线 1%
Support System	支撑方式	磁性顶针、自动调节顶升平台
Clamp System	夹紧方式	独特的顶部压平、边夹、真空吸嘴
Table Adjustment Range	工作台调整范围	X:±3mm;Y:±7mm;θ:±2°
Conveyor Speed	导轨传送速度	最高 1500mm/s，可编程
Conveyor Height	导轨传送高度	860～940mm
Conveyor Direction	传送方向	左—右,右—左,左—左,右—右
Squeegee Pressure	刮刀压力	0.5～10kgf/cm^2
Printing Speed	印刷速度	10～200mm/s
Squeegee Angle	刮刀角度	60°、55°(标准)、45°
Squeegee Type	刮刀类型	钢刮刀、橡胶刮刀
Cleaning System	清洗方式	干式、湿式、真空(可编程)

2. 整机参数

整机参数如表 2-2 所示。

表 2-2

Repeat Positioning Accuracy	重复定位精度	±0.01mm
Printing Accuracy	印刷精度	±0.025mm
Cycle Time	周期时间	<8.5s(不包含印刷、清洗时间)
Product Changeover	换线时间	<5min
Air Required	使用空气	4～6kgf/cm^2
Power Input	电源	AC(1±10%)220V,50/60Hz,2.5kW 单相
Control Method	控制方法	PC 控制
Machine Dimension	设备尺寸	1158(L)mm×1362(W)mm×1463(H)mm
Weight	重量	约 1000kg

3. 光学参数

光学参数如表 2-3 所示。

表 2-3

Fiducial Mark Detection	标记点探测	用一个 CCD 摄像机通过网板和基板上两个标志点进行识别
Alignment Mode	调整方式	用摄像机探测到 PCB 和网板位置,通过视觉校正系统软件控制方向工作台作 X—Y—角度方向修正,实现网板与基板的对准
Fiducial Mark Shape	标记点形状	任何形状
Fiducial Mark Size	标记点大小	可做成直径或边长为 1～3mm 的各种形状的孔,允许偏差 10%
Fiducial Mark Type	标记点类型	透空型:周边用薄铜材料 半透空型:中间为透明或半透明涂层材料,可用镍、青铜等
Fiducial Mark Require	标记点要求	标记点涂层表面要求平且光滑

4. 机器外形尺寸

机器外形尺寸如图 2-4 所示。

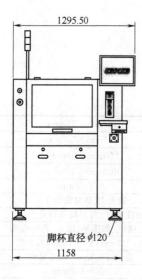
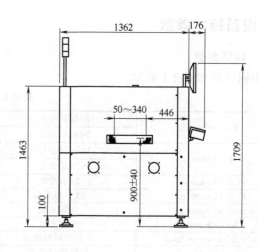

图 2-4

➡️ 任务小结

通过该任务的学习,初步了解了 GKG 全自动印刷机各项设备参数,从而对设备有基本的掌握。

学习任务 3　了解 I/O 信号与机器进行通信接线

📖 学习目标

（1）了解使用 I/O 检测各机构运转状况的基本知识。

（2）初步掌握利用 I/O 进行设备运动控制。

（3）初步掌握印刷设备与周边设备通信接线。

→ 知识准备

一、I/O 检测

（1）I/O 检测作用是对所有控制系统输入点、输出点进行检测，判断工作是否正常。操作程序如下：单击"主画面工具栏 1"中的"I/O 检测"按钮，显示"输入检测"对话框，如图 2-5 所示。

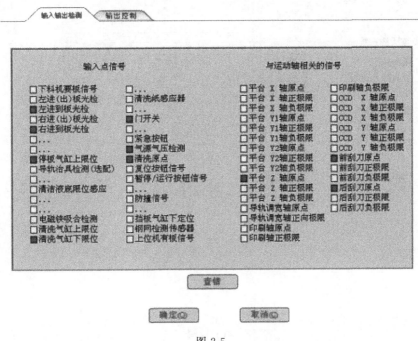

图 2-5

（2）对话框中各项输入前的方框如显示为红色，表示当前已检测到该输入点的信号；如为白色，表示当前没有检测到该输入信号。

（3）单击如图 2-5 对话框上方的"输出控制"，显示"输出检测"对话框，如图 2-6 所示。

（4）在此对话框中，可对运输系统、印刷系统、CCD 与清洗系统的马达、气缸、电磁阀等输出控制进行检测以及对报警信号的输出进行检测。"运输系统"栏包括停板气缸、吸板真空阀、启动运输马达、压板装置等操作。"印刷系统"栏包括对网框的固定、定位操作。"CCD 与清洗系统"栏主要包括清洗真空的开启、清洗电磁铁的磁吸、清洗气缸的升降、清洗剂的喷射、转纸马达的转动操作，另外还包含了 LED1、LED2、LED3、LED4 的操作。"信号"栏主要是检测红灯、黄灯、绿灯、蜂鸣器以及要板的信号。单击"确定"或"取消"，回到主窗口画面。

二、运动控制

单击"主画面工具栏 1"中的"运动控制"按钮，弹出"运动控制"对话框，如图 2-7 所示。

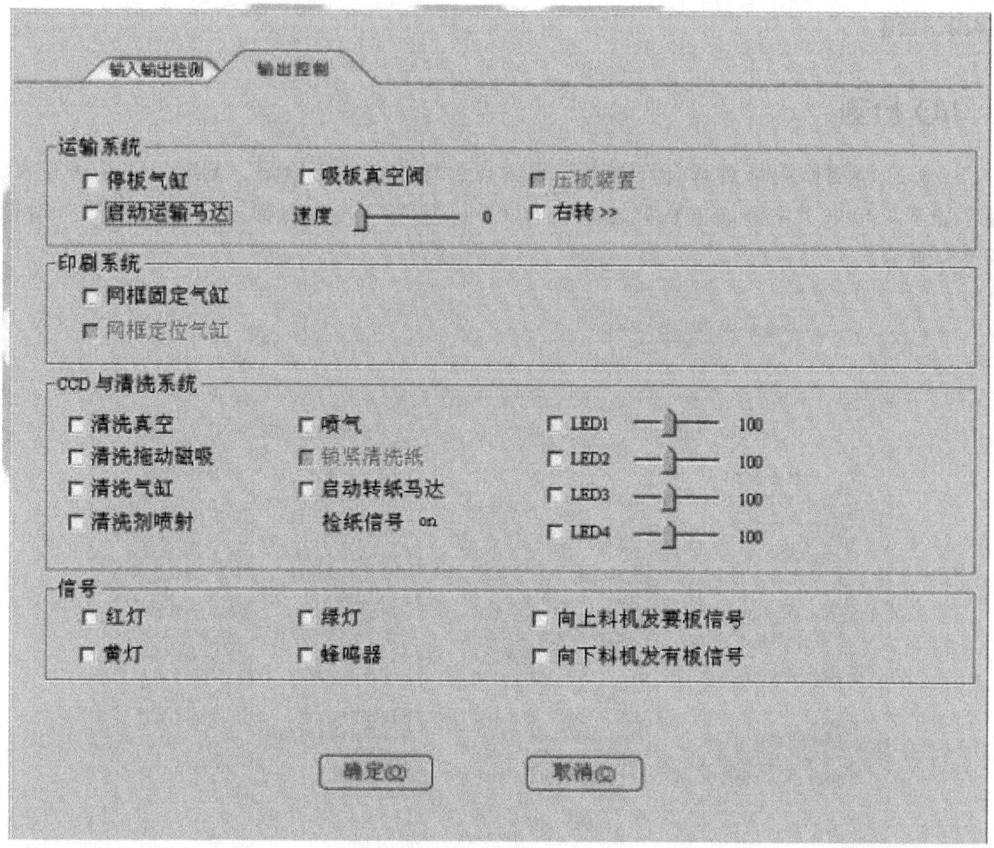
输入输出检测
输出控制
运输系统
停板气缸
吸板真空阀
压板装置
启动运输马达
速度
0
右转 >>
印刷系统
网框固定气缸
网框定位气缸
CCD 与清洗系统
清洗真空
喷气
LED1
100
清洗拖动磁吸
锁紧清洗纸
LED2
100
清洗气缸
启动转纸马达
LED3
100
清洗剂喷射
检纸信号 on
LED4
100
信号
红灯
绿灯
向上料机发要板信号
黄灯
蜂鸣器
向下料机发有板信号
确定
取消

图 2-6

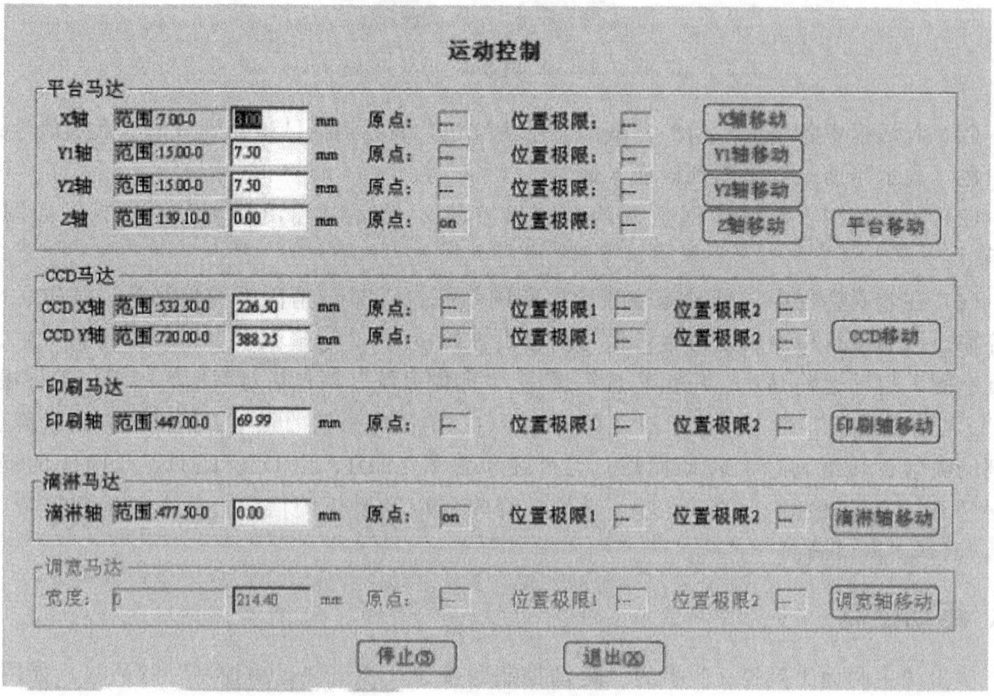
运动控制
平台马达
X轴 范围:7.00-0 3.00 mm 原点: 位置极限: X轴移动
Y1轴 范围:15.00-0 7.50 mm 原点: 位置极限: Y1轴移动
Y2轴 范围:15.00-0 7.50 mm 原点: 位置极限: Y2轴移动
Z轴 范围:139.10-0 0.00 mm 原点: on 位置极限: Z轴移动
平台移动
CCD马达
CCD X轴 范围:532.50-0 226.50 mm 原点: 位置极限1 位置极限2
CCD Y轴 范围:720.00-0 388.25 mm 原点: 位置极限1 位置极限2
CCD移动
印刷马达
印刷轴 范围:447.00-0 69.99 mm 原点: 位置极限1 位置极限2 印刷轴移动
滴淋马达
滴淋轴 范围:477.50-0 0.00 mm 原点: on 位置极限1 位置极限2 滴淋轴移动
调宽马达
宽度: 0 214.40 mm 原点: 位置极限1 位置极限2 调宽轴移动
停止
退出

图 2-7

（1）可逐一输入马达控制轴、刮刀或导轨等的行程，单击"移动"按钮，使轴、刮刀或导轨运动。运动到原点位置显示"on"，离开原点位置显示"—"；运动到极限位置显示"on"，离开极限位置显示"—"。

（2）单击"停止"，停止轴、刮刀或导轨的运动；单击"退回"，回到主窗口画面。

三、印刷设备与周边设备通信接线电源气源

（1）使用 AC220V、50/60Hz 具有额定电流的稳定电源。用户在使用该机器过程中如电压不稳定，应自备稳压电源。

（2）使用稳定的压力为 $4\sim6\text{kgf/cm}^2$ 的工业气源。电源气源接口位置图如图 2-8 所示。

四、工控机控制系统安装

按图 2-9 将工控机控制系统中的显示器、键盘及鼠标等安装到印刷机主机上，并与工控机连接，然后接通电源。

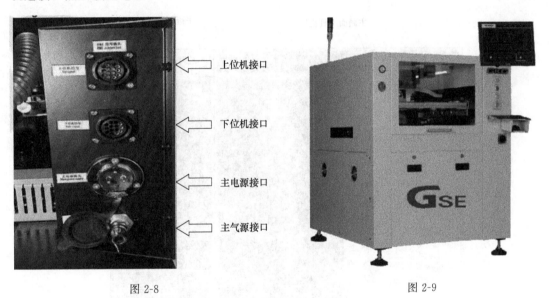

上位机接口
下位机接口
主电源接口
主气源接口

图 2-8　　　　　　　　　图 2-9

任务小结

（1）通过该任务的学习，能让学员初步掌握 I/O 单元的操作，进而体验人机互动的直观感受。

（2）通过该任务的学习，能让学员掌握并能独立完成该设备与周边设备的接线作业。

学习任务 4　印刷机操作与编程

学习目标

（1）如何进行设备系统启动。

（2）主窗口组成认知。

（3）主菜单认知：

① 生产参数设置操作；

② 程序编辑操作。

知识准备

一、系统启动

打开机器主电源开关，将自动进入主窗口画面。操作程序为打开总电源开关→打开气源开关→打开机器主电源开关→进入机器主画面。

二、主窗口组成

主窗口构成如图 2-10 所示。

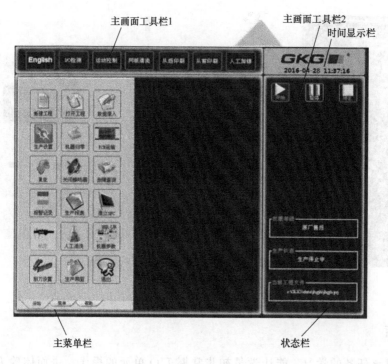

图 2-10

主窗口包括五个部分：主菜单栏、主画面工具栏 1、主画面工具栏 2、时间显示栏、状态栏。

三、主菜单栏

如图 2-11 所示为主菜单栏。

图 2-11

（一）"开始"工具栏

单击主菜单中的每一项，在主界面的左侧均有工具栏出现。如单击"开始"，出现"开始"工具栏，如图 2-12 所示，可以进行"新建工程""打开工程""数据录入""生产设置""机器归零""PCB 运输""复位""关闭蜂鸣器""故障查询""报警记录""生产报表""建立 SPC""标定""人工清洗""机器参数""刮刀设置""生产界面""退出"等操作。

1. 新建工程——程序编辑

单击"开始"工具栏中"新建工程"图标，弹出"创建新目录"对话框，在"文件目录"栏输入正确的工程名（机型＋板别＋面别＋版本），单击"确认"按钮，完成新工程的创建；单击"取消"按钮，取消创建新目录，如图 2-13 所示。

2. 打开工程

单击"开始"工具栏中"打开工程"按钮，弹出"调用程序"对话框，显示文件列表信息，包括"文件名称""创建日期""最后修改日期"以及"来源位置"，如图 2-14 所示。

图 2-12

在文件列表中，选中需要打开的文件，"名称"栏将显示选中的文件名。选中需要打开的文件，单击"打开"按钮，打开文件，"调用程序"对话框关闭，主画面的状态栏显示当前打开的文件。选中需要删除的文件，单击"删除"按钮，删除选中的文件，返回"调用程序"对话框，等待下一步指令。单击"取消"按钮，退出"调用程序"对话框，不进行操作。

3. 数据录入——程序编辑 2

其作用是设定或修改 PCB 参数及设置刮刀压力、运输、印刷、清洗等参数，操作如下：

（1）单击"开始"工具栏中"数据录入"图标，弹出"数据录入第一页"对话框，在该对话框可进行"PCB 设置""钢网设置""运输设定""控制方式"（系统默认为自动）、"SPI 设置""印刷设置""脱模设置""清洗设置""取像设置""预定生产数量"等参数的设定，如图 2-15 所示。

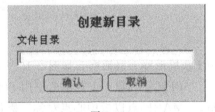

图 2-13

①"运输设定"栏：运输宽度根据"PCB 宽＋1"自动生成，用户可以不必更改它，如果需要更改，其输入值必须大于 PCB 的宽度；运输速度、到位延时、出板延时以及进出板的方向，用户可以根据自己的需要设定。在印刷漏空板时需设定出板延时。

②"控制方式"栏：默认控制方式为自动。SPI 设置：单击"SPI 设置"按钮弹出"与

②

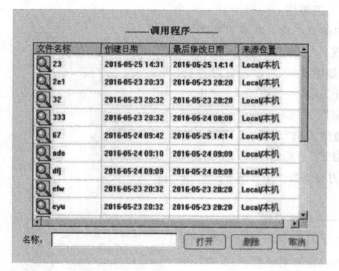

图 2-14

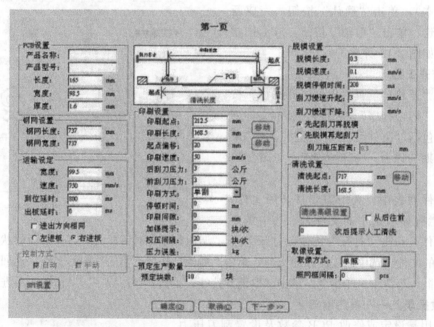

图 2-15

SPI 联机设置"对话框,如图 2-16 所示。

SPI 调整次数:正常生产使用 SPI 联机,设置大于 1 时,自动调整 SPI,等于 0 时不调整。"MARK 点以板中心点对称"默认勾选。偏移调节最大、最小值设置:正常生产时,超出该值范围机器报警提示,停止生产。

③"印刷设置"栏:印刷起点、印刷长度数值由软件自动生成,用户也可以根据生产的实际情况进行修改(注:印刷起点必须大于印刷长度)。单击"印刷起点"旁的"移动"按钮,印刷轴将会运动到印刷起点位置;单击"印刷长度"旁的"移动"按钮,印刷轴将会运动到印刷终点位置。当人工设置起点后,印刷起点和印刷长度也会相应发生变化。用户可根据实际情况设置刮刀压力,选择印刷方式(单刮、双刮),设置印刷间隙与加锡提示。

④ "预定生产数量"栏：可以设定预定生产 PCB 的数量。

⑤ "脱模设置"栏：脱模长度、脱模速度、脱模停顿时间、刮刀慢速升起以及刮刀慢速下降，用户可根据需要对其更改，但建议用默认值；脱模方式分为两种，即先起刮刀再脱模和先脱模再起刮刀，选择了"先脱模再起刮刀"后可以对"刮刀施压距离"进行设置。

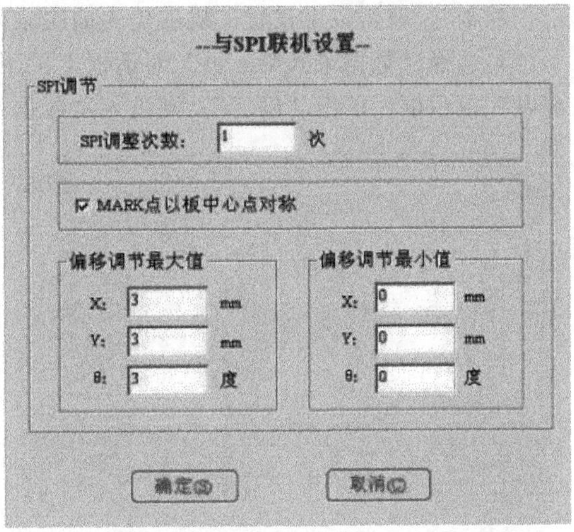

⑥ "清洗设置"栏：清洗起点值可以不用设置，在输入 PCB 宽度后，清洗起点自动生成；单击"清洗起点"旁的"移动"按钮，印刷轴运动到清洗起点位置；在配置清洗的时候，可根据需要配置人工清洗和自动清洗。配置自动清洗：单击"清洗高级设置"按钮，进入图 2-17 所示对话框。

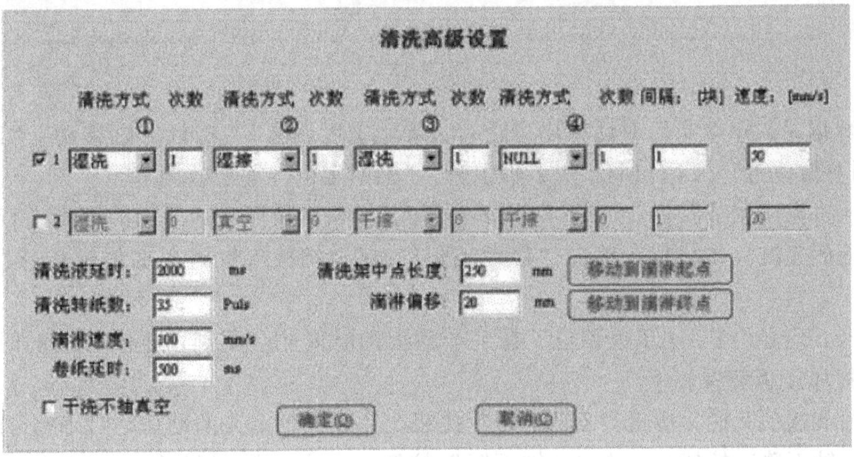

图 2-16

图 2-17

清洗方式分为三种，即湿擦、干洗、湿洗，每种清洗方式后都有一个清洗次数设置，另外，在此界面还可以设置清洗间隔、清洗速度、清洗液延时、清洗转纸数、滴淋速度、卷纸延时、清洗架中点长度、滴淋偏移以及干洗不抽真空，用户都可以根据自己的需要进行设置。

滴淋偏移：以清洗架中点为界限向起点和终点偏移，例如偏移值设为 20，则起点和终点都偏移了 20，清洗总长度增加 40。输入负值则相应的清洗总长度减小。单击"移动到滴淋起点"滴淋轴将移动到起点位置，单击"移动到滴淋终点"滴淋轴将移动到终点位置。

⑦ "取像设置"栏：可设置视觉校正的取像方式——双照或单照。"照网框间隔"：0 代表开始生产时只进行一次双照；1 代表每块板都进行双照；N 代表 N 块板进行一次双照。在进行参数设置时，若输入的数值超出机器设置范围，屏幕会显示"输入超出范围"的错误提示。

以上参数设置好以后，单击"数据录入第一页"界面上的"确定"，回到主窗口画面；

单击"取消",取消以上设置,机器仍为前次录入的参数,并回到主窗口画面。

（2）选择"数据录入第一页"对话框上"下一步＞＞",会弹出"下一步将调整运输导轨宽度"提示框,单击"确定",则进入"数据录入第 2 页",如图 2-18 所示。

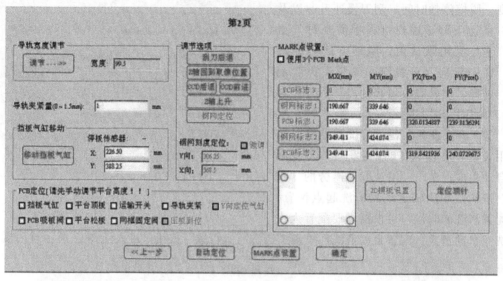

图 2-18

在"数据录入第 2 页"对话框中可进行"导轨宽度调节""挡板气缸移动""刮刀后退""Z 轴回到取像位置""CCD 回位""Z 轴上升""钢网定位"等参数调节。

①"导轨宽度调节"栏:单击"调节"按钮,导轨将按照右边显示的宽度进行调节。

②"挡板气缸移动"栏:单击"移动挡板气缸",挡板气缸将根据停板传感器的 X、Y 进行移动。

③"PCB 定位"栏:"压板到位"在生产薄板的时候才会用到,生产厚板的时候不要使用,避免损坏压板装置。

④"调节选项"栏:单击"Z 轴上升"按钮,完成 Z 轴上升的动作,"Z 轴上升"按钮凹陷变成"Z 轴下降"按钮,单击"Z 轴下降"按钮,完成 Z 轴下降动作,"Z 轴下降"按钮凸出变成"Z 轴上升"按钮。

⑤"MARK 点设置"栏:"2D 模板设置"默认是不可用的,如果用户需要用到这个功能,需和厂商联系,进行开通。

⑥ PCB 定位调试的操作程序:确认 PCB 顶升平台高度→移动挡板气缸→打开停板气缸→打开运输开关→PCB 从入口处进板→关闭运输开关→打开 PCB 吸板阀→关闭停板气缸（收回）→平台顶板→导轨夹紧→CCD 回位→打开 Z 轴上升手调网框（使网板位置与 PCB 焊盘对齐）→打开网框固定阀→打开网框夹紧阀 Z 轴下降（Z 轴下降至取像位置）→单击"＜＜上一步"按钮,选择 PCB 松板,退出"数据录入第 2 页"对话框。

> **注意:** 单击"Z 轴上升"按钮,使 PCB 支撑块处入顶板位置,手动将 PCB 放于支撑块上,确认 PCB 上表面与导轨两中间压板表面平齐。

（3）单击"数据录入第 2 页"对话框左下角"自动定位"按钮即可进行 PCB 的定位设置。

（4）单击"CCD 回位"按钮,使 CCD-X,CCD-Y 回到原点位置。

（5）单击"钢网定位"按钮，随后放入钢网。

（6）单击"Z 轴上升"，使 Z 轴到达印刷位置，调整钢网，使钢网与 PCB 对准。

（7）标志点采集，单击"Z 轴下降"按钮，使工作台运动到取像位置。

（8）再单击"MARK 点设置"按钮，MARK 点设置选项可用。

（9）选择需要定制的 PCB 标志点，单击"数据录入第 2 页"对话框上白色图片中对应的红色空心圆圈，红色空心圆圈变成红色实心半圆，并弹出"Mark 点位置设置"对话框，用于输入标志点与 PCB 边缘 X、Y 向的距离，方便机器更快捷地找到标志点，如图 2-19 所示。

图 2-19

（10）单击"PCB 标志 1"，出现"模板定制"对话框，如图 2-20 所示。

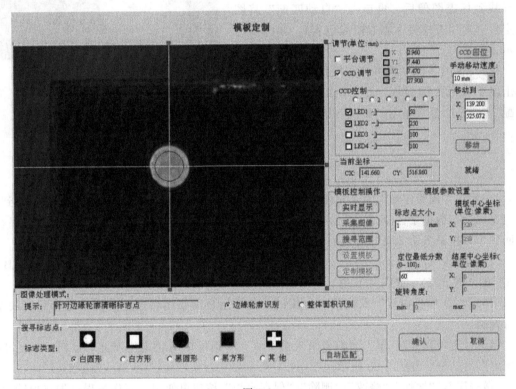

图 2-20

① "调节"栏：

a. "平台调节"：选择"平台调节"，输入密码即可进行平台 X、Y1、Y2、Z 轴的调节，此功能仅限原厂售后调机使用。

b. "CCD 调节"：选择"CCD 调节"后，可使用键盘上的箭头键（← ↑ → ↓）以设定的速度（手动移动速度）移动 CCD。

c. "CCD 回位"：CCD 回原点。

d. "CCD 控制"："LED 控制"栏中有 5 个标着阿拉伯数字的单选框，这些单选框不同程度上调节 LED 灯的亮度，是调节 LED 亮度的快捷方式。同时用户可根据实际情况自行调节 LED 亮度。输入 CCD-X，CCD-Y 的位置，单击"移动"按钮，将 CCD 移动到指定位置，在界面上也实时显示了 CCD 的位置。

②"模板控制操作"：当自动匹配不能完成模板制作时，可手动制作 Mark 点。在制作模板时，若 Mark 点周围有很多干扰，应将搜寻范围缩小。

③"图像处理模式"：有两种处理模式，一种针对边缘轮廓清晰的 Mark 点，另一种针对边缘轮廓不清晰的 Mark 点。建议使用边缘轮廓清晰模式。

④"模板参数设置"：可设置 Mark 点的大小为 1～3mm；自动定位最低分数，若生产过程中出现误照现象，请将定位最低分数加大；若 Mark 点不为圆形，可设置旋转角度。

⑤"搜寻标志点"栏：根据实际情况，选择标志点类型，然后选择"自动匹配"。

(11) 单击图 2-20 所示对话框中的"移动"，然后根据对话框中"手动移动速度"的设置用手移动键盘上的箭头键（← ↑ → ↓）或用鼠标移动，待寻找到标志图像后，再单击"自动匹配"将图像定位（即用方框将标志点图像包容），如图 2-21 所示。

图 2-21

(12) 在图 2-20 "模板控制操作"栏中，连续单击以下方框按键确认（此方法的效果与"自动匹配"一样），然后单击"确认"键，返回"数据录入第 2 页"对话框，如图 2-22 所示。

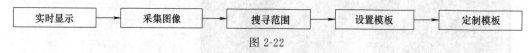

实时显示 → 采集图像 → 搜寻范围 → 设置模板 → 定制模板

图 2-22

(13) 在"模板定制"对话框中，单击右下角的"确认"，标志点采集完成，数据得到保存，退回到"数据录入第 2 页"对话框；单击"取消"，取消此次采集，图像数据未保存，仍回到"数据录入第 2 页"对话框。

(14) 参照（7）、（8）、（9）、（10）的操作，找出"钢网标志 1""钢网标志 2""PCB 标志 2"的 MX、MY、PX、PY 值。

(15) "2D 模板设置"默认是不可用的，如果用户需要用到这个功能，需和厂商联系，进行开通。

(16) "定位顶针"：单击"数据录入第 2 页"对话框中的"定位顶针"按钮，显示"摆放顶针"对话框，如图 2-23 所示。

"做程序"："增加""修改""删除""保存模板"按钮可使用。制作过程，先将顶针摆放好，单击"增加"按钮，调节好 LED 灯，方便实时查看图像，然后移动 CCD，使其中心位置刚好照到顶针的中心，再单击"保存模板"按钮，软件就将数据进行保存，在界面右上角的列表框中可以看到具体的位置。这样增加数据就完成了。如果需要修改或者删除数据，就要在右上角的列表框中选择对应的点，然后单击"修改"按钮进行修改，或者单击"删除"按钮进行删除。

"放顶针"："摆放完成""上一个""下一个""重新摆放"按钮可以使用。在有数据的情况下，单击"下一个"或者"上一个"按钮，进行顶针的摆放。

(17) 以上操作完成后，单击"数据录入第 2 页"对话框下方"确定"按钮，弹出"是否要平台回位或松板"提示框，如选择"否（N）"则直接进入生产；如选择"是（Y）"回到主窗口画面，Z 轴回到原点位置，等待下一步操作。

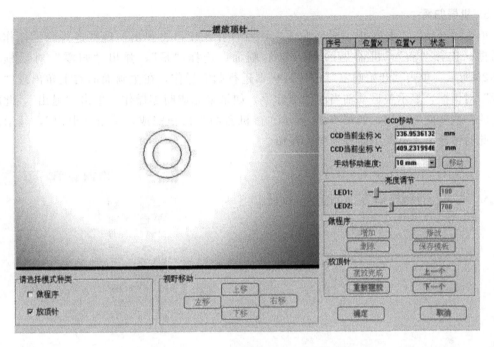

图 2-23

4. 生产设置

单击"开始"工具栏中"生产设置"图标，弹出"生产设置"对话框来快速改变运输、视觉检查、清洗、印刷、检测等生产设置及其他设置（如门开关传感器的设置等）。同时可对工作台升降误差及刮刀行程误差进行补偿，如图 2-24 所示。

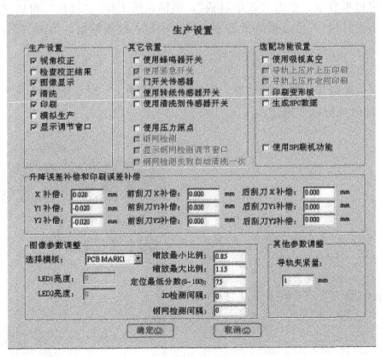

图 2-24

5. 机器归零

单击"开始"工具栏中"机器归零"图标，在主窗口将弹出"现在进行归零操作吗？"对话框，选择"否"，机器仍回到主窗口画面；选择"是"，弹出"归零"对话框，如图 2-25 所示。单击"开始归零"按钮，机器进行归零操作，在主画面的右上角出现"当前位置"对话框，显示各运动轴当前的坐标值，如果未完成归零操作，单击"退出"，此时机器上的一些功能不可用，如图 2-26 所示。待机器归零操作完成，单击"退出"，显示主界面，此时激活了工具栏中的各项操作按钮。

图 2-25

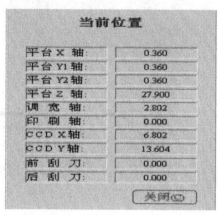

图 2-26

6. PCB 运输

（1）在"开始"工具栏中单击"PCB 运输"图标，出现"过板"对话框，作用是只做过板操作，不进行印刷或检查操作，如图 2-27 所示。

（2）可设定过板数量，单击"开始过板"，运输系统工作，"过板"对话框将显示已过板数量；单击"重设过板"，已过板数量清零，可再次输入过板数量；单击"退出"，回到主窗口画面。

7. 复位

当机器出现故障或按下紧急制动器，屏幕显示"报警4"对话框，同时蜂鸣器报警，如图 2-28 所示，此时进行以下操作：

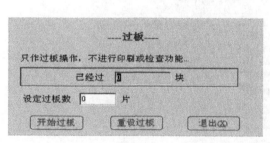

图 2-27

图 2-28

（1）选择"关闭蜂鸣器"，蜂鸣器停止鸣叫；

（2）排除故障后，单击"关闭报警窗口"或"清除报警"按钮，回到主窗口画面；

（3）此时，多项操作按钮被关闭，单击"开始"工具栏上的"复位"图标，激活工具栏中的各项操作按钮。

> **注意：** 如果故障原因没有排除而只是"关闭报警窗口"或"清除报警"，待"复位"后重新进行操作时，机器仍然会发生报警。

8. 关闭蜂鸣器

当机器在生产过程中出现报警时，三色灯的红灯闪烁，蜂鸣器鸣叫。此时可单击"开始"工具栏中的"关闭蜂鸣器"图标按钮，将蜂鸣器关闭。

9. 故障查询

当机器发生故障时，可打开"故障查询"对话框查找故障原因并排除。操作步骤如下：在"开始"工具栏中，单击"故障查询"按钮，出现"故障查询"对话框，如图2-29所示。

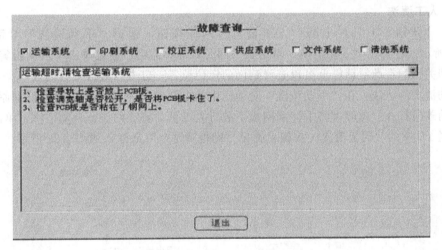

图 2-29

在对话框中选择"运输系统""印刷系统""校正系统""供应系统""文件系统"复选框，可分别查询以上各系统的常见故障；鼠标在"故障查询"对话框的下拉框中选择报警信息，在下方显示框中会输出故障发生原因；单击"退出"回到主窗口画面。

10. 报警记录

当机器出现故障蜂鸣器响、红灯亮时，系统将自动诊断故障原因并记录报警时间和故障原因。在"开始"工具栏上单击"报警记录"图标按钮，出现"报警记录"对话框。单击"清除"，清除所有报警记录；单击"退出"，回到主窗口画面。如图2-30所示，显示当时和以往的报警记录。

11. 生产报表

显示已进行的有关生产记录并可记录下相应产品的概况。操作步骤如下：在"开始"工具栏中单击"生产报表"图标按钮，出现"生产报表"对话框。显示成功生产数量、检测坏板数量、清洗次数、报警次数、开始生产和停止生产的时间等，还可对产品概况进行描述。单击"退出"回到主窗口画面，如图2-31所示。

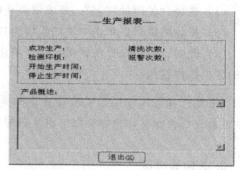

图 2-30   图 2-31

12. 建立 SPC

其作用是检测自身能力指数。需要使用此功能，必须由原厂售后携带密钥前往现场制作。

标定功能暂不开放。

13. 人工清洗

单击"开始"工具栏上的"人工清洗"图标按钮，弹出"手动清洗"对话框，如图 2-32 所示。在弹出"手动清洗"对话框的同时，蜂鸣器响，需要单击"关闭报警"按钮，将蜂鸣器关闭。在此对话框上可以查看钢网的定位位置，也可以进行钢网的装卸。

手动清洗的方法：在"手动清洗"对话框中单击"CCD 回位"，使 CCD 回到原点位置，将机器前罩门打开。此时可将手伸到网板下进行人工手动清洗网板。自动清洗：单击"主画面工具栏 1"中的"网板清洗"按钮，弹出"网板清洗"对话框，如图 2-33 所示。

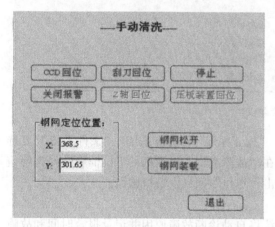

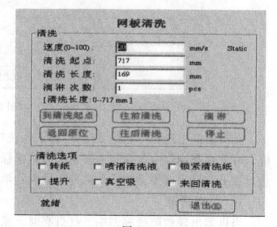

图 2-32   图 2-33

（1）设置清洗速度、清洗起点、清洗长度、滴淋速度等参数后，根据需要单击"到清洗起点""返回原位""往前清洗""往后清洗""滴淋"按钮。根据需要选择"转纸""喷洒清洗液""提升""真空吸"，进行清洗。

（2）单击"退出"，停止清洗，回到主窗口画面。

14. 机器参数

机器参数 1、2、5 都是只对原厂售后开放，此处暂不介绍。选择"机器参数 3"，弹出"机器参数 3"对话框，如图 2-34 所示。

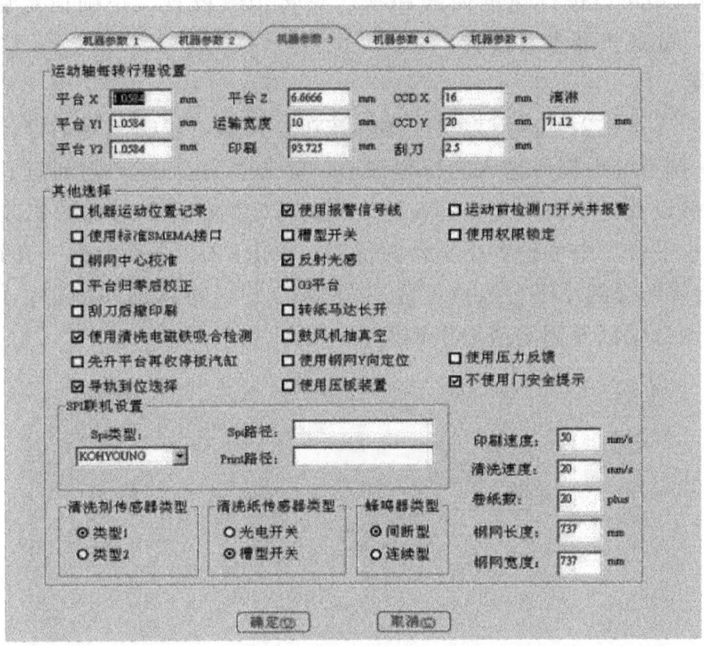

图 2-34

"机器参数 3"中可以设定运动轴每转行程参数、部分程序默认参数、SPI 联机参数、清洗剂传感器类型、清洗纸传感器类型及其他选择。其他选择中的功能必须在"机器参数 3"中勾选，在其他相应的页面才可开放使用。正确设定后，选择"机器参数 4"，弹出"机器参数 4"对话框，如图 2-35 所示。

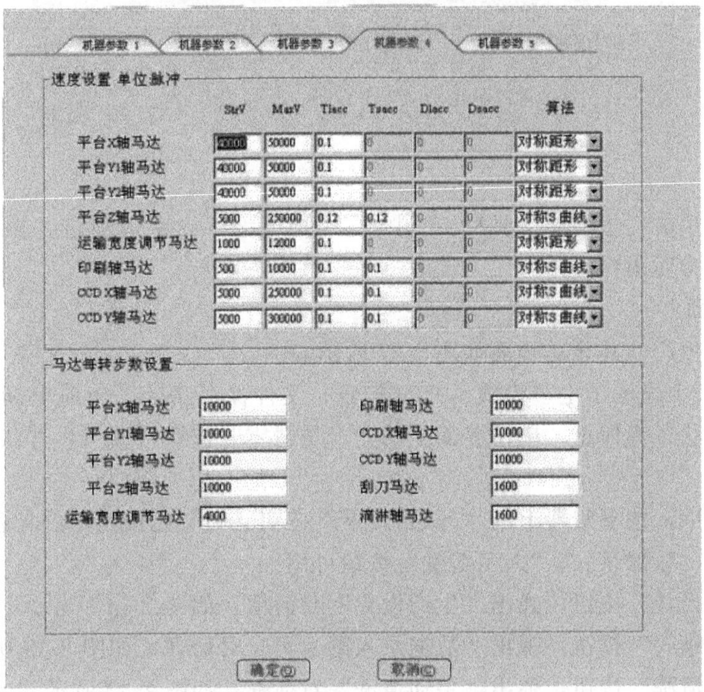

图 2-35

"机器参数 4"中可以进行速度曲线和马达每转步数设置,正确设定后,单击"确定"返回生产主界面,完成机器参数设置。

15. 刮刀设置

单击"开始"工具栏上"刮刀设置"图标按钮,弹出"印刷"对话框,如图 2-36 所示。单击"刮刀降",刮刀会根据所输入的行程移动,单击"刮刀升",则刮刀上升到印刷等待位置。刮刀到压力值以及"压力"编辑框在测定刮刀标定时使用。若需要修改刮刀标定,应与原厂联系。"G3 小平台"中可设置小平台的行程,单击"G3 小平台升"升到平台行程位置,单击"G3 小平台降"降到小平台原点位置。"控制"栏:可移动印刷轴,让 CCD 回位,收回停板气缸,移动 Z 轴以及固定或取出钢网。

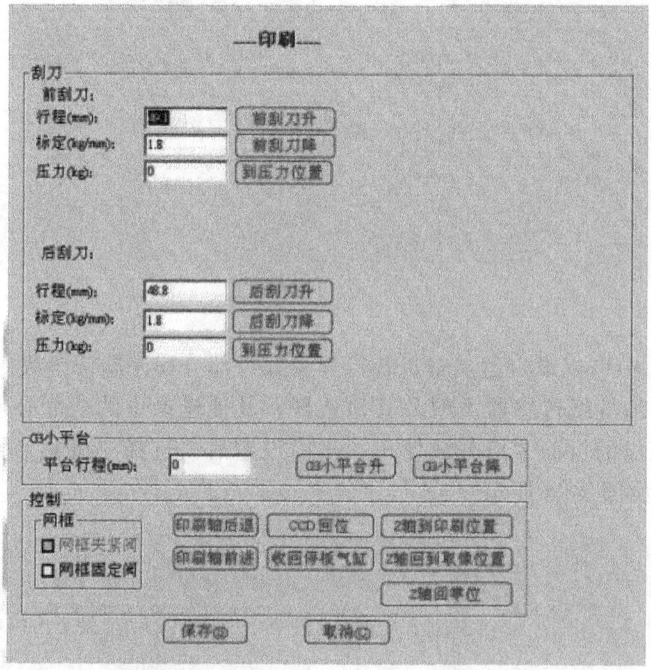

图 2-36

刮刀运动,单击"主画面工具栏 1"中的"刮刀后退""刮刀前进"按钮,可以向前向后移动印刷轴,方便用户使用。

16. 生产界面

当机器正在生产,其显示画面如图 2-37 所示。

"生产界面"上显示了生产模式、PCB 信息、文件保存路径、当前坐标、设置状态、生产状态以及运动状态等信息。单击界面上的"产量清零"按钮,使得生产状态下的"产品产量"显示为 0。

在生产过程中,按下机器上的"开始/暂停"按钮(即三色按钮中的黄色按钮),机器暂停,"生产设置""数据录入""人工清洗"按钮可用。

单击"生产设置"按钮,弹出"生产设置"对话框,如图 2-24 所示。

单击"数据录入"按钮,弹出"数据录入第一页"对话框,如图 2-15 所示。

单击"人工清洗"按钮,弹出"手动清洗"对话框,如图 2-32 所示。

在生产过程中,单击画面上的"停止"按钮,界面会显示"是否需要退出生产"等提

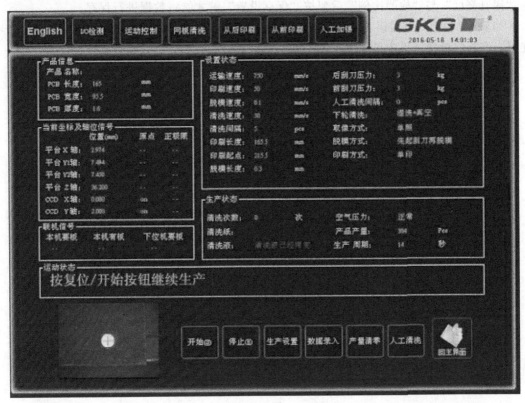

图 2-37

示，按照向导完成停止生产操作，返回主界面。

　　单击"生产界面"上"回主界面"按钮，返回主界面。如果在"生产设置"界面上选中了"2D检测"，待机器的运动状态为"2D检测"时，在"生产界面"会弹出"2D检测结果"对话框，如图 2-38 所示。该功能用于检查印刷质量。在印刷完毕后，机器进行 2D 检测，并在界面上显示是否通过检验。在图片栏中，被绿色框覆盖的焊盘表示 2D 检测通过，被深红色框覆盖的焊盘表示 2D 检测失败，被粉红色框覆盖的焊盘表示 2D 检测出来有连锡，被蓝色框覆盖的焊盘表示当前查看的焊盘。

　　在图片栏下面的列表框中，显示了焊盘的序号、编号、最大亮度、最小亮度、锡膏覆盖比例，单个焊盘的检测结果以及焊盘检不检连锡。

　　在该界面选择"显示全部记录"，则列表框中显示所有焊盘的信息；选择"只显示成功记录"，则列表框中只显示 2D 检测通过的焊盘信息；选择"只显示失败记录"，则列表框中将对 2D 检测失败的焊盘进行统计。这样方便用户更快更准地找到印刷效果不好的焊盘。为方便用户操作，在该界面制作了一个"关闭蜂鸣器"的按钮，使得用户在查看检测失败的焊盘时蜂鸣器一直鸣叫。

　　在界面右侧，被绿色图框罩住的模板，表示检验通过；被红色图框罩住的模板，表示印刷效果不理想；被蓝色图框罩住的模板，标记当前选中的模板。在印刷过程中，若印刷效果很好，但是 2D 检测结果却不能通过，此时将鼠标移动到模板图片上，单击鼠标左键获取刷锡后焊盘的亮度，在"锡膏亮度"编辑框中将显示所得到的锡膏的亮度，用户也可根据经验修改锡膏亮度，这个亮度设定值范围为 0～255。用户也可根据需要设定检测比例。在输入好"锡膏亮度"与"检测比例"后要按"保存设置"键才能将数据进行保存。

如果 2D 检测到有漏锡、少锡或者连锡，在整体结果显示图框中会出现"FAIL"。若有连锡，在连锡检测结果中显示"XX 区域有连锡"。

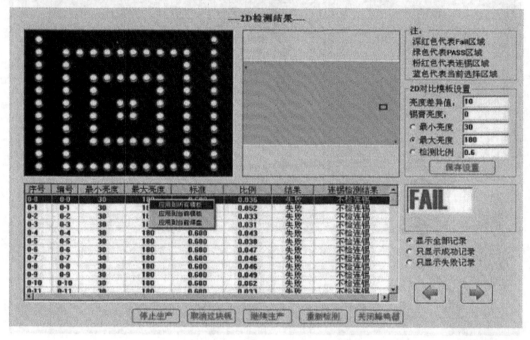

图 2-38

在"生产设置"界面上选中了"显示调节窗口"，待机器的运动状态为"偏移量调节"时，在"生产界面"右上角会弹出"偏移调校"对话框，如图 2-39 所示。通过移动平台使 PCB 和 Stencil（网板）对得更准。

如果在"生产设置"对话框上选中了"显示调节窗口"，待机器的运动状态为"2D 检测"时，在"生产界面"会弹出"2D 偏移调校"对话框，如图 2-40 所示。通过移动平台，印刷精度更高、质量更好。

17. 退出

（1）单击"开始"工具栏上"退出"图标按钮，弹出"退出"对话框，如图 2-41 所示。

（2）在"请确认是否要退出 GLX5 系统"的提问下，单击"否（N）"，仍回到主窗口画面；以原厂售后的权限单击"是（Y）"，退回到 WINDOWS 状态；以其他三种权限单击"是（Y）"，弹出"退出 GKG 程序的同时将退出 WINDOWS 系统，是否继续?"对话框，如图 2-42 所示。

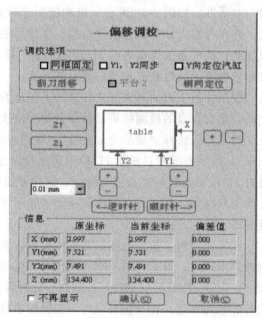

图 2-39

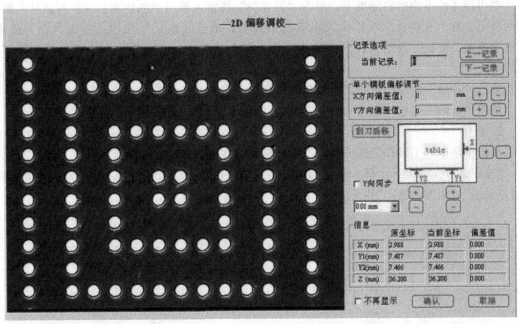

图 2-40

图 2-41

图 2-42

（3）在"退出 GKG 程序的同时将退出 WINDOWS 系统，是否继续?"对话框，单击"否（N）"，仍回到主窗口画面；单击"是（Y）"，则退出 GKG 程序的同时关闭 WINDOWS 系统。

（二）"菜单"工具栏

单击主菜单中的"菜单"，出现"菜单"工具栏，如图 2-43 所示，分为"文件""操作""设置""查看""权限管理"五大类。

1. 文件

单击"菜单"工具栏上的"文件"图标按钮，在主窗口显示"文件菜单"，如图 2-44 所示。

单击"打开工程"按钮，弹出"调用程序"对话框，如图 2-14 所示。

单击"保存"按钮，保存印刷机印刷参数设置文件，以便下次操作时调用。

图 2-43

在当前文件不为空的前提下，单击"另存为"按钮，弹出"创建新目录"对话框，如图2-13所示，在"文件目录"栏输入正确的工程名，单击"确认"按钮，完成另存为操作；单击"取消"按钮，取消另存为操作。不管另存为是否成功，程序打开的文件仍为原工程文件。

单击"备份"按钮，将机器参数以及模板保存到用户指定位置。

单击"返回"按钮，退出"文件菜单"，返回到"菜单"工具栏。

2. 操作

单击"菜单"工具栏上的"操作"图标按钮，在主窗口显示"操作菜单"，如图2-45所示。"操作菜单"分为8个部分，它们分别是"机器归零""复位""联机工作""产量清零""刮刀后退""刮刀前进""锡膏搅拌""返回"。

图 2-44

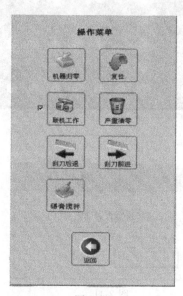

图 2-45

单击"机器归零"按钮，弹出"机器归零"对话框，如图2-25所示。

单击"复位"按钮，进行机器复位。

单击"联机工作"按钮或者勾选复选框，GKG全自动印刷机将向上板机发送要板和送板信息。

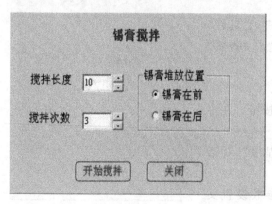

图 2-46

单击"产量清零"按钮，弹出"要将产量清零吗?"对话框，单击"确认"将以前的印刷数量清除掉，单击"取消"不清零；单击"刮刀后退"与"刮刀前进"完成刮刀移动动作。

单击"锡膏搅拌"按钮，弹出"锡膏搅拌"对话框，如图2-46所示。可根据实际情况，选择锡膏的堆放位置，并对"搅拌长度""搅拌次数"进行设置，单击"开始搅拌"，完成锡膏搅拌动作，单击"关闭"按钮，关闭对话框。

单击"返回"按钮，退出"操作菜单"，返回到"菜单"工具栏。

3. 查看

单击"菜单"工具栏上的"查看"图标按钮，在主窗口显示"查看菜单"，如图 2-47 所示。"查看菜单"分为 6 个部分，它们分别是"生产报表""历史记录""报警记录""操作日志""当前位置""返回"。

单击"生产报表"按钮，弹出"生产报表"对话框，如图 2-31 所示。

单击"报警记录"按钮，弹出"报警记录"对话框，如图 2-30 所示。

单击"当前位置"按钮，弹出"当前位置"对话框，如图 2-26 所示，显示各轴当前坐标。

单击"返回"按钮，退出"查看菜单"，返回到"菜单"工具栏。

4. 权限管理

单击"菜单"工具栏上的"权限管理"图标按钮，在主窗口显示"权限管理"对话框，如图 2-48 所示。它包含 4 个权限，即操作员、技术员、工程师、原厂售后。

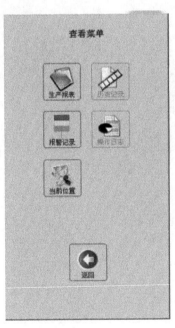

图 2-47

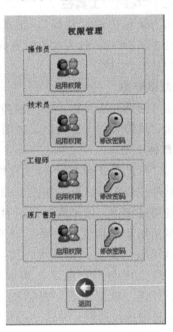

图 2-48

操作员：只能对生产操作、手动清洗、归零、复位进行操作。

技术员：可以对除了机器参数 1～4、刮刀参数、SPC 工具、钢网自动校正以外的参数进行修改和操作。

工程师：可以对除了机器参数 1～2 以外的参数进行修改和操作。

原厂售后：拥有最高的操作权限，可以对所有参数进行修改和操作。

选择除操作员以外的权限人后单击"启用权限"，弹出"密码"对话框，提示输入密码，输入正确的密码，单击"确认"，启用对应的权限，如图 2-49 所示；选择除操作员以外的权限人后单击"修改密码"，弹出"密码设置"对话框，提示修改密码，如图 2-50 所示。

密码更改操作程序如下：

（1）首先在"旧密码"一栏中输入正确的原密码，进行校验；

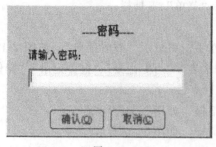

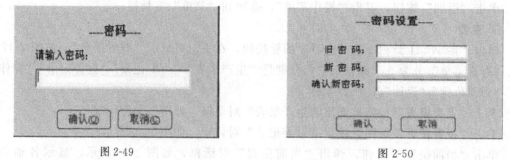

图 2-49   图 2-50

（2）校验正确后输入新密码；

（3）确认新密码正确后，单击"确认"完成密码更改；单击"取消"取消此次密码更改，仍使用之前设置的旧密码。

单击"返回"按钮，退出"权限管理"，返回到"菜单"工具栏。

（三）"帮助"工具栏

单击主菜单中的"帮助"，出现"帮助"工具栏，如图 2-51 所示，分为"故障查询""软件注册""版本信息"三大块。

1. 故障查询

单击"帮助"工具栏上的"故障查询"图标按钮，弹出"故障查询"对话框，如图 2-29 所示。

2. 软件注册

单击"帮助"工具栏上的"软件注册"按钮，弹出"软件注册"对话框，如图 2-52 所示。

在使用过程中，如果软件运行时弹出"有使用期限的试用版本，请及时联系厂商购买正式版本"或者"试用版已到期，请联系购买一个正版使用"的提示，应立即与厂商联系，索取本机软件注册码，并且打开"软件注册"对话框，在"注册码"一栏输入正确的注册码，单击"确定"键即可。

3. 版本信息

单击"帮助"工具栏上的"版本信息"按钮，弹出"关于 GKG 视觉全自动印刷机"对话框，如图 2-53 所示。

图 2-51

图 2-52

图 2-53

任务小结

（1）通过该任务的学习，需要学员充分认识该设备操作界面各功能键及其功能。

（2）实现某一产品生产程序的编辑制作，从而让学员体验实际生产情形。

学习任务5 印刷机维护

学习目标

（1）了解并掌握设备保养项目明细及保养周期。

（2）熟练掌握设备各机构的保养方法。

（3）了解并掌握设备周期保养表格的填写。

（4）了解设备需要加油或油脂润滑部位及周期，重点掌握设备维护保养注意事项。

知识准备

一、设备保养项目明细及保养周期

设备保养项目明细及保养周期如表2-4所示。

表 2-4

检查项目			检查周期		
机器部位	零件	检查维护内容	每日	每周	每月
工作台	丝杆	清洁、注油润滑			√
	导轨	清洁、注油润滑			√
	皮带	张力及磨损情况			√
	电缆	电缆包覆层有无损坏			√
刮刀	丝杆	清洁、注油润滑			√
	导轨	清洁、注油润滑			√
	皮带	张力及磨损情况			√
	电缆	电缆包覆层有无损坏			√
清洗装置	清洗纸	用完后更换	√		
	酒精	检查液位并加注酒精	√		
视觉部分	丝杆	清洁、注油润滑			√
	导轨	清洁、注油润滑			√
	电缆	电缆包覆层有无损坏			√
网板	放置位置	正确、固定	√		
	顶面、底面	清洁及磨损	√		
PCB运输部分	皮带	张紧是否适宜、有无滑脱			√
	停板气缸	磨损情况			√
	工作台顶板阻挡螺钉	磨损情况	√		
空气压力	压力表	压力设置	√		
	空气过滤装置	清洁、正常工作			√
	所有气路	漏气情况			√
其他	设备整体	清洁		√	

二、各机构的维护与保养

（一）网框及清洗部分

1. 网框固定部分（图 2-54）

（1）检查用于调节固定钢网模板大小位置的锁紧气缸有无松动。

（2）检查固定钢网气缸安装有无松动。

（3）用于进行钢网模板调节的网框前导轨与网框后导轴应该按一定周期进行清洁、润滑。

（4）检查网框左右支板与平台的平行度及两支板的等高度。

图 2-54

2. 清洗部分

（1）酒精喷管的细小喷口极可能被清洗纸的毛纱堵住，从而喷不出酒精或是喷洒不均匀，影响清洗效果。当酒精喷管被堵住时，用细小的金属丝（直径为 $\phi0.3$）轻轻导通即可，再检查酒精是否喷射均匀。

（2）检查胶条是否与钢网完全平行接触。若不是完全平行的则应该调整。如果是一体化清洗结构［图 2-55（a）］或不是浮动结构，还应该检查两气缸运动是否正常、平衡，有无卡滞现象。如果是导风管式的［图 2-55（b）］，还应检查是否有卡滞现象，并做出相应调整。

（3）取出胶条将胶条各真空管清洗干净，若胶条变形则应更换胶条。

建议：为了更好结合经济效益和保证清洗、印刷品质，现有许多客户会正反面使用清洗纸，GKG 公司建议清洗纸最多只能正反面各用一次即要更换，不然会由于清洗不干净而严重影响印刷品质。

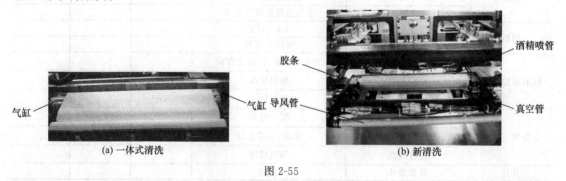

(a) 一体式清洗　　　　　　　　　　　　(b) 新清洗

图 2-55

（二）刮刀系统

1. 刮刀部分（图 2-56）

（1）移动刮刀横梁到适合位置，松开刮刀头上螺钉 1 取下刮刀架；

（2）松开刮刀压板上螺钉 2，取下刮刀片；

（3）用棉布蘸少许酒精，清洁刮刀压板和刮刀片；

（4）重新将刮刀压板及刮刀片装到刮刀头上；

（5）如刮刀片磨损严重，应更换，更换方法同上。

图 2-56

2. 刮刀驱动部分（图 2-57）

（1）对丝杆和线性轴承进行加油润滑。

（2）取下刮刀盖板，检查驱动刮刀上下运动的皮带是否张紧合适。

（3）检查用于驱动刮刀前后运动的同步带张力是否合适。

（4）稍稍拧松同步带轮张紧座的连接螺栓。

（5）根据需要调节张紧座的位置。

（6）拧紧同步带轮张紧座上的连接螺栓。

（7）检查感应电眼是否因有锡膏的沾污而不灵敏。

（8）刮刀压力为 3kgf 时限位螺钉距离线性轴承座底部约 2mm。

> **注意：**皮带调整时应避免由张力引起的共振现象。

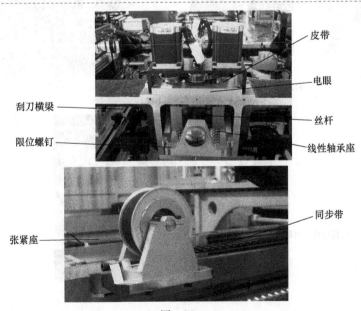

图 2-57

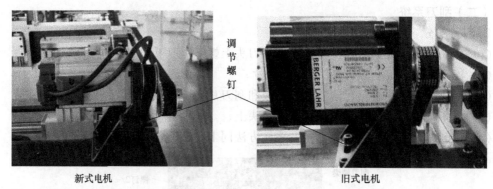

新式电机   旧式电机

图 2-57

（三）印刷工作平台部分

1. 工作平台 （图 2-58）

（1）用干净的棉布蘸少许酒精对顶销、支持块、工作平台进行清洁。

（2）对 X，Y1，Y2 的感应器进行清洁。

注意： 不要使用有机溶液（如氨水、苏打水或苯）清洁传感器。

（3）清洁并润滑 X，Y1，Y2 丝杆及直线导轨。

如果是步进电机还要清洁润滑电机导程螺杆轴。

（4）需要时调整 X、Y 运动方向的同步带，调整方法同刮刀同步带。

旧式   新式

(a)

(b)

图 2-58

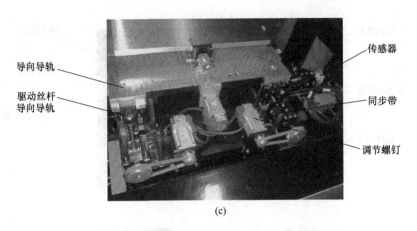

(c)

图 2-58

2. Z 轴升降 （图 2-59）

（1）清洁机器内部脏乱的东西，如锡膏渣。

（2）清洁并润滑升降丝杆和导向导轨，清洁各安全电眼。

（3）检查各保护 Z 轴安全性的零件调节是否合理，如防撞螺母、各安全电眼。

若是 G3 机型，检查 3 个安全电眼相互关系是否合适、有无松动现象、长条电眼片有无变形。

图 2-59

3. 运输导轨 （图 2-60）

（1）检查侧夹机构是否运动平稳，非浮动结构的丝杆与导向导轨是否有卡滞现象，对侧夹导轨进行清洁润滑。

（2）检查运输导轨用于限位取像的阻挡螺钉磨损情况（G2），到取像位置时两中间压板的平面度，前后运输导轨的平行度。

（3）检查气缸磁性开关是否正常。

（4）G3 机型的小平台电眼要进行检查与清洁。

（5）调整运输传送带的松紧（有圆皮带与平皮带）。

（6）对进出板电眼进行清洁。

（7）检查上下导向导轨是否运动顺畅，并进行清洁润滑。

②

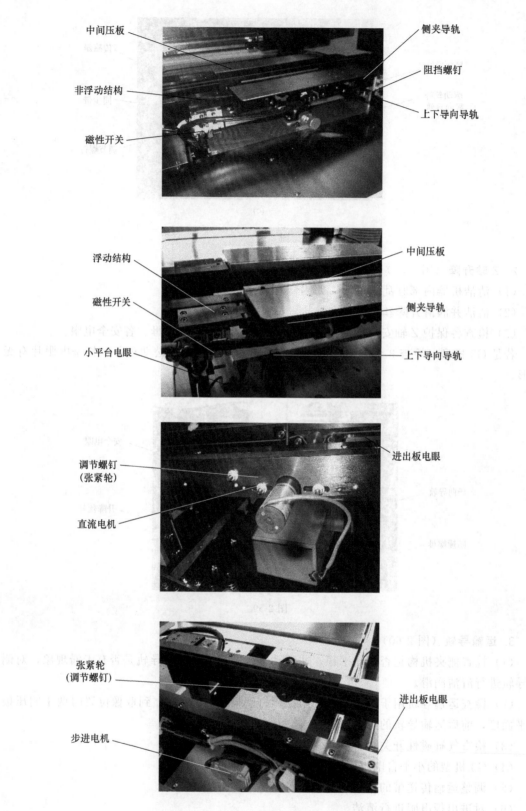

中间压板
非浮动结构
磁性开关
侧夹导轨
阻挡螺钉
上下导向导轨

浮动结构
磁性开关
小平台电眼
中间压板
侧夹导轨
上下导向导轨

调节螺钉
（张紧轮）
直流电机
进出板电眼

张紧轮
（调节螺钉）
步进电机
进出板电眼

图 2-60

图 2-60

（四） CCD 和 X 横梁

1. CCD-Y（图 2-61）

检查 CCD-Y 丝杆与导轨使用情况，并进行清洁润滑。

2. CCD-X（图 2-62）

（1）检查 CCD-X 丝杆与导轨使用情况，并进行清洁润滑。

（2）检查分光棱镜盒的光学玻璃是否有脏污，用不起毛的棉布蘸少量酒精擦拭干净。

（3）检查挡板气缸是否有磨损漏气，磁性开关是否灵敏正常。

（4）对各电眼进行清洁。

（5）有必要时，对 CCD 光轴进行校正。

（6）对 CCD 横梁进行全面的清洁。

图 2-61

图 2-62

（五）气路系统

（1）检查各气管路连接是否良好，特别是用于运输清洗液的管路。

（2）在机器开始工作前打开机器前下部气动组件柜门。

① 检查空气过滤器是否正常工作。

② 检查各气动组件及管路有无漏气现象。

③ 按照气路原理图检查并调整压力表上的压力，使压力符合要求（图 2-63）。

a. 气路总压力：6kgf/cm^2。

b. 刮刀压力：$0\sim10\text{kgf/cm}^2$。

c. 网框夹紧压力：5kgf/cm^2。

d. 真空吸压力：4kgf/cm^2。

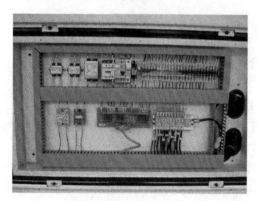

图 2-63

（六）丝杆、导轨的清洗与润滑

1. 丝杆的清洗与润滑

在丝杆运行了 2～3 月后检查润滑效果是否良好。如果润滑油脂非常脏，可用干净、干燥、不起毛的棉布擦去油脂。通常每年都应该检查和更换润滑油脂。

考虑到灰尘的积累，在机械安装过程中外部物质有可能进入丝杆并随之工作，要将润滑油脂加在单独密封的螺母里。除非特殊情况，否则不要将润滑油脂直接加在丝杆上。

根据丝杆的尺寸和长度，判断在螺母里的润滑油脂的量是否足够。移动螺母，检查与螺母接触过的丝杆沟槽里的润滑油脂是否足够，如不够则及时添加。

2. 导轨的清洗与润滑

在导轨运行了 2～3 月后检查润滑效果是否良好。如果润滑油脂非常脏，可用干净、干燥、不起毛的棉布擦去油脂。通常每年都应该检查和更换润滑油脂。

加注润滑油脂时要用油枪将油脂加注在滑块里。除非特殊情况，否则不要将润滑油脂直接加在导轨上。

根据导轨的尺寸和长度，判断在滑块里的润滑油脂的量是否足够。移动滑块，检查与滑块接触过的导轨导槽里的润滑油脂是否足够，如不够则及时添加。

三、设备周期保养计划表格

1. 周保养计划

周保养计划如表 2-5 所示。

表 2-5

保养内容	负责人	保养时间	备注
运输导轨、中间压板、工作平台、大小顶针、大小支持块要用酒精（或 WD40）清洗干净			
设备外壳要清洁干净，以免灰尘、异物掉入机器，影响机器的印刷质量和寿命			
钢板固定支架及刮刀、刮刀座要清洗干净，并检查其固定情况，检查平台升起平面度			
网框支架要清洁干净，不能有异物			
CCD-X、CCD-Y 导轨、上下镜头用不起毛的棉签清洁			
清洗架酒精喷管要用通针进行通孔，保证清洗液喷洒均匀，真空管也要清洗干净			
检查各气管及接头是否漏气，必要时更换			
检查各紧急开关功能是否正常			
检查进板时导轨与 PCB 的平面度（在清洗完平台和顶针后）、夹紧度、平行度			
进 I/O 设置检测前后刮刀是否到位			
检查停板气缸是否磨损，感应信号是否正确（信号感应的速度）			
关机重启并加以归零，进 I/O 设置观察原点信号是否到位			
检查运输导轨皮带张紧度，必要时更换，并检查皮带轮运转情况（调节两导轨右端外侧的两个皮带张紧轮调节螺钉）			
检查空气过滤器是否正常工作			
清洗传感器使其不会产生误信号			

2. 大保养计划

大保养计划如表 2-6 所示。

表 2-6

保养内容	负责人	保养时间	备注
运输导轨、中间压板、工作平台、大小顶针、大小支持块要用酒精（或 WD40）清洗干净			
设备外壳要清洁干净，以免灰尘、异物掉入机器，影响机器的印刷质量和寿命			
钢板固定支架及刮刀、刮刀座清洗干净，并检查其固定情况，检查平台升起平面度			
CCD-X、CCD-Y 导轨、上下镜头用不起毛的棉签清洁			
检查各气管及接头是否漏气，必要时更换			
检查钢网擦拭装置喷洒功能是否正常，必要时用通针通孔，并在生产中进行清洗，观察清洗效果			
检查各紧急开关功能是否正常			
检查进板时导轨与 PCB 的平面度（在清洗完平台和顶针后）、夹紧度、平行度			
检查卷纸马达联轴器是否松动，必要时加以固定			
进 I/O 设置检测前后刮刀是否到位			
检查停板气缸是否磨损，感应信号是否正确（信号感应的速度）			
关机重启并加以归零，进 I/O 设备观察原点信号是否到位			
检查运输导轨皮带张紧度，必要时更换，并检查皮带轮运转情况（调节两导轨右端外侧的两个皮带张紧轮调节螺钉）			
检查空气过滤器是否正常工作			
检查线路、气路是否正常（有无短路、漏气现象）			
检测每个马达是否松动并检查其皮带张紧度			
凡在机器运作范围内有多余气管或电线必须用扎带固定，以防被刮断			
用不起毛的棉布清洗各种丝杆，并检查各丝杆是否有滑痕			
CCD-X、CCD-Y、刮刀、Z 轴等传动机构需加润滑油，增强设备的稳定性			

四、设备需要加油或油脂润滑部位及周期表

设备需要加油或油脂润滑部位及周期如表 2-7 所示。

表 2-7

部位	零件	润滑油类型	润滑方法	润滑周期
工作台、刮刀、视觉部分、清洗装置等	导轨滑块	推荐油脂	从油嘴处注射	每两月一次
	直线导轨	推荐油脂	喷洒	每两月一次
	丝杆	推荐油脂	从油嘴处注射	每月一次
PCB 运输部分	运输滚轮	机械油	注射	每月一次
	轴承	机械油	注射	每月一次
	调宽导轨	推荐油脂	从油嘴处注射	每两月一次
	调宽丝杆	推荐油脂	从油嘴处注射	每两月一次

五、设备维护保养注意事项

（1）只有接受过专门培训的、熟悉所有安全检查规则的人员才有资格维护保养本机器。

（2）粗布和未经同意的清洁液可能损伤、污染机器工作台面和组件塑胶表面，只能使用指定的棉布或纱布（不起毛）和清洁液来清洁机器，特别是丝杆、导轨及马达主轴等精密标准件。当以酒精作为清洁液擦拭机台时，用后应立即将机器零部件表面及印刷台面的酒精遗留物擦去，以免损坏机器。

（3）使用润滑剂时，用户应检查其性能，以免影响润滑效果（导轨、丝杆、轴承等处使用推荐油脂。如机器在特殊条件下工作，应与生产厂家商议使用何种牌号的润滑剂。绝不能随便使用普通油脂，以免精密件损坏）。

（4）酒精是易燃物，用其清洁机器时应极其小心，不许与其他物质混合，以免导致人身伤害和机器损坏。

（5）维护和维修之前一定要切断机器的主电源开关。

（6）在安全装置不能正常工作时，不允许开机。

（7）操作员不允许穿便服操作机器，处理焊锡膏时一定要戴防护手套。

（8）在开机之前，应检查机器是否有损坏，内部是否有工具，零件是否有松动，以免阻碍机器的运行或引起事故。

任务小结

一台好的设备只有恰当地维护与保养，才能更好地发挥它的功能，缩短工作周期，减少人力、物力，延长使用寿命，保障 GKG 印刷机的印刷品质。

学习任务 6　钢网张力检测仪的操作及使用注意事项

学习目标

（1）了解钢网张力检测仪的工作原理。

（2）熟练掌握钢网张力检测仪的操作。

（3）熟悉钢网张力检测仪使用的注意事项。

→ 知识准备

1. 钢网张力检测仪的工作原理

钢网张力检测仪的工作原理：在不变动力下，对网布松紧作机械式测量（图2-64）。

2. 钢网张力检测仪的操作

钢网张力标准在 IPC 电子验收标准中有参考指标。一般将钢网张力检测仪放置在离边 15～20cm 处，选择 5～8 个点，张力范围 30～50N/cm。每一次钢网的上线使用都必须重新测量张力。测试步骤如下。

（1）清理校验玻璃，确保玻璃上无异物。

（2）将张力计放在对零调整板玻璃的正面（不要太大力）。

（3）如果表盘指针不对准校验点，可参考步骤（4）。

（4）用手逆时针扭动归零旋钮，直到刻度盘可旋转。旋转刻度盘直到表盘校验点对正指针，再顺时针扭动刻度锁直至锁紧刻度盘即可（备注：①刻度在对零位时长指针不一定和水平线成90°，偏左或偏右是正常的；②日常使用中如对零调整板出现大缺口或破碎应及时更换；③对零调整板玻璃上的标签在使用中不要撕毁，以便分出正反面，而校正时一定要在正面上归零校正）。

（5）再次重复校验，如果校验正常，张力计则可以用于张力测试。注：张力计出厂前已经校正零位，用户不用自行调整。

（6）填写"钢网张力测试记录表"。

3. 钢网张力检测仪使用的注意事项

（1）钢网张力测试时一定要先将张力计校正合格。

（2）校正位置的六角螺钉平常绝对不许扭动，不用时应将张力计放回专用的仪器箱子里。

（3）测量钢网张力时必须要检测五个点（上、下、左、右及中间），将钢网非印刷面向上放置于水平台上。将整个张力计平稳地放在距外边框 15～20cm 处的网面上，用手指轻拍钢网表面几下，这时指针所指向的读数是此时钢网上的实际张力（牛顿读数，如图2-65 所示）。

（4）测量时注意：若张力计的测量板和钢网的经线平行，则指针所指的读数是钢网经线张力数据；若张力计的测量板与钢网的纬线成90°，则指针所指的读数是钢网纬线的张力数据；若张力计的测量板和经线成45°，则指针所指的读数是钢网经、纬线平均点数据。

图 2-64
1—减振器；2—刻度盘；3—校验点；4—校验玻璃；5—测试座；6—指针；7—归零旋钮

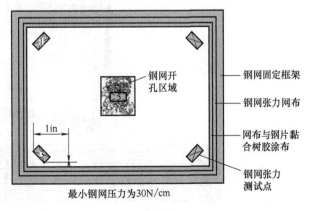

钢网开孔区域

钢网固定框架

钢网张力网布

网布与钢片黏合树胶涂布

钢网张力测试点

1 in

最小钢网压力为30N/cm

图 2-65

保养：使用后保持仪器清洁，将仪器保存在干燥清洁的环境中。

（5）计数准确的张力计放在校验玻璃上时指针读数才是零，一般拿起时指针读数都不为零，如张力计未放在校验玻璃上，用户直接拿起来看指针不是零就觉得仪器坏了或不准，进而直接调成零校准的做法是错误的。必须放在校验玻璃上调整。

（6）在检测中如发现钢网张力能达到所规定的要求值则可继续使用，若测试中发现钢网张力已损耗到不可使用，则将钢网废弃。以免使用此块钢板时影响产品的品质。

➡️ 任务小结

在 SMT 工艺流程中，锡膏印刷是非常重要的一环，而钢网无疑又是影响锡膏印刷质量好坏的重要因素之一。一般情况下，一张钢网的张力需要保持在 30～50N/cm。钢网张力过小，易引起少锡、偏移等印刷不良；张力太大，脱模时会拉尖、缩短使用寿命等，因此检测钢网的张力显得尤为重要。

学习任务 7　接驳台操作及使用注意事项

📚 学习目标

（1）了解接驳台的各项参数。
（2）掌握接驳台的操作。
（3）熟记接驳台的使用注意事项。

➡️ 知识准备

一、接驳台的各项参数

1. 设备尺寸参数
设备尺寸参数如图 2-66 所示。

外形尺寸	$L800mm×D875mm×H910mm$	输送链高度	900mm±20mm
电源电压	AC220V 50/60Hz	输送速度	0～5000mm / min
驱动	调速马达+链条	输送方向	L←→R
控制方式	按钮+控制板	调幅方式	手动
额定功率	0.1kW	传送类型	链条

图 2-66

2. 设备应用范围

采用整体钣金焊接机架对 SMT 涂覆生产线、点胶生产线及非标生产线的过板宽度（在 50~460mm 范围内）进行任意调节，设备长度规格可选 0.5m、0.8m。

3. 工作原理

接驳台（Conveyor）具有 I/O 信号接口，可以与上下设备进行联机，首尾均置有光电开关。当接驳台上无板时，它即时给前置设备一个需板信号，待板到达前光感位置时接驳台皮带开始运转。待板完全进入前光感时，断开本机需板信号，待板运送至后光感位置且后设备暂不需板时，皮带即停止运转，此时即给后置设备一个有板信号，PCB 即在接驳台上等待。当后设备需板时，后机给本机一个通断信号，本机马达转动至板完全出后光感时停止。若接驳台上有板，则控制前置设备暂停工作，直至接驳台有空位时前置设备即可自动启动（图 2-67）。

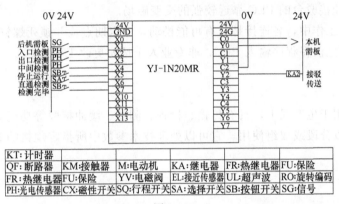

图 2-67

二、接驳台的操作

（1）将接驳台安装于前后设备之间，导轨须与前后设备对齐，且宽度一致。

（2）用联机板将接驳台与前后设备可靠地连接起来。

（3）接通与前后设备的联机电缆。

（4）将防静电线可靠连接并接地。

（5）插上电源：220V、50Hz。

（6）打开电源开关。

（7）调整导轨间宽度，使所处理的 PCB 顺畅通过。

三、接驳台的使用注意事项

（1）当接驳台不能运转时：

① 检查是否打开电源开关。

② 检查 PLC 指示灯是否亮。

③ 检查保险管是否已熔断。

④ 检查各连接电缆是否可靠连接。

⑤ 检查前后置设备是否有互锁信号。

⑥ 检查前光感是否有障碍物遮挡。

（2）当停板位置不正确时：

① 检查导轨是否太窄有卡板现象。

② 检查 PLC 程序是否正确。

③ 检查光感位置是否正确。

（3）接驳台上只能处理矩形零件，若零件形状为非矩形时，需给产品配备矩形治具。

（4）光感上不得有灰尘、油污，应定期清洁。

（5）不得牵拉连接线及电缆线。

（6）搬动时，导轨不能受力，必须在框架上施力。

（7）皮带轮、心轴、齿轮、链条、链轮及调整丝杆等处需间隔 30～50 天加少量润滑油脂润滑。

（8）应避免让接驳台受骤热骤冷的温差变化影响。

（9）应避免让接驳台的 PLC 靠近较强的交变磁场。

（10）在长期工作中，各连接螺钉有可能松动，应定期点检并锁死螺钉。

（11）在出厂之前将程序输入 PLC，非专业人士请勿更改工程式。

任务小结

接驳台广泛用于生产线上，具有传输、检查、测试、缓冲接驳等功能。它可以单独连接两台设备，也可以分段或成组使用，它可以处理技术参数中所指定规格的 PCB。

操作指南

1. 组织方式

（1）场地设施：SMT 生产线，现场教学。

（2）设备设施：准备 1 台 GKG 系列印刷设备；某一产品 PCB 3 片左右，该产品对应网板（Stencil）1 块，刮刀（Squeegee）一副；CV-460 系列接驳台 1 台；锡膏（Solder Paste），擦拭纸，保养润滑油等耗材若干。

2. 操作要求

（1）遵守课堂纪律。

（2）做好安全防护。

（3）5 人 1 小组，实操演练。

任务实施

（1）要求学员充分掌握印刷设备产品程序编辑流程及注意事项（图 2-68）。

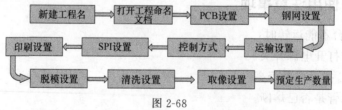

图 2-68

（2）要求学员熟练掌握印刷设备周期保养的项目及注意事项。

（3）要求学员熟练掌握钢网张力检测仪的使用方法。

（4）熟练掌握接驳台的使用方法。

项目三

SPI操作与维护

项目概述

锡膏检查设备是 21 世纪初期推出的 SMT（表面贴装技术）贴片加工中的测量设备。与 AOI（自动光学检测）有相同之处。锡膏检查（Solder Paste Inspection，SPI）是指锡膏印刷后检查锡膏的高度、体积、面积、短路和偏移量等。目前 SPI 领域中主要的检查方法有激光检查和条纹光检查两种，其中激光检查方法是用点激光实现的。由于点激光加 CCD 取像须有 X、Y 逐点扫描机构，并未明显增加量测速度，为了增加量测速度，将点激光改成扫描式线激光光线。以上是最常用到的两种方法，除此外还有 360° 轮廓测量理论、对映函数法测量原理（Coordinate Mapping）、结构光法（Structure Lighting）、双镜头立体视觉法。但这些方法会受到速度的限制而无法应用到在线测试上，只适合单点的 3D 测量。锡膏检查设备主要分为两类：在线型和离线型。双向投影系统见图 3-1。

图 3-1

在线型大多采用 3D 图像处理技术，3D 锡膏检查设备能通过自动 X-Y 平台的移动及激光扫描 SMT 贴片锡膏焊点获得每个点的 3D 数据，也可用来测量整个焊盘贴片加工过程中施加锡膏的平均厚度，使 SMT 贴片加工锡膏印刷过程良好受控。3D SPI 采用程序化设计方式，同种产品一次编程成功，可以无限量扫描，速度较快。2D 锡膏检查设备只是测量锡膏上的某一条线的高度，来代表整个焊盘的锡膏厚度。工作原理：激光发射器发射出来的激光束照射到 PCB、铜和锡膏三个不同平面上，利用不同平面反射回来的激光亮度值换算出锡膏的相对高度。由于 2D SPI 是点扫描方式，锡膏拉尖或者锡膏斜面都会导致锡膏厚度的测量结果不准确。2D SPI 多采用手动旋钮调整 PCB 平台来对正需要测量的锡膏点，速度较慢。

通常 SMT 贴片加工厂的锡膏检查设备除了自身的主要任务——测量得到锡膏的厚度值外，还能通过它得到面积、体积、偏移、变形、连锡、缺锡、拉尖等具体的数据，根据客户的需要调试机器，把详细的焊点资料导出给客户检验。

本项目（YS-S7100 系列）主要内容为英尚 SPI 操作与维护方面的详细说明，包含了 YS-S7100 SPI 功能认知、SPI 操作与编程及 SPI 设备日常维护等方面。

本项目主要学习任务

学习任务 1　SPI 功能认识
学习任务 2　SPI 设备操作与编程
学习任务 3　SPI 设备维护

学习任务 1　SPI 功能认识

任务描述

SPI 设备通常是指 SMT 行业内的在线锡膏检查设备，目前有离线机和在线机两种，这两种又分别分为进口和国产两种；为了对电子产品进行质量控制，在 SMT 生产线上要进行有效的检测，因此大部分 EMS（电子制造服务）工厂都会采用在线型 3D SPI 来提升产品品质及生产效率，以加大客户制品的竞争力。如何判定设备的综合性能指数高低？主要通过检出率、误报率、软件操作便捷性及硬件配置的稳定性等指标进行衡量。本任务将重点围绕这几项指标来向大家讲解相关知识要点。

学习目标

（1）能够清楚了解 SPI 主要卡关哪些印刷不良。
（2）能够清楚知道检出率及误报率是衡量一台检查设备的核心指标。
（3）能够清楚知道 SPI 软件组成部分及各软件作用。
（4）能够清楚知道 SPI 硬件组成部分及各部件作用。

知识准备

一、SPI 主要卡关哪些印刷不良及判定标准

1. 常见印刷不良卡关项目

常见印刷不良卡关项目主要包括少锡、偏移、连锡等，相关判定标准及参照图片如表 3-1 所示。

表 3-1

项目	少锡	偏移	短路(连锡)
判定标准	锡膏面积低于正常锡膏量的 50%为 NG	X 或 Y 任一边偏移超出 1/3 焊盘为 NG	相邻焊盘之间锡膏相连为 NG，接地 PAD(焊盘)除外
OK 图例	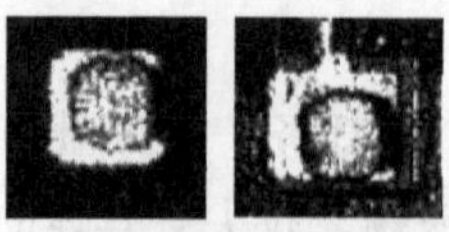	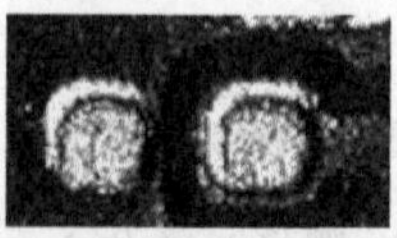	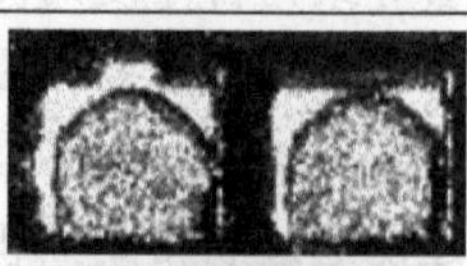
NG 图例	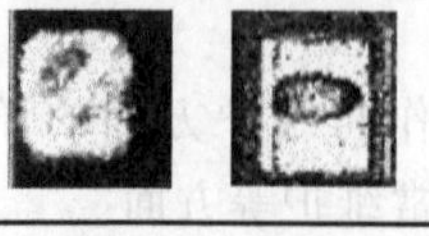	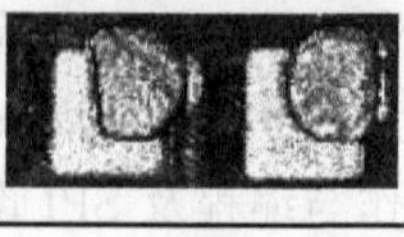	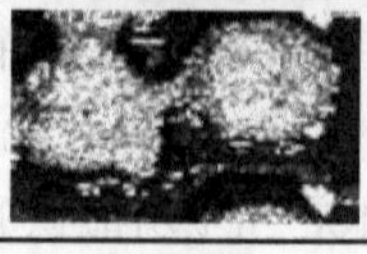

2. 非常规印刷不良卡关项目

非常规印刷不良卡关项目主要为异物不良，异物可能来源于 PCB 原材、锡膏本身、擦拭纸本身等，这些不良 SPI 有时无法 100％涵盖，检测过程中偶尔也能够当连锡不良预警；相关判定不良标准需根据产品本身要求或客户要求进行管控，如表 3-2 所示。

表 3-2

项目	BGA 类	CHIP 类	CON 类
判定标准	单板毛屑类位于 3 个相邻 PAD 以内允收 其他异物不可过	单根毛屑类允收 其他异物不可过	相邻 PAD 间单根毛屑类允收
OK 图例			
NG 图例			

注：毛屑类是指蛛丝状毛屑纤维，一般过炉后即可炭化，轻微的对品质没有影响。

二、检出率及误报率

1. 检出率

检出率是指 SPI 设备对印刷不良品所能检测出来的比例（图 3-2），例如：刻意将 20 个印刷不良品事先放在 80 个良品里面，然后投入 SPI 设备进行逐一检测，最后统计实际检测出来的数量，实际检出率等于 ［（总投入不良品数－检出不良品数）/总投入不良品数］×100％。此部分也会因客户要求或是因 PCBA（印制电路板组件）拼板数而定，统计单位不同则计算的结果不同。一般以整板（Panel）、单板（Pcs）、点位（Point）三种进行统计计算；整板、单板则以百分比计算，点位以百分比计算意义不大，一般会以 ppm 来计算，ppm 在品质体系中表

图 3-2

示百万中的不良率。如 1ppm 就是百万分之一；ppm＝不良点数×1000000/总检测点数。它是百万机会缺陷数（DPMO）的单位，在电子行业统计焊接质量水平通常是统计其 DPMO，算出焊接质量的 ppm 值。如某一 PCB 的点位数为 1000，生产量为 1000Panel，若其实际印刷不良点位数为 500，则其 DPMO＝（500×1000000）/（1000×1000）＝500ppm，检出率越高说明该设备检测能力越强，但相应也说明该印刷制程稳定性差，需要重点改善。

2. 误报率

误报率是指 SPI 设备检测出来的不良实际上并不是不良，或者说经人工复判后允收的概率；误报率过高与设备本身息息相关，一般在设备评估或年保阶段需要做相应的量测系统分析（Measurement System Analysis，MSA）认证：若认证不通过，则需做相应的 3D、2D 光源、设备水平、电压等系统性校正；若认证上没问题，则与设定的检测参数有关，绝大部

分的原因均为后者，也有少部分误报与 PCB 底色干扰或是检测环境有关。误报率的计算公式同检出率类似，这里就不再展开说明。

三、 SPI 软件组成部分及各软件的作用

1. SPI 软件组成部分

SPI 软件在业界一般均采用三个部分组成，分别为 SPI 软件、Program 软件、SPC 软件。每个软件分工不同，但缺一不可。SPI 软件主要负责检测及相关设定、调试，Program 软件主要负责 SPI 程序制作，SPC 软件主要负责将检验数据进行统计学分析（图 3-3）。

图 3-3

2. 各软件的作用

（1）SPI 软件是与 SPI 机台 PLC 通信、取像分析、结果输出的检测软件，同时用户也可以对测试程序进行调试、切换、设定等作业。

（2）Program 软件是 SPI 程序制作时必须要用到的软件，主要的目的是将钢板文件（Gerber）和坐标文件（CAD）相应拟合在一起；再通过多连板设定和 Mark 点位置设定，最后保存输出 SPI 程序。

（3）SPC 软件是与 SPI 机台搭配使用的数据分析系统，SPI 机台将检验结果输出至 SPC 系统，用户即可对检测结果进行复判或统计。SPC 提供了图形化操作接口，用户可轻易地在维修站系统上查看检测结果，快速完成统计报表的制作。SPC 系统提供了完整的数据统计功能，可符合用户各种数据收集上的需求，且可同时输出 Excel 报表，对于数据使用更具弹性。

四、 SPI 硬件组成部分及各部件的作用

SPI 设备硬件主要可分为三大部分，分别为运动控制系统、图像采集系统、计算机。运动控制系统由主控计算机、运动控制卡、图像采集卡、I/O 接口板等组成，实现三维坐标和外围 I/O 接口控制，保证运动的准确性和快速响应性，配合机械、视觉模块实现整机功能。SPI 运动控制系统主要完成：X、Y 精密工作台运动控制及 Z 轴方向运动控制；方便图像采集，灵活控制检测物品方位。图像采集系统也称为 CCD 视觉系统，主要由摄像头、图像采集卡、LED 程控光源组成。将摄像头所获取的视频图像信号传送到图像采集卡上，由图像采集卡完成图像采集，主控计算机将采集的视频图像处理后，将结果返回给主控程序，通过显示器就可以对图像进行实时观测并完成其他相应的控制过程。计算机则将运动控制、视觉处理两部分进行数据整合，用户可通过 Windows 系统完成各种运动控制、视觉识别，SPI 相关软件数据编程，可实现工艺编程所见即所得的特性，支持多种方式的操作模拟与仿真，使操作人员在批量操作前验证和测试操作数据，避免出现漏检和误检。

➡ 操作指南

1. 组织方式

（1）场地设施：SMT 生产线；现场教学。

（2）设备设施：准备 1 台 INSUM-YS-S7100 设备及不同现象的印刷不良板。

2. 操作要求

（1）遵守课堂纪律。

（2）做好安全防护。

➡️ 任务实施

1. INSUM-YS-S7100 计算机硬件系统配置

（1）CPU：CIV 2.0 或以上，及 Intel P-IV 1.8GHz。

（2）内存：8G 或以上。

（3）显卡：ATI 32MB 以上/Geforce2 MX400 32MB 以上。

（4）硬盘：支持 IDE、SATA、SCSI 以及串口硬盘。

（5）主板：尽量使用 Intel I5-4670 或以上型号的主板。

（6）操作系统：Windows 7 等。

（7）DirectX 版本：DirectX 8.1 或以上。

（8）显示：1440×900，真彩色 64 位，字体选择默认。

2. INSUM-YS-S7100 开关机操作注意事项

（1）在打开 SPI 前需注意急停按钮是否打开；

（2）打开 SPI 时需注意检测方式，根据 PCB 实际情况选择锡膏测试或红胶测试；

（3）调整轨道时需注意检查轨道中是否有 PCB；

（4）在检测前需注意系统参数设置中的检测设置，根据实际选择检测模式（在线、离线、直通模式）；

（5）加载程序后需单击"进板""开始键"及"进板方向"；

（6）在检测中切勿将头、手、物品伸入机器中，可把安全门开关打开，避免发生意外；

（7）在机器检测时发生碰撞或是运动不正常，应及时按下急停按钮，将镜头手动移到停靠点附近；

（8）关机时，切勿直接关闭总电源，按正常顺序，先关闭软件界面，再关闭工控机。

➡️ 任务小结

SMT 制程中有 80％的不良来自锡膏印刷本身，故需在锡膏印刷后打件/贴片前设置一个"锡膏检查（SPI）"的关卡，将锡膏印刷不良的板子在打件前检测出来，这样就可以提高 SMT 焊接的良率。重点是如何利用锡膏检查机正确筛检出锡膏印刷不良的板子，然后再往前追踪锡膏印刷为何会有不良发生。现在越来越多的 0201 以下零件或 BGA 类底部焊接零件对锡膏印刷的品质非常敏感，在过炉前事先检测出有锡膏印刷问题的板子，会比过炉焊接后才检测出来有效而且节省成本，因为炉后的板子维修通常需要用到烙铁或复杂的维修工具，而且还可能把板子弄坏。锡膏检查机有何能力？可以检查出哪些锡膏印刷不良？锡膏检查机只能做表面的影像检查，被物体覆盖住的区域是无法检查到的，不过锡膏检查机的使用时机是在零件还没摆放上去以前，所以不会有锡膏被覆盖的情形发生。锡膏检查机可以测量下列的数据：锡膏印刷量、锡膏印刷的高度、锡膏印刷的面积/体积、锡膏印刷的平整度。锡膏检查机可以检测出下列的不良：锡膏印刷偏移、锡膏印刷高度偏差（拉尖）、锡膏印刷架桥、锡膏印刷缺陷破损。

总之，机器就是机器，人还是最关键的。SPI 机就是一套工具，运用好可以帮忙提升产品品质，进而提高生产量，降低成本；如果只是摆在那里，遇到警报就按掉继续，那么 SPI 只会影响产出。SPI 机发出警报，就必须排查板子的印刷质量，将不良率降到最低。英尚

SPI 设备利用光学原理以及三角测量法来检查印刷锡膏的状态，并运用强大的 SPC 管理系统，精确分析生产过程中的不良现象及原因，来帮助提高生产品质（图 3-4）。

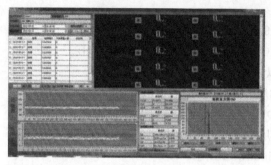

图 3-4

学习任务 2　SPI 设备操作与编程

任务描述

　　SPI 设备操作与编程是 SPI 技术员必须具备的技能，本任务将重点讲解 INSUM-YS-S7100 开关机正确流程及程序编写步骤，目的是让操作人员掌握 INSUM-YS-S7100 正确的开关机作业流程及程序制作技能，防止非法关机对机器软硬件造成的伤害。

学习目标

　　（1）能够清楚了解 SPI 设备正确的开关机流程。
　　（2）能够清楚知道 SPI 程序编写流程。
　　（3）掌握 Mark 点、Barcode 编辑及设定。

知识准备

一、SPI 设备正确的开关机流程

1. 开机流程

　　（1）将 INSUM-YS-S7100 机器后面的电源总开关向上拨起（图 3-5），并检查气压状况是否正常，正常状态为 0.4～0.5MPa（图 3-6）。

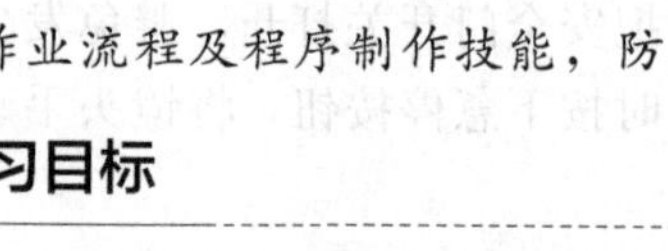

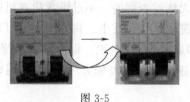

图 3-5

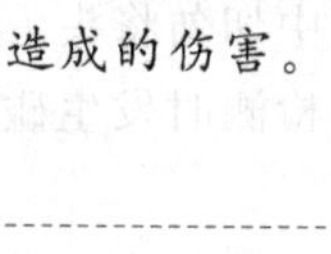

图 3-6

　　（2）确认 INSUM-YS-S7100 机器前面的紧急按钮是否被按下，如有按下需正常弹出（图 3-7），再启动计算机，正常进入桌面后单击桌面 SPI 软件（图 3-8）。

图 3-7

图 3-8

（3）软件启动过程中提示"等待服务器马达启动"，此时按下机器前面 ⬤（Sever On）按钮，再按下 ⬤（Start）按钮，以便执行"轴位置确认"和"马达归零"；

（4）SPI 测试软件正常开启后，最后按图 3-9 所示顺序打开相应的 SPI 程序。

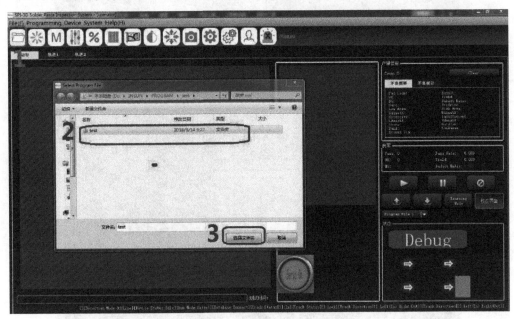

图 3-9

2. 关机流程

（1）停止检测，保存程序，关闭检测软件；

（2）正常关闭计算机；

（3）最后关闭设备总电源（如长期不使用，则需拔掉电源及气管）。

二、SPI 程序编写流程

（1）在桌面打开"Program"软件，单击后会弹出账户管控窗口，依据原先设定的账号和密码进行登录即可（图 3-10）。

（2）在 Program 软件中单击"New（N）"，在"PCB Name""Author""Program Name"栏分别输入印制电路板名称、程序制作者名称、程序名称，然后单击"Confirm"（按图 3-11 所示顺序操作即可）。

（3）在"offline Programming"界面中单击"Import Gerber"，在弹出的路径框中找到存放 Gerber 文件的位置路径→选择 PCB 对应的 Gerber 文件→单击"选择文件夹"（按图 3-12 所示顺序操作即可）。

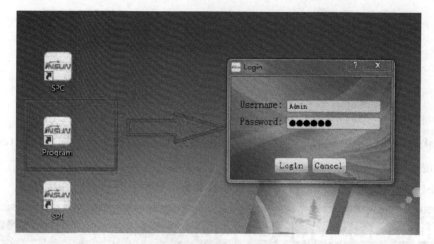

图 3-10

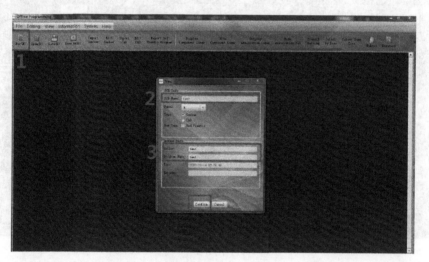

图 3-11

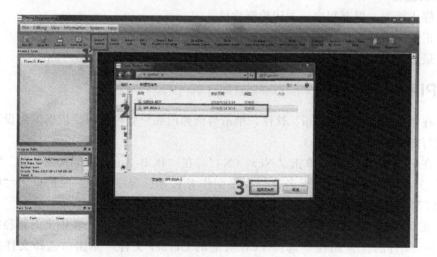

图 3-12

（4）等待解析完成弹出"program"界面，单击"Gerber File List"选中与 PCB 相吻合的 Gerber 层，单击"Set Pad Layer One"后再单击"Confirm"（按图 3-13 所示顺序操作即可）。

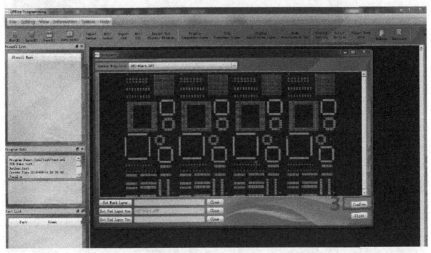

图 3-13

（5）弹出"Edite Gerber Data"界面后选中与 PCB 不对应或多余的 Gerber 框并删除，删除后单击"Set Detect Frame"，接着选中两个 Mark 点框单击"Calib Mark"（标定后的 Mark 点为白色），再单击"Confirm"完成（按图 3-14 所示顺序操作即可）。

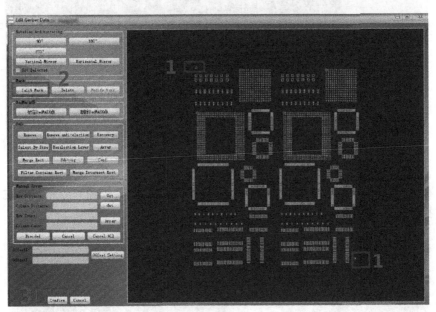

图 3-14

（6）在"Offline Programming"界面上单击"Stencil Setting"，在弹出"Stencil Setting"界面框设定"Error Upper/Error Lower"和"Warning Upper/Warning Lower"值后单击"Confirm"（按如图 3-15 所示顺序操作）。

（7）在设置好容许值后回到"Offline Programming"界面单击"Save（S）"（图 3-16）。

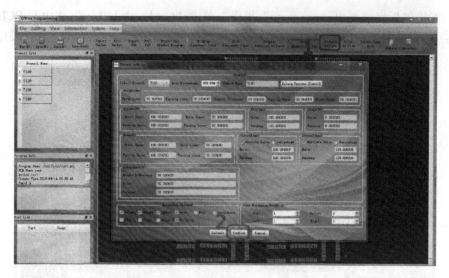

图 3-15

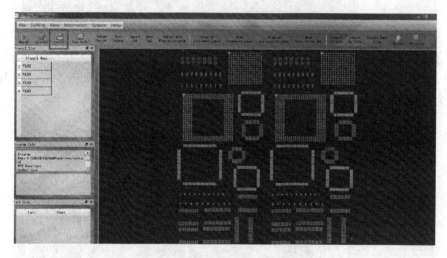

图 3-16

（8）在桌面上选择"SPI"软件打开，单击后会弹出账户管控窗口，依据原先设定的账号密码进行登录即可（图 3-17）。

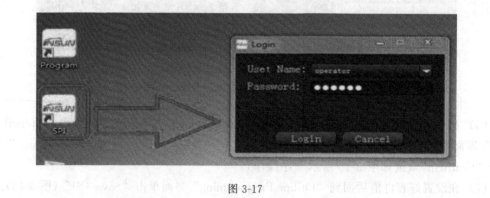

图 3-17

3

（9）在"SPI"软件界面中单击"Select Program File"打开已编辑好的程序（按图 3-18 所示顺序操作即可）。

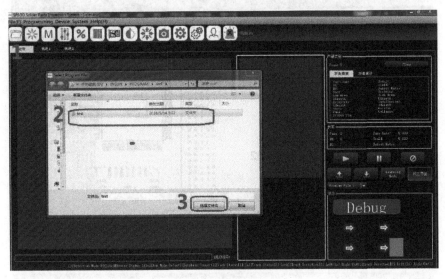

图 3-18

（10）打开编辑好的程序后选择"Mark Setting"进入"Mark 点编辑"界面，将镜头移至 Mark 点中心双击截取，提取 Mark 点→确定→添加到目标轮廓→确定→保存 Mark 点信息（按图 3-19 所示顺序操作即可）。

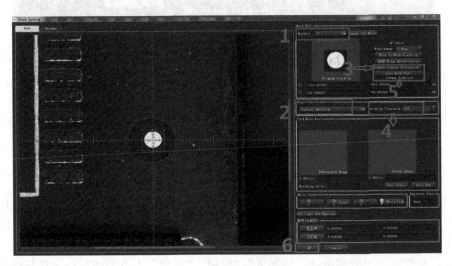

图 3-19

（11）基板二值化阈值：按"F11"，将镜头移动至 PCB 中间，单击"拍照"，在图片中的基板面上按左键拖动，矩形框框中的即为抽取的基板颜色区域，然后双击鼠标，得到的右图白底黑字轮廓面为基板参数的二值化阈值（按图 3-20 所示操作即可）。

（12）锡膏二值化阈值：在图片中的锡膏上按左键拖动，矩形框框中的即为抽取的锡膏颜色区域，然后双击鼠标，得到的黑底白字轮廓面为锡膏参数的二值化阈值（按图 3-21 所示顺序操作即可）。

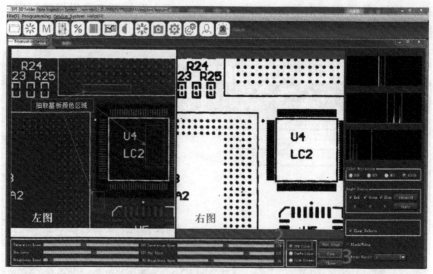

图 3-20

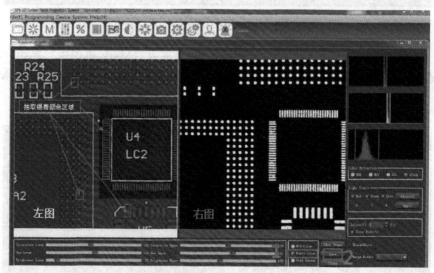

图 3-21

（13）丝印二值化阈值：在图片中的丝印面上按左键拖动，矩形框框中的即为抽取的丝印颜色区域，然后双击鼠标，得到的黑底白字轮廓面为丝印参数的二值化阈值（按图 3-22 所示顺序操作即可）。

提示：必要时，可分别拖动"饱和度""色调""亮度"上下限图标按钮进行微调，过滤杂点。（注意：二值化阈值的设置很重要，尤其是锡膏参数。后面的操作，包括提取矩形框和轮廓最终效果的好坏取决于二值化阈值，建议如图 3-22 所示将矩形框在焊盘位置全覆盖后提取。）

（14）"二值化阈值"设定好后在"SPI"软件界面单击"加载打开的程序"再单击"Learning Mode"测试一遍（图 3-23）。

（15）等待测试完成后自动弹出"Learning"界面，单击"Auto Correction"待全部 FOV 校正完后单击"OK"（图 3-24）。

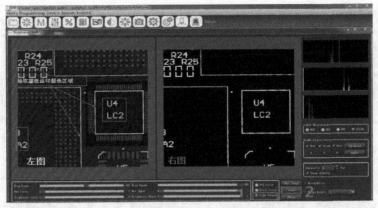

图 3-22

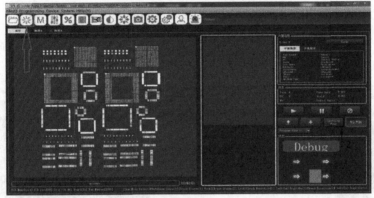

图 3-23

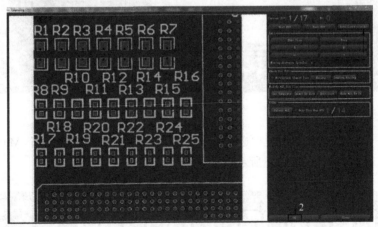

图 3-24

三、学会掌握 Mark 点、 Barcode 编辑及设定

1. Mark 点编辑及设定流程

（1）单击"SPI"界面，在菜单中单击"调整轨道宽度"图标，弹出"Track Width Adjustment"界面，将轨道宽度调到 PCB 合适大小，接着单击"进板"图标，再放入 PCB（按图 3-25 所示顺序操作即可）。

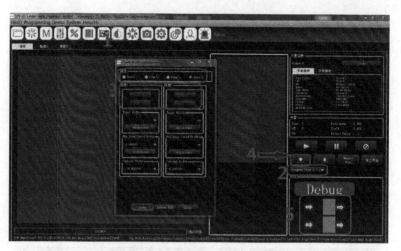

图 3-25

（2）单击"SPI"界面左上角"打开"图标，选择需测试 PCB 的离线程序，当前主界面 FOV 视窗会显示需测试 PCB 的 Gerber 图（按图 3-26 所示顺序操作即可）。

图 3-26

（3）单击"SPI"界面菜单栏"选择定义 Mark 点"（一般情况做两个 Mark 点，根据情况可做多个 Mark 点），如图 3-27 所示。

图 3-27

（4）（再按"F11"）控制相机移动，使得屏幕中十字坐标中心移动到 Gerber 图中与实物 PCB 相对应的任意两个点上，单击"偏移计算旋转角度"（图 3-28）。

（5）单击"Mark Setting"后进入图 3-29 所示界面。

（6）按"F11"弹出"运动控制"界面，单击右上方的"MarkId"，选择"0"，然后用运动控制使十字标尺的中心移动至 Mark 点正中心，见图 3-30。

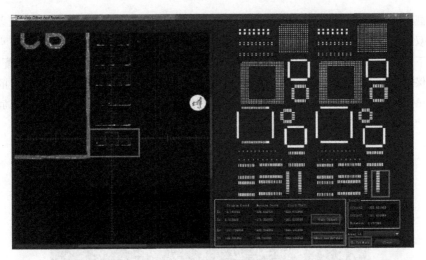

图 3-28

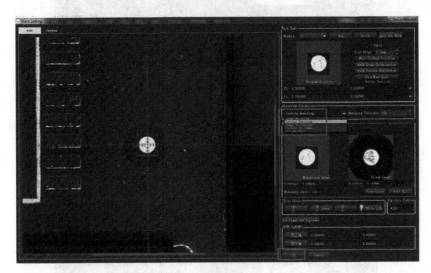

图 3-29

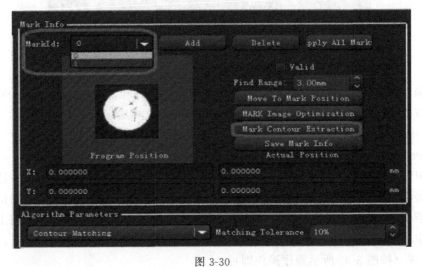

图 3-30

（7）截图控件框住对应 Mark 点正中（如有 Mark 点测不过，可把"匹配误差"改大），鼠标左键双击 Mark 点截图。在右侧"Mark 点信息"栏会显示拍摄到的 Mark 点实图，在算法参数下选择"轮廓匹配"，信息栏中提取 Mark 点轮廓（也可选择"图像匹配"，双击截图后直接保存即可），在弹出的二值化图像（图 3-31）中单击"确定"。在跳出的"编辑轮廓"界面单击"添加到目标轮廓"，在右侧目标轮廓界面中显示红色轮廓后，"原始轮廓序号"要和"选中轮廓序号"对应一致，再单击"确定"（图 3-32）。

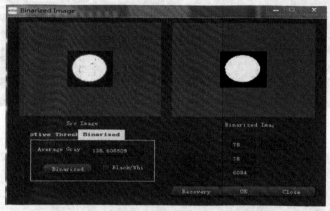

图 3-31

图 3-32

（8）确认后在"Mark 点信息"栏中单击"保存 Mark 点信息"。余下 Mark 点做法相同。在所有 Mark 点定义完后可单击"测试全部"，"定位测试"一栏下方会显示"测试成功字样"，"OK"后单击"确定"，即定义 Mark 点完成。

2. Barcode 编辑及设定流程

在"SPI"主界面单击"识别码设置"，将十字标尺移到二维码中心区，先选择合理的光源调试好亮度，让二维码看上去很清晰，然后单击"拍照测试"看能否识别出二维码信息，如不能识别可以更改识别码类型和算法，直到识别为止，接着在 Gerber 图上选择该二维码所对应拼板上任一 Pad，再单击"添加起点"，让程序记住二维码的位置，最后单击"确定"完成（按图 3-33 所示顺序操作即可）。

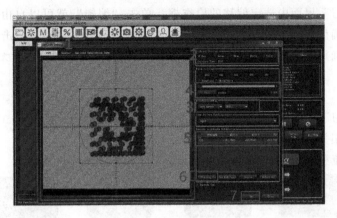

图 3-33

操作指南

1. 组织方式

（1）场地设施：SMT 生产线；现场教学。

（2）设备设施：准备 1 台 INSUM-YS-S7100 设备及不同现象的印刷不良板。

2. 操作要求

（1）遵守课堂纪律。

（2）做好安全防护。

任务实施

（1）学习模式一般是在实际 PCB 与 Gerber 图对应有误差的情况下使用。通过学习模式来调整 Gerber 检测框位置，从而更准确地检测锡膏。

（2）在"SPI"主界面中单击"切换模式"将检测模式切换成学习模式；也可以在"SPI"主界面系统菜单中打开"系统参数设置"，单击"模式设置"来切换模式；还可以直接单击"SPI"主界面中左下方的"切换到学习模式"来切换。

在学习模式下测试 PCB 会弹出"学习"界面。"学习"界面是以 FOV 视窗来划分的，如图 3-34 所示。

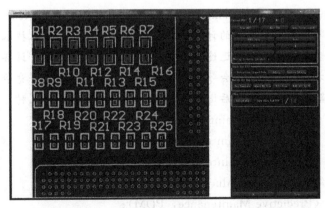

图 3-34

（3）在"学习"界面中选定偏移的检查框，单击"编辑"就可以自由调整检查框位置，调整完后单击"确认"。将所有的 FOV 视窗中有偏差的检查框调整后单击"完成学习"（如编辑后不单击"确定"和最后不单击"完成学习"，调整偏移检测框编辑无效）。

➡️ 任务小结

本节主要学习了 INSUM-YS-S7100 开关机流程、SPI 程序制作及 Mark 点和 Barcode 设定及优化部分；相关流程及要点说明如下。

（1）开关机流程见图 3-35 和图 3-36。

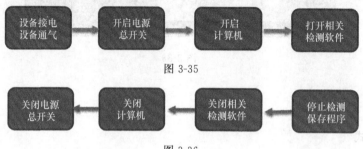

图 3-35

图 3-36

开机时，注意确认急停按钮是否正常开启。

关机时，确认是否长期不再开机，如果是，拔掉插头及气管。

（2）SPI 程序要点说明：

SPI 程序制作 2 要素：Gerber（钢板文件）＋CAD（坐标文件）。

SPI 程序制作需用到 2 个软件：Program 软件＋SPI 软件。

（3）Mark 点是对设备检测时给 CCD（摄像机）做补偿定位用的。

（4）Barcode 是指条码，是每个产品的唯一编号，类似于我们每个人的身份证。

学习任务 3 SPI 设备维护

🐌 任务描述

设备维护（Equipment Maintenance）：设备维修与保养的结合。为防止设备性能劣化或降低设备失效的概率，按事先规定的计划或相应技术条件的规定采取技术管理措施。当产线设备故障后，操作者需要第一时间迅速通知设备维护人员前来维护。设备的维护修理，如果只是在问题出现时才着手进行，就会导致生产能力和品质低下，失去竞争力。因此有必要将保养的一些基本思路决定下来，然后进行分组，基本的方式有如下几种：

（1）事后维护（Breakdown Maintenance，BM）；

（2）预防维护（Prevention Maintenance，PM）；

（3）生产维护（Productive Maintenance，PM）；

（4）全面生产维护（Total Productive Maintenance，TPM）；

（5）预测维护（Predictive Maintenance，PDM）；

（6）基于状态的维护（Condition Based Maintenance，CBM）。

在众多 EMS 工厂中，采用最多的方式为全面生产维护（TPM），是一种以设备为中心展开效率化改善的制造管理技术，与全面品质管理（Total Quality Management，TQM）、精益生产（Lean Production）并称为世界级三大制造管理技术。TPM 的特点就是三个"全"，即全效率、全系统和全员参加。

全效率：指设备寿命周期费用评价和设备综合效率。

全系统：指生产维修系统的各个方面都要包括在内，即生产人员、技术人员、工程人员等都需要包含在内。

全员参加：指设备的计划、使用、维修等，所有部门都要参加，尤其注重的是操作者的自主小组活动。

本任务将重点讲解 INSUM-YS-S7100 设备在日常维护保养中如何进行日保、周保、季保，分别都有哪些保养内容及对应人员执行。

学习目标

(1) 能够清楚了解 SPI 日保养点检项目及保养内容。
(2) 能够清楚了解 SPI 周保养点检项目及保养内容。
(3) 能够清楚了解 SPI 季度保养点检项目及保养内容。

知识准备

(1) 目的：减少机器的故障，延长设备使用寿命。
(2) 范围：SPI 机台本身及周边附属区域相关设备。
(3) 参与人员：作业员/技术员/工程师等。
(4) 定义：日保养由作业员完成，双周保养由技术员完成，季保养由工程师完成。

作业内容与流程

1. 日保养

(1) 保养工具为干净擦拭布、酒精。
(2) 保养步骤如下。
步骤 1：确认机台周围环境条件，电压为 220V，气压为 0.4~0.5MPa，温度为常温。
步骤 2：用蘸了酒精的擦拭布擦拭机器外壳。
步骤 3：确认三色灯信号是否正常。
步骤 4：确认机体后侧风扇是否正常运转。
注：在保养时请勿触及电源部分。

2. 周保养

(1) 保养工具为干净擦拭布、吸尘器。
(2) 保养步骤如下。
步骤 1：正常关机断电。
步骤 2：用擦拭布擦拭清洁设备工作平台。
步骤 3：用吸尘器清洁滤网。
步骤 4：清洁各传感器（图 3-37）。
注：双周保养同时完成日保养工作，双周保养时设备需断电。

3. 季保养

季保养内容是检查皮带松紧，给夹板马达弹簧上润滑油和对 X-Y 工作台进行清洁，季保养同时完成双周保养工作。

（1）保养工具：干净擦拭布、螺钉起子（短）、保养工具组、润滑油。

（2）保养步骤如下。

步骤 1：正常关机断电。

步骤 2：清洁轨道和丝杆并加润滑油。

步骤 3：检查皮带是否完好（图 3-38）。

步骤 4：检查阻挡器是否正常。

图 3-37

顺时针手拉皮带确认有无破损、脏污

图 3-38

步骤 5：检查控制台接头有无松脱。

步骤 6：检查 X/Y/Z 马达是否正常。

步骤 7：检查夹板器夹板是否正常。

步骤 8：检查摄像机及 3D 灯是否正常。

X-Y 工作台的保养

步骤 1：正常关机断电。

步骤 2：将 X-Y 工作台丝杆上的脏油擦掉，并上新油。

步骤 3：清除工作台上的灰尘和油污。

步骤 4：将两滑轨上的黑油用擦拭布擦净。

步骤 5：左侧轨道前后各一加油孔，使用油枪加润滑油至刚好加满即可（每个孔压 3~4 下）。

步骤 6：将 X 轴滑轨上盖螺钉松开，用擦拭布将传动轴上的黑油擦去，滑轨前后各有两个加油孔，注入润滑油即可。

步骤 7：完成 X-Y-Z 工作台注油保养。

➡ 任务小结

本任务主要讲解了日保、周保、季保的相关内容及职责分工，在保养过程中可能会遇到如下问题：

（1）如在开机过程中发现 X、Y 轴归零异常，一般可通过如下 3 个方向进行确认：

① 急停按钮是否按下，有则拔起来；

② 后电箱伺服驱动器是否报警，有则断电，隔 5s 再开伺服空开；

③ 伺服空开断电重启后还不行，记录伺服报警的"标识代码"，反馈。

（2）如在载入基板时，发带不动，一般可通过如下 3 个方向进行确认：

① 检查传送皮带和联轴器是否松动，松则打紧；

② 检查前电箱右边的步进电机驱动器是否报警亮红灯，有则断前电箱空开，隔 5s 后开启；

③ 若以上两步还解决不了，则可能电机或是驱动器坏了，需更换。

（3）如打开 SPI 软件提示"初始化加密狗失败"，一般可通过如下 3 个方向进行确认：

① 关闭当前的运行界面，右键"任务管理器"，看是否打开两次 SPI 软件，若是结束 SPI 进程，重新打开 SPI 软件；

② 查看加密卡驱动是否安装成功，可在"设备管理器"里面单击"端口"，查看下拉菜单中是否有 SerialCOM 号，有两个就说明正常；

③ 记住 SerialCOM 号，比如是 COM6，则右键编辑 D/VCTA/SPI/Config 这个文档，再按组合键 Ctrl＋F，输入"serial"，把它后面的 COM 号改成设备管理器中对应的 COM6，单击"保存""关闭"，再打开软件。

（4）如遇到初始化图像系统失败，一般可通过如下 3 个方向进行确认。

① 摄像机电源线没接好。检查主机后面的摄像机电源线（航空插头）和摄像机上面的电源接头是否松动，松动则打紧。

② 电源线没松但初始化图像系统仍失败，就调换摄像机数据线的顺序，左右对换。

③ 对调后还不行，则用摄像机自带的软件查找摄像机，找到后保存，注意图像采集卡的 COM 号一定要小于 COM10。

➡ 操作指南

1. 组织方式

（1）场地设施：课堂教学＋实操练习。

（2）设备设施：准备 1 台 INSUM-YS-S7100 设备、Gerber 文件、CAD 文件。

2. 操作要求

（1）具有一定的理论基础及安全防护知识。

（2）遵守课堂纪律。

➡ 任务实施

（1）从开关机流程开始讲解，让学员充分了解设备 5M（人、机、料、法、环）相关组成部分；开机前需让学员清楚知道，设备供电电压为 220V 市电、气压为 0.4～0.5MPa，这两项为外部环境输入部分，开机前需做日常点检及安全意识培训；开机后可以引导学员了解计算机软/硬件配置及机器本身的软/硬件配置，让学员充分了解 INSUM-YS-S7100 大体的布局。

（2）通过 Gerber 文件、CAD 文件讲解，让学员知道这两个文件是做 SPI 程序需要涉及的，再通过步骤练习程序制作及 Mark 点、Barcode 设定。

（3）如依步骤练习保养，务必关机断电操作，避免安全隐患。

项目四

双轨平移机操作与维护

项目概述

全自动生产线平移机，适合 SMT 或 DIP 工艺两条生产线之间的平移作业，可用于两条生产线之间的汇合或分流，减少人工送板的隐患，节省人力资源；同时，平移机采用工业触摸屏、PLC、闭环步进电机控制，参数可调可控，对位精准，可与其他自动化设备联机，是全线自动化及高产量的必备设备。

本项目主要学习任务

学习任务 1　了解双轨平移机

学习任务 2　双轨平移机的操作及注意事项

学习任务 3　双轨平移机的保养与维护

学习任务 1　了解双轨平移机

任务描述

双轨平移机适合多线合一生产线［DIP（双列直插式封装）、SMT 或其他工艺］多线之间的错位平移接驳，将工件（PCB 或片状材料）自动转移至下一特定设备的生产模式。平移机（全称为双轨平移机）的主要性能是什么？用途怎么样？对企业发展有何帮助？

学习目标

（1）认识并了解平移机的适用模式。

（2）掌握平移机的主要用途及性能。

（3）了解对企业的益处。

4

➡️ 知识准备

一、平移机适用模式

多线合一生产线（DIP、SMT 或其他工艺）多线之间的错位平移接驳，将工件（PCB 或片状材料）自动转移至下一特定设备的生产模式。

二、主要用途及性能

（1）采用 1 个或 2 个移动台车在 2 个特定位置间来回移动，以实现 SMT 或 AI 及物流系统的设备间的自动化完美对接［1 分 2 和 2 合 1 或 3 合 1 等特定场合的汇合或分流的输送（图 4-1）。

（2）适用：生产线（DIP 或 SMT 或其他工艺）多线之间的错位平移接驳，将工件（PCB 或片状材料）自动转移至下一特定设备的生产模式。

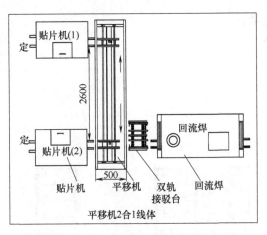
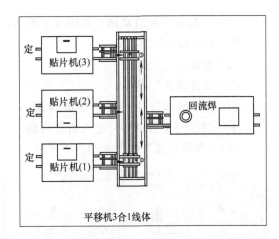

图 4-1

三、对企业的益处

降低人工成本、电费成本、房租成本、管理成本、设备维护成本，改善折旧成本，改善电力不足、人为质量缺陷等。

学习任务 2 双轨平移机的操作及注意事项

🔧 任务描述

平移机的操作及注意事项。

📖 学习目标

（1）平移机的技术参数学习。

（2）学习平移机的基本操作。

（3）平移机的操作注意事项。

➡️ 知识准备

一、平移机技术参数

平移机技术参数如表 4-1 所示。

表 4-1

功率	700W	控制方式	PLC＋触摸屏
电源电压	AC200V	重复精度	±0.05mm
气源压强	0.5MPa	理论速度	2m/s
定位方式	板边定位		

二、平行机操作说明

（1）平移机开机启动画面如图 4-2 所示，包括：

① "I/O 监控"界面；

② "参数设置"界面；

③ "位置设置"界面；

④ "操作画面"，正常生产中的画面。

手动触摸每个按键即可进入各个界面。

（2）"参数设置"画面如图 4-3 所示。

图 4-2

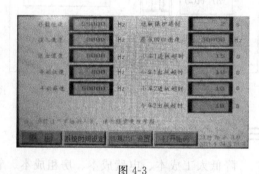

图 4-3

① 设置画面移载速度，以调整小车移动的速度。

② 进入速度是接板进入的速度。

③ 送出速度是接板后送出板速度。

④ 手动低速是移载平台在手动运行时慢速前后运行速度。

⑤ 手动高速是移载平台在手动运行时高速强化运动速度。

⑥ 送板保护延时是平台移动延时。

⑦ 原点回归速度是开机复位的速度。

⑧ 进板超时是从进板位置到接板至移载平台所需的时间。

⑨ 出板超时是接板后到出板位置所需时间。

（3）正常运转时，运行画面如图 4-4 所示。

①"手动模式""自动模式"按键作用是手动自动切换。

②"手动模式""自动模式"没有按下时速度指示灯亮。

③"伺服复位"按键作用是在速度状态下平台没有板时回到原点。

④"进板位置"作用是手动状态下平台没有板时运行到进板位置。

⑤"出板位置"作用是手动状态下平台没有板时运行到出板位置。

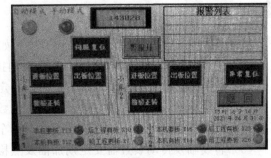

图 4-4

（4）I/O 画面展现平移机各个位置的输入信号（图 4-5）。

（5）平移小车设置，设置位置画面如图 4-6 所示。

① 先把平台复位原点。

② 恢复原点后手动移动平台到进板位置校整后，按动对应的"参数写入"按键 3s 后会自动写入进板位置的数据。

③ 恢复原点后手动移动平台到出板位置校整后，按动对应的"参数写入"按键 3s 后会自动写入出板位置的数据。

④ 手动高低速在调整时使用。

图 4-5

三、平移机操作注意事项

（1）日常运行过程中，确保传感器及 E-Stop 的正常状态；

（2）确保安全防护盖及感应报警器装置运行正常；

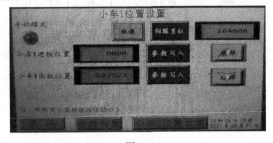

图 4-6

（3）运行中，禁止人员肢体在轨道移动的范围内，避免受到伤害。

学习任务 3　双轨平移机的保养与维护

任务描述

了解平移机的工作原理，可以独立进行平移机的维护与保养。

学习目标

平移机的保养维护。

知识准备

如图 4-7 所示，日常进行的维护保养项目如下：

（1）进板与出板口、起始信号、PLC 控制执行状况确认；

（2）控制部速度、距离设定、进板时间设定和声光报警功能确认；

（3）步进电机带动车载左右移动，定位参数、运行状态；

（4）所有传感器、安全门感应器、移动小车、坦克链等项目确认；

（5）转线轴及传动装置需要定期加油及点检。

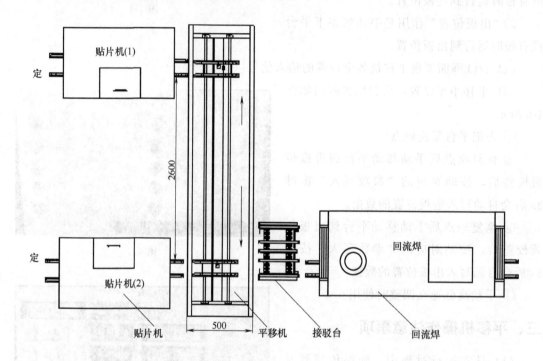

图 4-7

项目五

贴片机操作与维护

本项目主要学习任务

学习任务 1　贴片机基础
学习任务 2　典型贴片机认知
学习任务 3　贴片机操作和程序设计
学习任务 4　贴片机维护
学习任务 5　典型供料器或喂料器（Feeder）使用

学习任务 1　贴片机基础

学习目标

（1）掌握贴片机用途及应用场合，了解贴片机的定义及种类。
（2）了解贴片机各部件名称及功能介绍。
（3）了解拱架型贴片机和转塔型贴片机的区别。
（4）了解贴片机的常见安全注意事项。
（5）熟悉警告标识、禁止标识、指示标识及危险程度标识等。
（6）掌握贴片机使用各环节中应注意事项。

知识准备

一、贴片机用途及应用场合

（一）贴片机定义

贴片机是表面贴装生产线中进行组件（元件）贴装的主要设备，一般应用于印制电路板贴装电子组件。贴片机一般占 SMT 生产线总投资的 60% 以上，生产线的产能主要由贴片机决定。贴片机由机械部分、视觉系统、贴装系统、供料器和计算机技术组成的高科技设备组

5

成。机械部分主要包括机架、传动结构和伺服系统，视觉系统包括摄像系统和监控传感器系统，以及贴片头、供料器、吸嘴等相关硬件。

贴片机是机电光和计算机控制技术的综合体，是一种精密工作机器人。其充分发挥现代精密机械、机电一体化、光电一体化和计算机控制技术的优势，是实现高速、高精度、智能化的电子装配制造设备。它可以通过拾取、位移、对准和放置等功能，快速准确地将各种电子组件附着到印制电路板上指定的焊盘位置。所以贴片机位于整个 SMT 的核心位置。

（二）SMT 中贴片机设备的作用

表面贴装技术（Surface Mounted Technology，SMT）是电子组装行业中最流行的一种技术和工艺，是新一代电子组装技术。它将传统的电子元器件压缩成为体积只有几十分之一的器件，从而实现了电子产品组装的高密度、高可靠性、小型化、低成本以及生产的自动化。这种小型化的元器件称为表面贴装器件（Surface Mounted Devices，SMD），或称SMC、片式器件，包括 CHIP、SOP、SOJ、PLCC、LCCC、QFP、BGA、CSP、FC、MCM 等。

将 SMD 装配到 PCB（Printed Circuit Board）或称为 PWB（Printed Wiring Board）上的工艺方法称为 SMT。相关的组装设备则称为 SMT 设备，而贴片机是 SMT 中关键的设备。

SMD 都是依靠贴片机高精度和高密度地组装在印制电路板上，从而构成一种复杂优越的电子产品，SMD 进一步向小型化、低功耗、高抗干扰方面发展，体积和质量也日趋小型化，使得组装技术和设备也逐步发展进阶，而贴片机作为 SMT 制程中关键安装设备，其作用也显而易见，同样 SMT 设备性能优越也更加促进组件安装效率和品质得到保证。

（三）贴片机种类

贴片机又称贴装机。在 SMT 生产线中，它通常配置在点胶机或丝网印刷机之后，是通过移动贴片头把表面贴装元器件准确地放置于 PCB 焊盘上的一种设备，分为手动和全自动两种。

全自动贴片机是用来实现高速、高精度、全自动贴放元器件的设备，是整个 SMT 生产中最关键、最复杂的设备。贴片机是 SMT 生产线中的主要设备，贴片机已从早期的低速机械贴片机发展为高速光学对中贴片机，并向多功能、柔性连接模块化发展。

贴片机的生产厂家很多，则种类也较多，常见的贴片机生产厂商有 SONY 索尼（日本）、Assembleon 安比昂（中国）、Siemens 西门子（德国）、Panasonic 松下（日本）、FUJI 富士（日本）、YAMAHA 雅马哈（日本）、JUKI（日本）、MIRAE（韩国）、SAMSUNG 三星（韩国）、EVEREST 元利盛（中国台湾）、UNIVERSAL 环球（美国）、Citizen（日本）等。

1. 按贴片机速度分类

按速度分为中速贴片机、高速贴片机、超高速贴片机。

中速贴片机特点：速度为 4 万片/h 或更高，采用旋转式多头系统。Assembleon-FCM 型和 FUJI-QP-132 型贴片机均装有 16 个贴片头，其贴片速度分别达 9.6 万片/h 和 12.7 万片/h。高速/超高速贴片机特点：主要以贴片式组件为主体，贴片器件品种不多。

除速度贴片机外还有多功能贴片机，特点是能贴装大型器件和异型器件。

2. 按贴片顺序方式分类

按贴片顺序方式分为顺序式贴片机和同步式贴片机。

顺序式贴片机特点：它是按照顺序将元器件一个一个贴到 PCB 上，通常见到的是该类贴片机。

同步式贴片机特点：使用放置圆柱式组件的专用料斗，一个动作就能将组件全部贴装到 PCB 相应的焊盘上。产品更换时，所有料斗更换，已很少使用。

3. 按自动化程度分类

按自动化程度分为全自动机电一体化贴片机和手动式贴片机。

全自动机电一体化贴片机特点：大部分贴片机就是该类。

手动式贴片机特点：手动贴片头安装在 Y 轴头部，X、Y、e 定位可以靠人手的移动和旋转来校正位置；主要用于新产品开发，具有价廉的优点。

而在实际生产中，因为贴片机作为主力设备，贴装组件种类多且复杂，任务重，所以高速贴片机和多功能贴片机通常会互补，依据生产机种复杂程度及生产量与生产线平衡综合考虑。

（四）贴片机各部件的名称及功能介绍

1. 主机

（1）主电源开关（Main Power Switch）：开启或关闭主机电源。

（2）视觉显示器（Vision Monitor）：显示移动镜头所得的图像或组件和记号的识别情况。

（3）操作显示器（Operation Monitor）：显示机器操作的 I/O 软件屏幕，如操作过程中出现错误或有问题时，在这个屏幕上也显示纠正信息。

（4）警告灯（Warning Lamp）：指示贴片机在警告灯为绿色、黄色和红色时的操作条件。

① 绿色：机器在自动操作中。

② 黄色：错误（回归原点不能执行、拾取错误、识别故障等）或联锁产生。

③ 红色：机器在紧急停止状态下［机器或 YPU（编程部件）停止按钮被按下］。

④ 紧急停止按钮（Emergency Stop Button）：按下该按钮马上触发紧急停止。

2. 工作头组件（Head Assembly）

工作头组件：在 XY 方向（或 X 方向）移动，从供料器中拾取零件并将其贴装在 PCB 上。

工作头组件移动手柄（Movement Handle）：当伺服控制解除时，通常用这个手柄移动工作头组件。

3. 视觉系统（Vision System）

移动镜头（Moving Camera）：用于识别 PCB 上的记号（Mark）或拍摄具体元件的位置和坐标。

独立视觉镜头（Single-Vision Camera）：用于识别组件，主要识别有引脚的 QPF。

背光部件（Backlight Unit）：当用独立视觉镜头识别时，从背部照射组件。

激光部件（Laser Unit）：通过激光束识别零件，主要识别片状零件。

多视像镜头（Multi-Vision Camera）：可一次识别多种零件，加快识别速度。

4. 供料平台（Feeder Plate）

带式供料器、散装盒式供料器和管式供料器（多管供料器），可安装在贴片机的前或后供料平台。此外一般设备还配置有外接于贴片机的供料平台供 Matrix Tray（成型盘）包装的材料使用。

5. 轴结构（Axis Configuration）

X 轴：移动工作头组件与 PCB 传送方向平行。

Y 轴：移动工作头组件与 PCB 传送方向垂直。

Z 轴：控制工作头组件的高度。

R 轴：控制工作头组件吸嘴轴的旋转。

W 轴：调整运输轨的宽度。

6. 运输轨部件（Conveyor Unit）

（1）主挡板（Main Stopper）。

（2）定位针（Locate Pins）。

（3）入推部件（Push-in Unit）。

（4）边缘夹具（Edge Clamp）。

（5）上推平板（Push-up Plate）。

（6）上推顶针（Push-up Pins）。

（7）入口挡板（Entrance Stopper）。

（8）吸嘴站（Nozzle Station）：允许吸嘴的自动交换，总共可装载 16 个吸嘴，即 7 个标准喷嘴和 8 个可选吸嘴，还有 1 个交换槽，贴片头自动切换吸嘴使用。

（9）气源部件（Air Supply Unit）包括空气过滤器、气压调节按钮、气压表。

7. 数据输入和操作部件（Data Input and Operation Devices）

（1）PU（Programming Unit，编程部件）：

Ready 按钮：异常停止的解除和伺服系统发生作用。

（2）键盘（Keyboard）各键的功能：

F1：用于获得实时选项的帮助信息。

F2：PCB 生产转型时使用。

F3：转换编制目标（组件信息、贴装信息等）。

F4：转换副视窗（形状、识别等信息）。

F5：用于跳至数据地址。

F6：辅助调整时使用。

F7：设定数据库。

F8：视觉显示实物轮廓。

F9：元件位置精确定位摄像。

F10：坐标跟踪。

Tab：各视窗间转换。

Insert，Delete：改变副视窗各参数。

↑ ↓ → ←：光标移动及文页 Up/Down 移动。

Spacebar（空挡键）：操作期间暂停机器（再按解除暂停）。

（五）拱架型贴片机和转塔型贴片机区别

1. 拱架型贴片机

组件供料器、基板（PCB）是固定的，贴片头（安装多个真空吸嘴）在供料器与基板之间来回移动，将组件从供料器取出，经过对组件位置与方向的调整，然后贴放于基板上。由于贴片头是安装于拱架型的 X/Y 坐标移动横梁上，所以得名。

拱架型贴片机对组件位置与方向的调整方法：

（1）机械对中调整位置、吸嘴旋转调整方向，这种方法能达到的精度有限，较晚的机型已不再采用。

（2）激光识别、X/Y坐标系统调整位置、吸嘴旋转调整方向，这种方法可实现飞行过程中的识别，但不能用于球栅阵列组件（BGA）。

（3）摄像机识别、X/Y坐标系统调整位置、吸嘴旋转调整方向，一般摄像机固定，贴片头飞行划过摄像机上空，进行成像识别，比激光识别耽误一点时间，但可识别任何组件，也有实现飞行过程中识别摄像机的识别系统，机械结构方面有其他牺牲。

这种形式由于贴片头来回移动的距离长，所以速度受到限制。一般采用多个真空吸嘴同时取料（多达数十个）和采用双梁系统来提高速度，即一个梁上的贴片头在取料的同时，另一个梁上的贴片头贴放组件，速度几乎比单梁系统快一倍。但是实际应用中，同时取料的条件较难达到，而且不同类型的组件需要换用不同的真空吸嘴，换吸嘴有时间上的延误。

这类机型的优势在于：系统结构简单，可实现高精度，适于各种大小、形状的组件，甚至异型组件，供料器有带状、管状、托盘形式，适于中小批量生产，也可多台机组合用于大批量生产。

2. 转塔型贴片机

组件供料器放于一个单坐标移动的料车上，基板放于一个X/Y坐标系统移动的工作台上，贴片头安装在一个转塔上，工作时，料车将组件供料器移动到取料位置，贴片头上的真空吸嘴在取料位置取组件，经转塔转动到贴片位置（与取料位置成180°），在转动过程中经过对组件位置与方向的调整，将组件贴放于基板上。

对组件位置与方向的调整方法：

（1）摄像机识别、X/Y坐标系统调整位置、吸嘴自旋转调整方向，摄像机固定，贴片头飞行划过摄像机上空，进行成像识别。

（2）转塔上一般安装有20个左右的贴片头，每个贴片头上安装2~4个真空吸嘴（较早机型）或5~6个真空吸嘴（现有机型）。由于转塔的特点，将动作细微化，选换吸嘴、供料器移动到位、取组件、组件识别、角度调整、工作台移动（包含位置调整）、贴放组件等动作都可以在同一时间周期内完成，所以实现了真正意义上的高速度。最快的时间周期达到0.08~0.10s（一片组件）。

此机型在速度上是优越的，适于大批量生产，但只能用带状包装的组件，如果是密脚、大型的集成电路（IC），只有托盘包装，则无法完成，因此还有赖于其他机型来共同合作。这种设备结构复杂，造价昂贵，成本是拱架型的3倍以上。

二、贴片机使用常见安全及注意事项

当前贴片机品种较多，但无论是全自动高速贴片机还是手动低速贴片机，它的全体布局结构均基本类似。全自动贴片机是由计算机控制、集光机电气一体的高精度自动化设备，主要由机架、PCB传送及承载组织、驱动体系、定位及对中体系、贴片头、供料器、光学识别体系、传感器和计算机控制体系组成，其经过吸取—位移—识别—定位—放置等动作，完成对SMD快速而精确的贴装。

其中不乏机械、电子电气装置及敏感组件，特别是为保证精度，安全、正确的操作对机器和使用者都是很重要的

1. 警告标识、禁止标识及指示标识

警告、禁止及指示标识如表5-1所示。

2. 危险程度标识

危险程度标识如表5-2所示。

3. 安全注意事项

实际使用贴片机及其配套装置的操作员及进行保养、修理等的技术员，应在认真阅读以下有关安全的注意事项后再使用机器，以免受到伤害。

表 5-1

警告标识					
	手或衣服有可能被卷入		接触运动部位时有可能受伤		接触驱动部位时有可能受伤
	靠近高电压部位时有可能触电		接触高温部位时有可能被烫伤		放置重物或手按在上面时有可能发生破损
	直视光线，有可能造成重伤				
禁止标识			指示标识		
	请勿触摸，否则有人体受伤、损坏机器的可能				指示地线的连接
					指示正常的旋转方向

表 5-2

	危险	表示在进行机器操作、保养时，如果当事人、第三者操作错误，或不避免该状况，则有导致死亡或重伤的重大危险
	警告	表示在进行机器操作、保养时，如果当事人、第三者操作错误，或不避免该状况，则有导致死亡或重伤的潜在性危险
	注意	表示在进行机器操作、保养时，如果当事人、第三者操作错误，或不避免该状况，则有造成中度或轻度伤残的危险

（1）为了防止安全装置缺落引起的事故，操作本机器时，请确认安全。

（2）装置已正确安装在规定的位置，然后再进行操作。拆卸安全装置时，务必安装在原位置，并确认功能正常。安全装置发生故障时，绝不能在拆下安全装置的状态下运行机器，否则有可能导致死伤事故产生。

（3）为防止触电引起的事故，在需打开电气设备箱时，应切断电源。出现异常、故障或停电时，应立即切断电源。

（4）为防止机器意外启动引发事故，在检查、修理、清扫时，应切断电源后再进行操作。

（5）拔出电源插头时，不要握住导线，而要握住插头拔出。

标签张贴位置如图 5-1 所示。

4. 使用各环节应注意的事项

为安全地操作贴片机，操作者应遵循如下几个方面的基本安全规则：

（1）培训；

（2）搬运存储；

（3）开封安装；

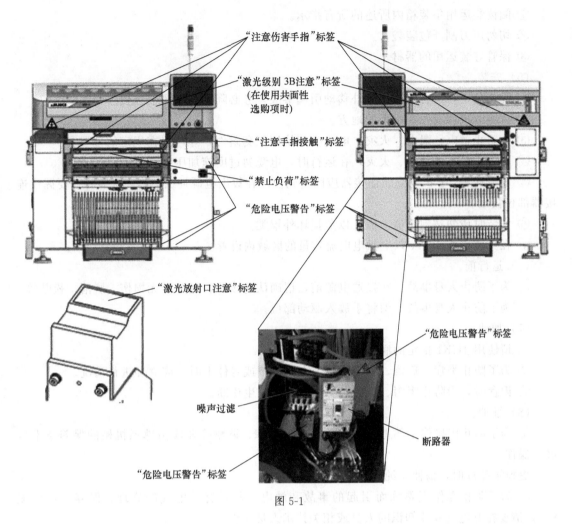

图 5-1

（4）生产准备、生产中与生产结束；

（5）加油维护，日常保养。

使用环节中的注意事项如下。

（1）用途。

① 请勿将本机器用作本来用途以外的其他用途。

② 请勿对机器进行改造。

（2）培训。

为防止操作不熟悉而引起的事故，只有受过指定的操作培训，并具备适当知识和操作技能的操作员，方可操作本机器。

（3）搬运。

① 为防止提起、移动时发生颠倒、掉落事故，请采取充分的安全对策。

② 运输及保管环境条件：

温度：−15～70℃。

湿度：20％～95％RH（无冷凝）。

（4）开封。

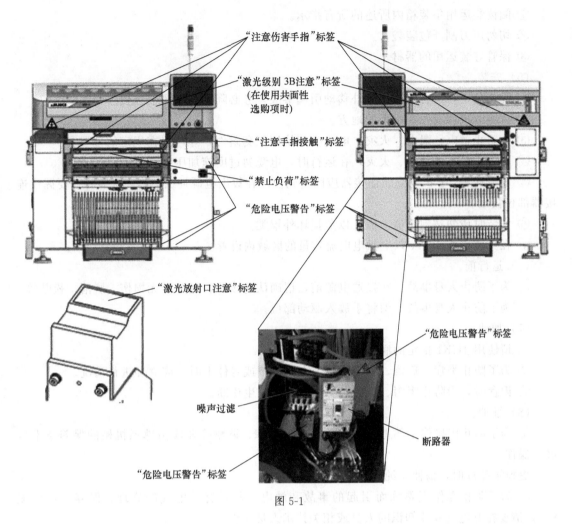图中标签：
"注意伤害手指"标签　"激光级别 3B注意"标签（在使用共面性选购项时）　"注意手指接触"标签　"禁止负荷"标签　"危险电压警告"标签　"激光放射口注意"标签　"危险电压警告"标签　噪声过滤　断路器

① 阅读装运用集装箱内所述的所有指示。

② 切勿用刀割开包装袋。

③ 保管好装运用的器材。

（5）安装。

① 为避免正在运行的机器意外移动引起事故，务必降下高度调节装置。

② 请将本机器设置在水平的地方。

③ 为防止触电、漏电、火灾，电缆类请使用配套附件，并连接在规定的位置。

④ 为防止触电、漏电、火灾，在运行时，电缆勿过度施加压力。

⑤ 电源插头、I/F 电缆的连接器应固定到位。在拔出电源插头、I/F 电缆时，要握住连接器部位拔出。

⑥ 安装时请勿站到机器上面，以免损坏外罩类。

⑦ 在具备单相 100A 以上供电电流容量的区域内设置。

（6）运行前。

① 为了防止人身事故，在接通电源前，请确认连接器、电缆类无损伤、脱落、松弛等。

② 为了防止人身事故，勿将手放入驱动部位。

（7）加油。

① 请使用 JUKI 指定的润滑脂。

② 为了防止炎症、斑疹，润滑脂附着在眼睛里或身体上时，应立即进行清洗。

③ 误食时，为防止腹泻、呕吐，应立即接受医生诊断。

（8）维护。

① 为了防止因操作不熟悉而引起的事故，修理、调整作业应由熟悉机械的保养技术员进行操作。

更换零部件时，请使用纯正部件。

② 为了防止操作不熟练而引起的事故和触电事故，有关电气的修理、保养（包括配线），请委托有电气专业知识的人员或相关技术人员操作。

③ 为防止意外启动造成事故，请拆下供气供给源的气管，放出剩余的空气后再进行维护。

④ 为防止人身事故，进行修理调整、零部件更换等作业后，请确认螺钉、螺母等稳固不松弛。

（9）使用环境。

① 为防止因误动作而引起的事故，请勿在受高频焊机等干扰源（电磁波）影响的环境下使用。

② 为防止因误动作而引起的事故，请勿在超过使用电源电压±10％的情况下使用。

③ 为防止因误动作而引起的事故，请在 0.5MPa±0.05MPa 的供气压力下使用。

④ 为了安全使用，请在下述环境下使用：

温度：10～35℃。

湿度：50％RH 以下（无冷凝）。

标高：1000m 以下。

⑤ 为防止电气部件破损引起的事故，从冷处将机器突然移动到暖处时，有时会结露，因此，请在完全无须担心滴水后再接通电源。

⑥ 为防止电气部件破损而引起的事故，打雷时请停止使用，并拔出电源插头。

操作准备

场地设施：工厂生产用贴片机设备或工程实习开发用贴片机。

教材文件：以某类型贴片机或电子工厂生产常用的 JUKI 系统做介绍。

以上大致描述为：

（1）机器操作者应接受正确方法下的操作培训。

（2）检查机器、更换零件或修理及内部调整时应关电源（对机器的检修都必须在按下紧急按钮或断开电源情况下进行）。

（3）请在温度为 $-15 \sim 70 \text{℃}$，湿度为 $20\% \sim 95\%$ RH（无冷凝）环境下运输及保管。

（4）确使"联锁"安全设备保持有效以随时停止机器，机器上的安全检测等都不可以跳过、短接，否则极易出现人身或机器安全事故。

（5）生产时只允许一名操作员操作一台机器。

（6）操作期间，确保身体各部分，如手和头等，在机器移动范围之外。

（7）机器必须正确接地（真正接地，而不是接零线）。

（8）不要在有燃气体或极脏的环境中使用机器。

操作实施

（1）以现场生产设备作为教学仪器主体，开展实战实练的教学。掌握常用贴片机的结构及各部件功能。

（2）对生产现场的贴片机设备的危险警告标识、禁止标识能够清楚认识。

（3）对使用环境和条件做了解说明，为后续正确使用打下基础。

任务小结

> **注意：**
>
> （1）未接受过培训者严禁上机操作。
>
> （2）操作设备需以安全为第一，机器操作者应严格按操作规范操作机器，否则可能造成机器损坏或人身伤害。
>
> （3）机器操作者应做到小心、细心。
>
> （4）要深入领会设备设施用途，以正确安全操作为根本，提高设备使用效率，做出好的产品。

学习任务 2　典型贴片机认知

学习目标

（1）掌握常用贴片机外形及功能，本书以 JUKI 机种为例做介绍。

（2）了解贴片机设备的特点及特性。

（3）熟悉掌握设备各装置系统组成，包括基板传送部、组件供应部、工作头单元、OCC 构成、HMS、ATC、吸嘴、图像识别装置（VCS）及其构成等。

（4）熟悉贴片机机械结构及电气规格。

（5）了解其与外部装置的接口部件。

（6）了解贴片机适用的贴片规格及包装方式。

知识准备

贴片机是一种能够用于实现高速、高精度贴装元器件的大型机器设备，也是整个全自动生产流水线中程序较为复杂的设备。现在，贴片机已经从早期的低速贴片机发展到高速光学对中贴片机，在速度和精度上有着不小的提升，功能性也得到增强，贴装的组件规格也有很大的发展，通常来说贴片机由机架、运动机构、贴片头、供料器、电气控制模组等装置精准组装而成，不同设备组件之间互相配合。使用贴片机进行贴装，相较于手动焊接技术在焊接部件精度及焊接效果上有大幅度改善，同时也节省了大量的时间和成本。

下面以某品牌系列高速智能模块式贴片机为例来详细介绍其涉及的主要内容。

专业名词中英对照见表 5-3。

表 5-3

简称	含义	
	中文	英文
ATC	自动工具更换装置	（Auto Tool Changer）
CVS	组件验证系统	（Component Verification System）
DTS	双托盘服务器	（Dual Tray Server）
ETF	电动式带式供料器	（Electric Tape Feeder）
HMS	高度测量装置	（Height Measurement System）
IFS-NX	智能供料器系统	（Intelligent Feeder System）
LNC	激光校准新概念	（Laseralign New Concept）
MTC	矩阵托盘更换器	（Matrix Tray Changer）
MTS	矩阵托盘服务器	（Matrix Tray Server）
OCC	位置校正摄像机	（Offset Correction Camera）
PCB	基板	（Printed Cricuit Board）
S-VCS	高速不间断图像识别装置	（Scanning-Vision Centering System）
VCS	图像识别装置	（Vision Centering System）

一、设备外形及功能介绍

模块式贴片机生产线的核心继承了以往构筑的模块化概念的灵活性能，安全性、可靠性、维护性、经济性等有了进一步提高。

多连式工作头（Head）型通用贴片机，由于采用了并联 8 吸嘴贴片头，并且带有新开发的上下一体驱动功能，故可适用于多贴片头的解决方案，从 0.25mm×0.125mm 的极小组件到 50mm×150mm 的大型组件均可不更换贴片头就进行贴片。

这里先介绍贴片机常见外形结构和布局图（图 5-2 和图 5-3）。

为防止人体受伤，勿在拆下安全盖（安全罩）、安全装置等状态下运行。

为防止人体受伤，务必小心，以免头发、衣服等卷入传送带链。此外，勿戴手套。

为防止人体受伤，维护时（注油、调整、日常检修），请切断电源。

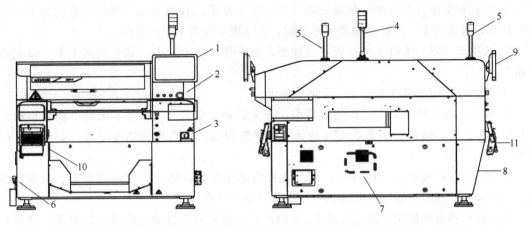

图 5-2

1—前侧液晶监视器；2—操作面板；3—电源开关；4—信号灯；5—迷你信号灯（选购项）；

6—空气调节器［护盖（罩）内侧］；7—真空泵（装置内左侧）；8—漏电断路器（后部-右侧）；

9—后侧液晶监视器；10—前部编带套件单元（Rev.D 以后版本有此单元）；

11—后部编带套件单元（选购项，Rev.D 以后版本有此单元）

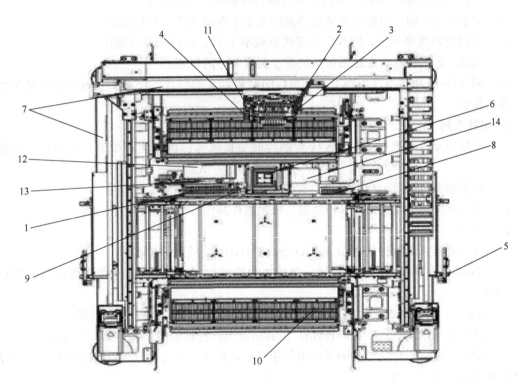

图 5-3

1—ATC 单元；2—LNC120 工作头单元；3—工作头单元（8 贴片头）；4—OCC 单元（L）；5—PCB 传送单元；

6—VCS 单元；7—X-Y 单元；8—CVS 单元（OP）；9—CAL 块单元；10—供料器台架单元；11—HMS 单元；

12—废弃盒；13—负载控制单元（OP）；14—共面性单元（OP）

为防止人体受伤，请在电源线上使用漏电断路器。

开关安全盖时的注意事项如下。

① 打开安全盖（安全罩）时要把盖（罩）向上开足，直到面向左侧的锁定臂处于"上锁"状态，再放开手。没有上锁就放开手时，盖（罩）有落下来的危险。

② 关闭盖（罩）子时先解开锁 [请注意，解开锁时不要使盖（罩）子落下来，以免造成伤害]。

③ 不要过度增加盖（罩）子、手把等的负荷。

④ 如果工作头单元位于主机装置后面，开关后侧安全盖（安全罩）时，可能会接触到X轴单元。这时，请将工作头单元移动到主机装置前面，再操作后侧安全盖（安全罩）的开关。

⑤ 维护 ATC 或 XY、Head 时，进入装置内部作业时，请特别注意不要从后面撞到安全盖（安全罩）或监视器，不要撞到头，作业时不要受伤。

共面性传感器中使用了激光等级为 3B 的产品。激光束会造成眼睛或皮肤损伤。请绝对不要直视或接触激光束

二、设备特点及特性

1. 高精度、高速贴片

（1）使用激光校准传感器，可进行 8 吸嘴同时识别，高速贴片。

（2）配备有 ZA 轴，可根据贴装组件高度来上下驱动激光校准传感器。

（3）与以前的机型相比，贴片头装置质量减小 10%，提高了贴装速度。

（4）采用 RF 供料器，由此缩短从吸取位置到基板的距离。

（5）新 VCS 采用多组件识别方式，可以同时识别 4 个组件，图像识别组件的贴装节拍因此得到提速。

2. 实效节拍

（1）使用自动工具更换装置（ATC）的同时更换吸嘴。优化生产配置，自动排列更换吸嘴。

（2）可根据基板贴装的组件高度，设置吸嘴移动高度，缩短贴片节拍。

（3）利用 ZA 轴升降激光校准传感器，根据组件高度将 Z 轴的行程控制在最短。

3. 运行率

（1）可以安装托盘组件的供给装置 DTS（TR1RB），MTS（TR8SR）。

（2）TR8SR 为微型结构 [可在同一台架中与带式供料器（以 8mm 带式供料器换算最多 20 个）共存]。

（3）TR1RB 的托盘更换时间（使用托盘更换速度"高速 2"时）为以前的 1/4。

（4）标准配备高度测量装置（HMS）能够简单地进行吸取组件高度的测定和示教。

（5）使用无停操作功能，前侧发生组件用尽时，自动切换为后侧吸取，贴片机可以不停止就完成组件补充（选购项）。

（6）安装新的带式组件时，通过 OCC 识别组件袋，能够找出开头组件。

4. 残次率低、损失率低

（1）使用激光装置对组件的吸取状态进行监视，直到贴片瞬间，可有效防止组件掉落。

（2）利用真空压力破坏瞬间的自动校正功能，有效防止贴片瞬间带回组件。

（3）基板支撑部分（支撑台）采用马达驱动，防止了释放基板时的振动及贴片后组件的偏移，并缩短了夹板、释放所需时间。

（4）配备真空泵，吸取组件时的空气供给很稳定。

（5）利用电动料带供给器的吸取位置自动补正功能，可以进行稳定的吸取。

（6）组件数据建立过程中进行组件测定，测定后将组件归还至供料器。

（7）对于矩阵托盘更换器（MTC）的往复组件供给，可以将发生引脚弯曲变形等错误的组件自动回收到原来的托盘。

（8）根据组件的明暗差可以对方形芯片的 VCS 组件进行表面背面的判定。

5. 提高了通用性

（1）对于组件识别中使用的 VCS 照明，可以切换种类（同轴反射、侧向、下方、透过照射）和波长（颜色），此外，还可以进行细微刻度的照明度控制。因此，为提高对 QFP、BGA、FBGA 的识别能力及对连接器等异型组件的对应能力，可以选择适合各类组件的照明度。

（2）由软件控制可调整光亮度的照明装置，具有识别挠性基板标记、图案对照功能，强化了基板标记识别能力。此外，使用区域标记的识别功能，通过对一组标记进行校正可进行多个组件的贴装校正。

① 可使用 OCC 检测不良电路的坏板标记。此外，可对应自由设置标记位置的"扩展坏板标记"及事先检测基板上是否有坏板标记的"全局坏板标记"，缩短识别时间。

② 图像识别摄像机方面，备有 54mm、27mm、10mm 视野摄像机作为选项。

③ 采用负荷校准台［Load Cell（压力传感器）控制负荷吸嘴，可保持在稳定负荷下吸取、贴装组件（选购项）］。

（3）配备了生产前检查组件电阻值或静电容量、极性等的组件验证系统（CVS）

6. 灵活性高

（1）θ 轴标准配备大功率旋转电机，可适用于惯性矩较大的大型组件。

（2）可读入以往 CX、FX、KE 系列制作的程序数据。

（3）通过生产率的提高支持系统，可以组成与原有机器混合的生产线。在基板生产中也能够在生产率的提高支持系统客户端建立和编辑生产线总体的程序。

（4）可在 Head、X-Y 伺服解除（Servo Free）状态下进行空载传送。

7. 操作性

（1）用户界面通过丰富的图形显示及触摸屏输入，无须键盘或鼠标等输入设备。

（2）在使用出售对象地区语言（中文、英文、日文）显示的基础上，还可实时进行切换显示。

（3）设有 USB 接口，可使用 USB 闪存等记忆装置，因此，生产程序移动十分简便。

（4）可以在外部计算机上编辑"组件数据库"，该库记录了组件名称、种类、尺寸、使用吸嘴、图像识别数据等，还可以共享多个装置中的数据库。

8. 维护方便

Head 过滤器设置在 Head 上部，更换方便。

（1）结构上考虑到容易维护，便于关键部件或消耗零件的更换。

（2）加强了维护辅助功能，可自我诊断装置运行状态，警告出错位置。

三、贴片机各装置系统组成

（一）基板传送部分的构成（单通道）

基板传送部的构成见表 5-4。

表 5-4

IN 传感器	传送电磁阀	支撑销检出传感器受光
OUT 传感器	传送马达	挡块传感器
WAIT 传感器光缆受光	驱动轴	传动限位器
WAIT 传感器光缆发光	侧梁	WAIT2 传感器光缆受光
C_OUT 传感器光缆受光	支撑台 IN	WAIT2 传感器光缆发光
C_OUT 传感器光缆发光	支撑台 OUT	
PCB 导轨	自动调整宽度马达	
支撑台原点传感器	支撑销检出传感器发光	

（二）组件供给部分的构成

组件供给部分在基板传送部分的前后，有 2 个供料器台架，供给方式因组件的包装方式（带式、托盘）而不同（图 5-4）。

（1）带式组件（芯片组件）及管式组件，使用安装在供料器台架上的带式供料器。

（2）托盘组件由托盘支架或矩阵托盘更换器、矩阵托盘服务器构成。托盘支架及矩阵托盘服务器可安装在后侧。

当使用统一更换台车（可选）卸下或插入来自贴片机体内的供料器时，可以脱机设置。

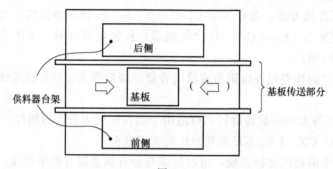

图 5-4

图 5-4 所示为向右流动时的状态（如果向左流动，IN 和 OUT 相反）。

（1）利用电动式带式供料器台架的各部分将电动式带式供料器沿着导轨插进去，顶住固定块，定位。安装电动式带式供料器（ETF）的位置，请参见位置标签。台架标记是用于校正台架位置及姿势的标记（图 5-5）。

（2）电动式带式供料器安装动作顺序用统一更换台车的名称描述。

编带卷筒安装在卷筒架上。升高 E 台架，用定位销定位。在准备位置上换挂编带时，把准备连接器插到 ETF 一侧的连接器上。贴片机运行中，被切断的编带会滞留在垃圾箱内（图 5-6）。

（三）Head 单元的构成

Head 由检查组件位置偏移、角度偏移的激光校准传感器，以及可上下驱动、旋转的 OCC 构成。

使用摄像机检测出基板标记的位置，进行自动校正。标准装备有同轴反射照明装置及偏光滤光器（图 5-7）。

（四）OCC 的构成

使用摄像机检测出基板标记的位置，进行自动校正。标准装备有同轴反射照明装置及偏光滤光器（图 5-8）。

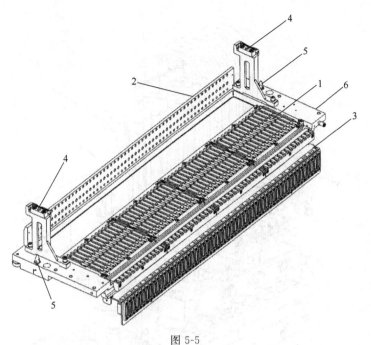

图 5-5

1—导轨；2—固定块；3—位置标签；4—台架标记；5—定位销；6—台架基座

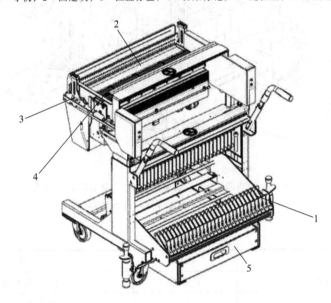

图 5-6

1—卷筒架；2—E台架；3—定位销；4—准备连接器；5—垃圾箱

对摄像机拍摄图像时按快门瞬间的照明亮灯进行控制，因此，执行摄像机示教时，OCC照明会连续闪烁。

（五） HMS

HMS（高度测量装置，图 5-9）用于测量供料器吸取位置组件的高度。

此系统由实际装备在 Head 上的高度变位传感器（传感器部分与基板部分）构成。

HMS 中的指示灯的状态如表 5-5 所示。

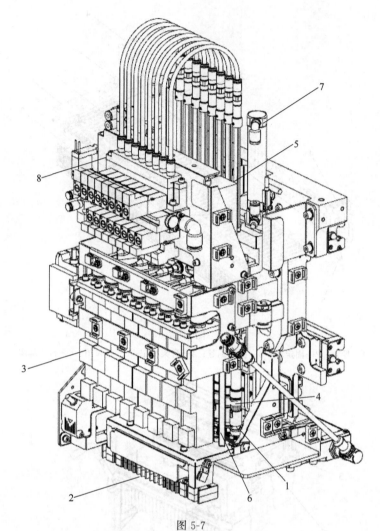

图 5-7

1—吸嘴外圈；2—LNC120 传感器；3—Z 轴马达；4—Z 滑动轴；5—θ 轴马达；6—丝杆；
7—Head 上升气缸；8—过滤器箱

表 5-5

显示灯		状态	备注
范围 显示灯	NEAR/FAR	两灯亮	测量中心距离±2mm
	NEAR	亮灯	测量范围内近距离
	FAR	亮灯	测量范围内远距离
	NEAR/FAR	两灯灭	测量范围外
激光寿命显示灯		亮	代表激光寿命

注意：基板上的旋钮及开关等已在出厂时调整好，请勿调整。

5

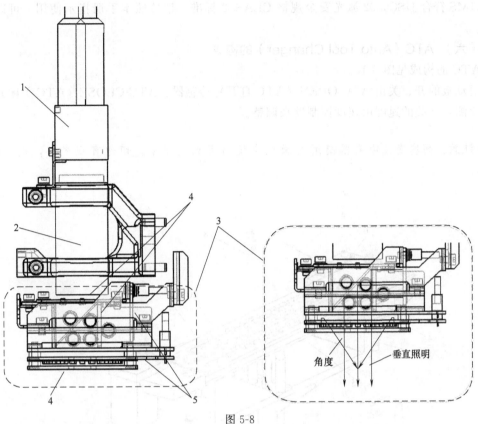

图 5-8

1—CCD 摄像机；2—OCC 镜片；3—OCC 照明单元；4—偏光滤光器；5—照明 LED 基板

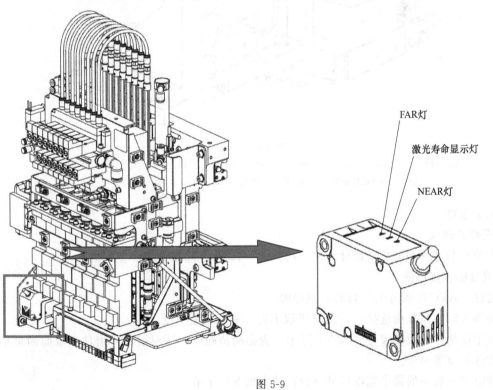

图 5-9

HMS 符合 JISC6802 激光安全规格 CLASS2 标准。请按照本手册指示使用，可以安全使用。

（六） ATC（Auto Tool Changer）的构成

ATC 的构成见图 5-10。

滑动板的开、关由 ATC OPEN（ATC 打开）传感器、ATC CLOSE（ATC 关闭）传感器来检测，开关的速度由速度控制器来调整。

> **注意**：高度变位传感器使用的激光会发出可见激光束。切勿直视光束，也不要去触摸。

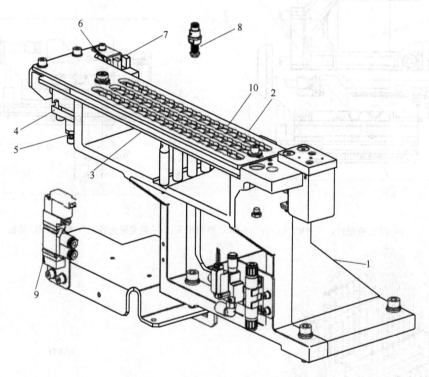

图 5-10

1—ATC 基座；2—滑动板；3—ATC 板；4—气缸；5—速度控制器；6—ATC OPEN 传感器；
7—ATC CLOSE 传感器；8—吸嘴；9—5 接口切换电磁阀；10—ATC 编号

（七）吸嘴

1. 吸嘴的形状

请按照贴装组件的形状及尺寸，从 No.7500～7509 中选择吸嘴（表 5-6）。

2. 吸嘴的选择方法

可通过"ATC 吸嘴分配"自动识别吸嘴。

手动输入时，要准确选择，以防止吸取不良、贴片精度不良。

主要用途组件的吸嘴编号如表 5-7 所示。为提高精确度，请根据贴片组件吸取面的最小宽度尺寸选择吸嘴编号。

各种组件吸取面的最小宽度尺寸（D）请参见下一小节。

表 5-6

No.	7500	7501	7502	7503	7504	7505	7506	7507	7508	7509
外观										
外径	1.0mm× 0.5mm	0.7mm× 0.4mm	ϕ0.7mm	ϕ1.0mm	ϕ1.5mm	ϕ3.5mm	ϕ5.0mm	ϕ8.5mm	10.0mm× 8.0mm	0.4mm× 0.2mm
内径	2mm× ϕ0.4mm	ϕ0.25mm	ϕ0.4mm	ϕ0.6mm	ϕ1.0mm	ϕ1.7mm	ϕ3.2mm	ϕ5.0mm	8.5mm× 6.5mm	ϕ0.1mm

表 5-7

吸嘴号	最小宽度尺寸 D/mm	主要用途元件
7500	0.45~1.45	1005,1608,SOT(模部 1.6×0.8),2012
7501	0.45	0603
7502	0.45~0.75	1005
7503	0.75~1.45	1608、SOT(模部 1.6×0.8),2012, SOT(模部 2.0×1.25)
7504	1.1~2.5	2012,3216,SOT(模部 2.0×1.25),SOT23,Melf
7505	2.5~4	铝电解电容(小)　钽电容,微调电容
7506	4~7	铝电解电容(中)　SOP(窄幅),SOJ,连接器
7507	7~10	铝电解电容(大)　SOP(宽幅),TSOP,QFP, PLCC,SOJ,连接器
7508	10	OFP,PLCC
7509	0.2	0402

3. 各种组件的最小组件宽度（D）

方形芯片、圆筒形芯片（Melf）和铝电解电容的组件宽度如图 5-11 所示。

$D=A$　　$D=A+0.5$mm

图 5-11

SOT、SOP 和 SOJ 的组件宽度如图 5-12 所示。

 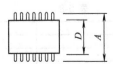 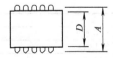

图 5-12

5

QFP、PLCC 和 BQFP 的组件宽度如图 5-13 所示。

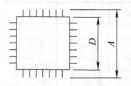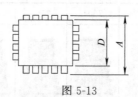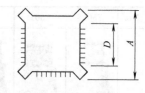

图 5-13

TSOP、TSOP2 和 BGA 的组件宽度如图 5-14 所示。

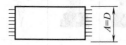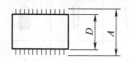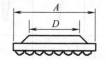

图 5-14

网络电阻、微调电容和单向引脚连接器的组件宽度如图 5-15 所示。

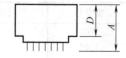

图 5-15

鸥翼型插座、J 引脚插座（带缓冲器的插座）的组件宽度如图 5-16 所示。

（八）图像识别装置（VCS）的构造（图 5-17）

通过组合各 LED 照明，以及调整亮度，形成多种多样的照明图案，可制作出适应于识别对象（引脚、球形、外形组件）的照明图案：

反射/同轴照明：QFP、SOP 等引脚组件。

侧面照明：BGA、CSP 等球形组件。

透射照明：外形识别组件。

所照射出的识别对象通过设置在下部的 VCS 摄像机拍摄并进行图像处理。

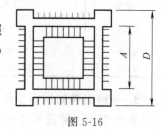

图 5-16

四、机械结构和电气规格

（一）机械尺寸与重量

机械结构如图 5-18 所示。

1. 机械尺寸

机械尺寸如表 5-8 和表 5-9 所示。

表 5-8

尺寸	长度/mm
A（传送长度）	1500
C（不含 LCD）	1810
H（传出量）	50
L［从安全盖（安全罩）前面到基准侧基板传送带］	604

注：上述尺寸的公差为 ±5mm。

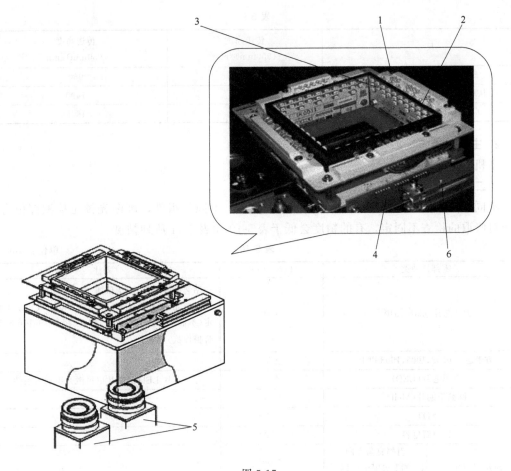

图 5-17

1—LED 基板（上层透射照明）；2—LED 基板（下层透射照明）；3—LED 基板（侧面照明）；4—LED 基板（同轴照明）；
5—54mm/27mm/10mm 视野摄像机；6—气缸（仅在设定两个摄像机时添加）

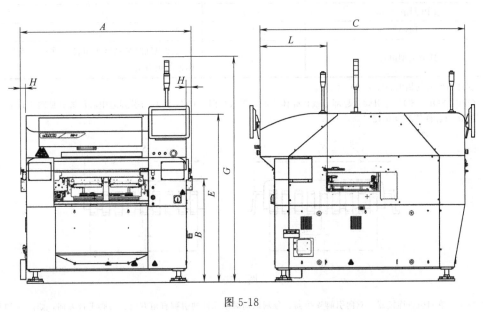

图 5-18

表 5-9

尺寸	传送高度 (900mm)/mm	传送高度 (950mm)/mm
B（从地面至传送带上面）	900	950
E［从地面到安全盖（安全罩）上面］	1440	1490
G（从地面到信号灯上面）	1905	1955

2. 主机重量

主机重量为 1700kg。

（二）贴片精度（X，Y）

不同组件种类的贴片精度见表 5-10 和表 5-11。不同的组件，因激光校正检测部位有边界或对吸取的检查不固定，有的精度会低于表 5-10 和表 5-11 所列精度。

表 5-10　　　　　　　　　　　　　　　　　　　　　　单位：μm

零部件种类		LNC120-8	备注
方形芯片 03015,0402		±35	贴装速度降低,变为低速 2 在激光识别时,03015 因组件形状造成识别不稳定(不能正常显示轮廓等)时,使用 VCS(10mm 视野摄像机)①
方形芯片 0603,1005,1608 以上		±50	
方形芯片（LED）		±50	方形芯片 LED 的贴片以可激光识别为条件
圆筒形芯片（Melf）		±100	
SOT		±150	②
铝电解电容		±300	
SOP、TSOP	引脚直角方向 （一侧毛边 150μm 以下）	±150	③
	引脚平行方向	±200	为激光测定的横断面精度
PLCC,SOJ		±200	
QFP、(间距 0.8 以上)		±100	③
QFP(间距 0.65)		±50	③
BGA		±100	④
其他大型组件		±300	图像识别时的精度是组件基准标记或基板基准标记的绝对值

① 保证精度时的周围温度为 20～25℃。

② QFP、SOP、SOT 等引脚立起部分或该壳体中心位置（见图 5-19 的 S_c）与引脚的中心位置（见图 5-19 的 L_c）之差 d 的容许值见表 5-12。

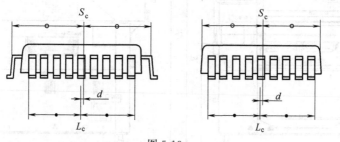

图 5-19

③ SOP、单向引脚连接器、双向引脚连接器、分割识别对象元件的引脚直角方向、引脚平行方向，如图 5-20 所示。

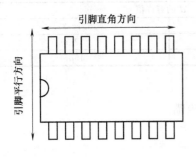

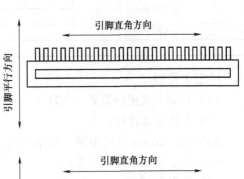

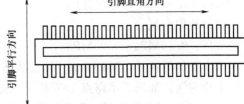

图 5-20

④ 由于在以下条件下不能进行 BGA 图像识别校正，因此除外。

• 焊锡球与焊锡球安装基板部分没有明显对比度时（陶瓷体的 BGA 为对象除外）。

• 焊锡球直径与相同粗细的图案发生连线，球无法独立识别时。

• 在焊锡球安装的基板部位上，存在与焊锡球相同直径的过孔等时。

表 5-11   单位：μm

零部件种类		画像识别	备注
铝电解电容		±150	
SOP、TSOP	引脚直角方向	±80	
	引脚平行方向	±120	
PLCC、SOJ		±80	
QFP(间距 0.65 以上)		±40	
分割识别对象元件	引脚直角方向	±60	
	引脚平行方向	±120	
BGA		±80	
外形识别元件		±120	
方形芯片 0201、03015、0402		±35	贴片速度为低速 2 为防止误识别请使用 CVS 吸嘴
方形芯片 0603 以上		±50	贴片速度为低速 2 为防止误识别请使用 CVS 吸嘴
使用元件定位标记时			
PLCC、SOJ		±80	
QFP(间距 0.65 以上)		±40	
QFP(间距 0.5、0.4、0.3)		±30	
单向引脚连接器、双向引脚连接器(间距 0.5)	引脚直角方向	±40	
	引脚平行方向	±120	
分割识别对象元件	引脚直角方向	±60	
	引脚平行方向	±120	
BGA		±80	
FBGA		±60	

表 5-12

引脚间距	d 的容许值	
	25.4 以下	25.4~33.5
0.8 以上	73μm	52μm
0.65	15μm	15μm

（三）其他

（1）自动工具更换装置（ATC）可最多安装 45 个吸嘴。

（2）基板传送高度：

900mm、20mm（对中国、东南亚）；

950mm、20mm（对欧美）。

（3）使用空气：

气压：0.50MPa±0.05MPa。

最大空气消耗量：50L/min（标准状态）。

干燥空气：加压下结露点 10℃ 以下（适当去除油分、灰尘等）。

表 5-13 所列有机溶剂、化学药品会使空气组合箱的聚碳酸酯老化，请勿使用。

表 5-13

种类	药品名	种类	药品名
酸	盐酸、硫酸、磷酸、铬酸	酒精类	乙醇、IPA（异丙醇）、甲醇
碱	苛性钠、苛性钾、消石灰、氨水、碳酸水	油类	汽油、煤油、水溶性磨削油（碱性）
无机盐	硫化钠、硝酸钾、硫酸钠	酯类	邻苯二甲酸二甲基、邻苯二甲酸二丁酯
氯化物溶剂	四氯化碳、氯仿、氯化乙烯、甲叉二氯	醚类	甲醚、乙醚
芳香族类	苯、环乙烷、香蕉水	氨	甲胺
酮类	丙酮、丁酮、环乙烷	其他	螺钉固定液、海水、泄漏试验液

（4）噪声等级：73dB（A）以下。

（5）制造国：日本。

（6）环境条件如表 5-14 所示。

表 5-14

环境条件	运行时	温度	10~35℃
		保证精度的温度	22~25℃
		湿度	50%RH 以下（35℃）
		标高	1000m 以下
	运输及保管时	温度	−15~70℃
		湿度	20%~95%RH（无冷凝）

（7）设置条件：

过电压等级：过电压等级Ⅲ（IEC 60664-1）。

污染程度：污染度 3（IEC 60664-1）。

（四）X，Y，Z，ZA，θ 轴的说明

本设备的 X、Y、Z、θ 4 个轴为数控轴。

1. X、Y 轴

装置的左右方向为 X，前后方向为 Y，以 0.01mm 为单位，表示为 X＝○○○.○○mm，Y＝○○○.○○mm。坐标系分为生产程序用坐标系与示教用坐标系。两坐标系可自动变更，无须刻意分开使用。

2. Z 轴

表示吸嘴的高度，以 0.01mm 为单位，表示为 Z＝○○.○○mm。夹紧基板时基板上表面（不使用夹具）为 0，上升方向为正方向。

3. θ 轴

表示 Head 的旋转角度，以 0.05° 为单位，表示为 A＝○○.○○，以逆时针旋转为正值。

4. ZA 轴

用于表示 LNC120 传感器的高度方向，以 0.01mm 为单位，用 Z＝○○.○○mm 表示。夹紧基板时基板上表面（不使用工具）为 0，上升方向为正方向。

（五）电气规格

1. 控制方式

控制方式见图 5-21、表 5-15 和表 5-16。

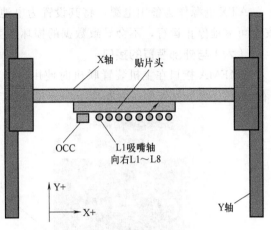

图 5-21

表 5-15

项目	控制方式	分辨度
X-Y	采用 AC 伺服马达的半闭环方式	0.0001mm

表 5-16

机种名称	控制方式	分辨度
Z	采用 AC 伺服马达的半闭环方式	$0.0305\mu m$
θ		$0.00137°$
ZA		$0.0299\mu m$

2. 主机 CPU

主机 CPU 采用 Intel® Celeron。

3. 显示器

显示器采用 15 英寸（SVGA 模式液晶显示器）对应触摸屏。

4. 数据及程序的输入输出

数据及程序可通过触摸屏从软键盘手动输入。使用 USB 闪存转移程序创建的数据。当提高车间生产性支持系统连接时，可通过 LAN（局域网）接口进行数据通信。

5. USB 端口

USB 端口可与外部驱动器、外部存储装置连接。

6. 电源

电压（三相）：AC200V（标准）、AC220V、AC240V、AC380V、AC400V、AC415V（选购）。

电压允许范围：±10%（相对于额定电压）。

视在功率：2.2kV·A。

频率：50/60Hz。

电缆尺寸：$5.5mm^2$ 以上，保护接地。

导线尺寸：$5.5mm^2$ 以上。

7. 停电时的保护（不间断电源装置）

本机为了防止由于停电造成计算机数据的损坏和丢失，装备了对应不间断电源装置的 ATX 电源。

ATX 电源作为备用电源，将其设置为电池用完前系统停止运行。因此，停电时系统能安全可靠地停止运行，不会导致数据的损坏和丢失。

（六）与外部装置的接口

SMEMA 接口在主机装置联机时使用，与其他装置连接时，传送方向为"左→右"与"右→左"，要分别按照各自相应方向连接（图 5-22）。

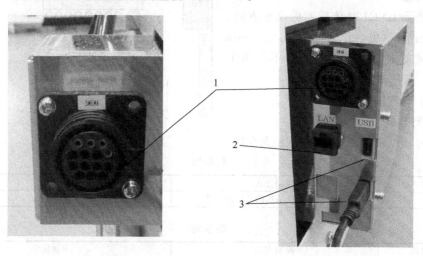

图 5-22
1—SMEMA 接口；2—局域网接口；3—USB 接口

USB（2 口）接口位置如图 5-23 所示（使用闪存时，应在作业结束后再拔下闪存）。

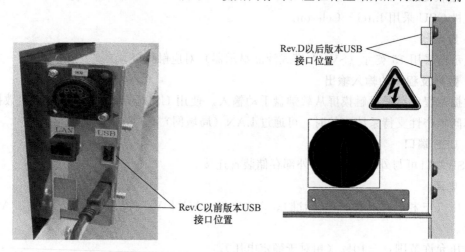

图 5-23

SMEMA 信号线接法：READY OUT（IN）及 BOARD AVAILABLE 信号的接口电路见图 5-24。

5

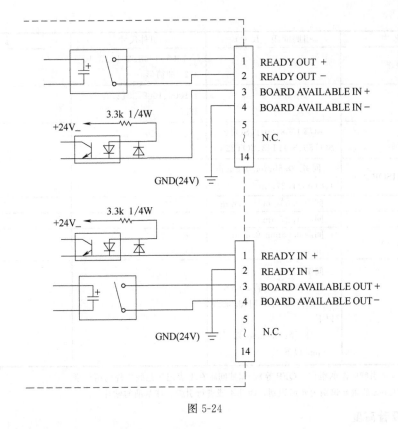

图 5-24

（七）设备适用组件贴片规格及包装方式

1. 适用组件规格说明（参见表 5-17）

表 5-17

组件名	引脚间距/(尺寸)	组件尺寸	备注
方形芯片电阻		03015、0402、0603、1005、1608、2012、3216、3225、5025、6432	在激光识别时,03015 因组件形状造成识别不稳定(不能正常显示轮廓等)时,使用 VCS(10mm 视野摄像机)
网络电阻（SOP、SOJ、PLCC 型除外）			
圆筒形芯片电阻		$1.6 \times \phi 1.0$、$2.0 \times \phi 1.25$、$3.5 \times \phi 1.4$、$5.9 \times \phi 2.2$	
多层陶瓷电容		0402、0603、1005、1608、2012、3216、3225、4532、5750、5632	
钽芯片电容		3216、3528、6032、7343	
铝电解电容	引脚宽度 0.2mm 以上、3.5mm 以下	高度 6.0mm 以下	
		高度 6.0～10.5mm 以下	
GaAsFET	引脚宽度 0.2mm 以上、3.5mm 以下		
芯片膜电容		$6.5 \times 4.5 \times 2.7 \sim 10.5 \times 7.2 \times 5$	
可变微调电容器、芯片测位器、微调电容			

续表

组件名	引脚间距/(尺寸)	组件尺寸	备注
芯片铁氧体磁珠		1005、1608、2012、3216、3225 圆筒形	
芯片电感		1005、1608、2012、3216、3225	
SOT	模部 1608/2012、SOT23、SOT89、SOT143、SOT223		
SOP、TSOP、HSOP	间距 0.65mm/0.8mm/1.0mm/1.27mm[①]		
SOJ	间距 0.65mm/1.27mm		
PLCC	间距 1.27mm		
QFP、BQFP、QFN	间距 0.65mm/0.8mm/1.0mm[①]		
BGA	间距 1.0mm 以上不满 2.0mm（交错排列型时 3.0mm 以下）（球径：0.4mm 以上、1.0mm 以下）[②]		

[①] 对于规定各个引脚间距的组件（QFP 等），即使间距在上表记述范围之外仍可识别。

[②] 由于 LNC120-8 的激光识别为外形识别，因此不能进行引脚、球基准的贴片。

2. 组件吸着高度

（1）RS-1 的组件高度规格与以前的机型不同。

通过控制 LNC120-8 装置的 Z 方向位置来改变可贴装的组件高度。由此缩短吸取、贴装位置与 LA 面的距离，提高了吸取—LA 识别—贴装的生产节拍。将 LNC120 装置的位置及移动轴分别作为 ZA 高度、ZA 轴。ZA 高度的基准为 LNC120-8 装置底面。同时，ZA 高度不是无级别的，而是根据适用组件的高度设置了几个区间，如表 5-18 所示。

表 5-18

区间	可适用的组件高度	区间	可适用的组件高度
1mm	0mm 以上，1mm 以下	20mm	20mm 以下
6mm	6mm 以下	25mm	25mm 以下
12mm	12mm 以下		

关于 XY 轴的可移动高度，1mm 区间以外有 3mm 的容限。符合 1mm 区间的组件，以 2mm 为容限。并且，各区间中从 LNC120-8 装置底面到 LA 面的距离是 5mm（图 5-25）。

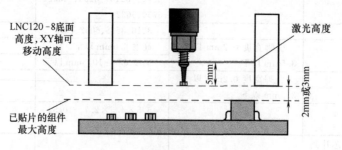

图 5-25

（2）属于对角 86mm 以上的组件时：

LNC120-8 的纵向开口部为 91mm，由于对角 86mm 以上的组件（容限 5mm）不进入开口部内，有必要在比 LNC120-8 较低的位置操作。

当 RS-1 吸嘴吸取组件图像识别时，由于 VCS 照明上下高度由气缸控制调整，将组件厚度分为 12mm 或多个类别，以便与 VCS 照明的下表面互不干涉：

VOC 识别高度见图 5-26。

XY 轴可移动高度（15mm）＋组件高度＋容限（3mm）＜LNC120-8 底面高度（28mm）

在托盘保持器供给的情况下，使用 20mm 以上类别的组件，以便与监管杆互不干涉：

XY 轴可移动高度（23mm）＋组件高度＋容限（3mm）＜LNC120-8 底面高度（28mm）

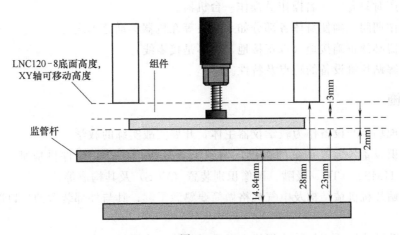

图 5-26

同时它的工作原理已经考虑贴片组件的高度（图 5-27）：

已贴片的组件高度＋容限（3mm）＋组件高度＋容限（3mm）＜LNC120-8 底面高度（28mm）

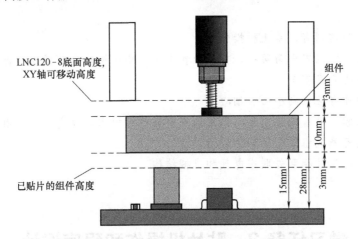

供给装置	已贴片的元件高度	最大元件高度
供料器	12mm	10mm
托盘架	12mm	2mm
TR8SR	12mm	2mm

图 5-27

➡ 操作准备

场地设备设施：工厂生产用贴片机设备或工程实习开发用贴片机。

教材文件：以某类型贴片机或电子工厂生产中常用的 JUKI 组件安装系统做介绍。

内容大致为：

（1）机器操作者应接受正确方法下的操作培训。

（2）了解设备基础知识，了解设备外形及功能（对机器的检修都必须在按下紧急按钮或断电源情况下进行）。

（3）运输及保管环境条件为温度 $-15 \sim 70℃$，湿度 $20\% \sim 95\%$ RH（无冷凝）。

（4）生产时只允许一名操作员操作一台机器。

（5）操作期间，确使身体各部分如手和头等在机器移动范围之外。

（6）机器必须正确接地（真正接地，而不是接零线）。

（7）了解贴片机设备的特点及特性。

➡ 操作实施

（1）以现场生产设备作为教学仪器主体，开展实战实练的教学。

（2）认识设备各装置系统的组成，做到了解基板传送部、组件供应部、工作头单元、OCC 构成、HMS、ATC、吸嘴、图像识别装置（VCS）及其构成等。

（3）对贴片机机械结构及电气规格做简要熟悉了解，其与外部装置的接口部件，要会动手安装。

（4）熟悉贴片机适用的贴片规格，以及对包装方式要做对应练习。

➡ 任务小结

注意：

（1）未接受过培训者严禁上机操作。

（2）操作设备需以安全为第一，机器操作者应严格按操作规范操作机器，否则可能造成机器损坏或危害人身安全。

（3）机器操作者应做到小心、细心。

（4）要深入领会设备设施用途，以正确安全操作为根本，提高设备使用效率。

（5）了解设备系统组成中各部件作用用途。

（6）熟悉对各部件相互关联中电气和机械结构。

学习任务 3　贴片机操作和程序设计

📖 学习目标

（1）掌握贴片机操作基本方法，了解贴片机生产的流程模式及生产准备知识。

（2）掌握贴片机基本的开关机作业步骤、生产开始前的热启动（WARM START），及通过模式作业设置。

（3）掌握生产文件打开及程序调用过程。

（4）确认生产状态及生产辅助内容，以便确保生产程序的正确运行。

（5）熟悉掌握生产过程中程序运行及编辑过程，及日常生产程序检查。

（6）了解程序制作步骤，熟悉掌握程序编辑中的各种数据准备，含基板数据、贴片数据、组件数据、吸取数据等。

（7）掌握程序完成检查操作及编辑修改，会对编辑成功的程序做检查、优化。

（8）对文件做数据输出及保存、取消等操作。

知识准备

一、生产操作部分

贴片机作为 SMT 工艺中重要的安装设备，其主要职责就是进行组件的贴装生产，所以在新建程序后、实际生产前需要进行试生产，确认贴片坐标、吸取坐标等，并对新建的程序进行检查，确保生产稳定运行。

（一）生产流程

贴片机生产流程如图 5-28 所示。

1. 生产模式

通常贴片机在生产中有以下 3 种生产模式。

（1）基板生产：指定生产数量、实际生产基板的模式。

（2）试打：试生产模式。

可选择吸取位置跟踪和贴片后的贴片位置跟踪。

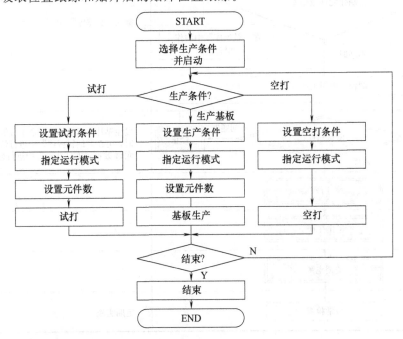

图 5-28

（3）空打：不使用组件而确认吸取贴片动作的模式。

可选择吸取位置跟踪和贴片位置跟踪。

2. 生产步骤

贴片机生产步骤如表 5-19 所示。

表 5-19

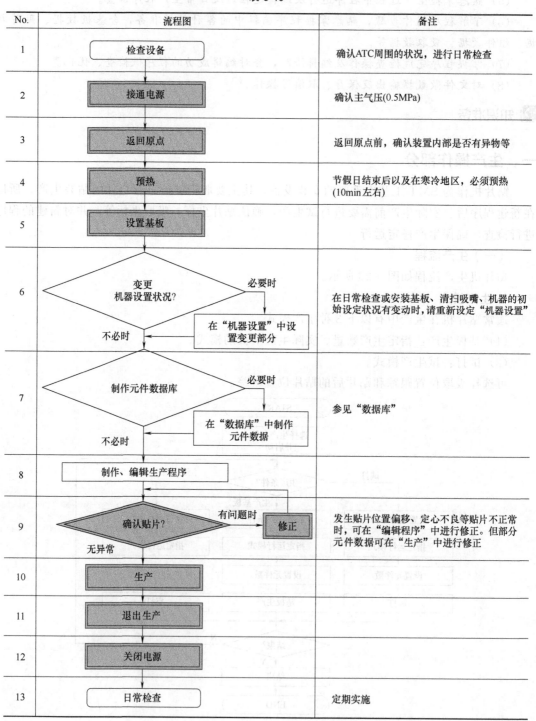

No.	流程图	备注
1	检查设备	确认ATC周围的状况，进行日常检查
2	接通电源	确认主气压(0.5MPa)
3	返回原点	返回原点前，确认装置内部是否有异物等
4	预热	节假日结束后以及在寒冷地区，必须预热 (10min左右)
5	设置基板	
6	变更机器设置状况？ 必要时 → 在"机器设置"中设置变更部分 不必时	在日常检查或安装基板、清扫吸嘴、机器的初始设定状况有变动时，请重新设定"机器设置"
7	制作元件数据库 必要时 → 在"数据库"中制作元件数据 不必时	参见"数据库"
8	制作、编辑生产程序	
9	确认贴片？ 有问题时 → 修正 无异常	发生贴片位置偏移、定心不良等贴片不正常时，可在"编辑程序"中进行修正。但部分元件数据可在"生产"中进行修正
10	生产	
11	退出生产	
12	关闭电源	
13	日常检查	定期实施

（二）生产准备

1. 设置基板（图 5-29）

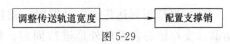

图 5-29

传送限动器的安装位置是，当传送方向为左→右时安装在右侧，传送方向为右→左时安装在左侧。使用传送限动器时，在基板前端下游（OUT）侧接触到传送限动器的位置上基板被夹紧（图 5-30）。

（1）基板传入，IN 传感器检测出基板时，传送马达会驱动驱动轴，通过传送带开始传送。并且，传送限动器同时变为 ON。

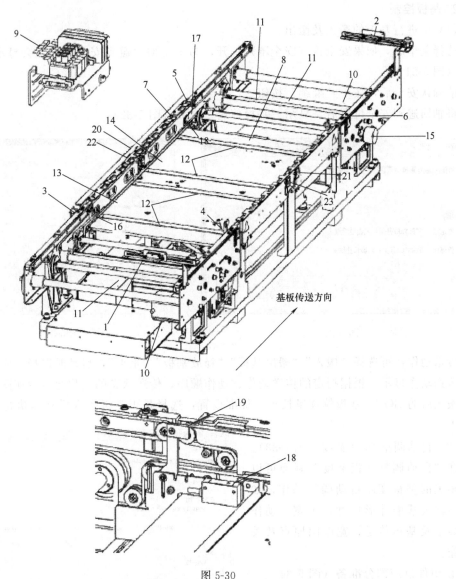

图 5-30

1—IN 传感器；2—OUT 传感器；3—WAIT 传感器光缆受光；4—WAIT 传感器光缆发光；5—C_OUT 传感器光缆受光；6—C_OUT 传感器光缆发光；7—PCB 导轨；8—支撑台原点传感器；9—传送电磁阀；10—传送马达；11—驱动轴；12—侧梁；13—支撑台 IN；14—支撑台 OUT；15—自动调整宽度马达；16—支撑销检出传感器发光；17—支撑销检出传感器受光；18—挡块传感器；19—传送限动器；20,22—WAIT2 传感器光缆受光；21,23—WAIT2 传感器光缆发光

107

（2）当基板到达传送限动器时，被挡块传感器检测到，支撑台上升。此时，通过传送限动器、支撑销将基板的外形进行固定。临时固定完成后，传送限动器变成 OFF，完成基板固定。

（3）固定后，下一基板被相同地运入，在 WAIT 传感器光缆受光的位置上待机。

（4）生产结束后解除固定，开始传出。

最早的基板通过 C_OUT 传感器后，传送限动器再次变为 ON，进行下一基板的固定准备。

2. 基板控制

（1）可进行基板的搬入及搬出。

选择菜单后，如果安全盖（安全罩）打开，为了将轴回避到安全位置，会显示"传送"画面（图 5-31）。

请确认安全后，按下"继续"按钮。

将轴回避到安全位置后，显示"基板传送"画面（图 5-32）。

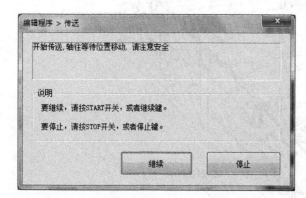

图 5-31

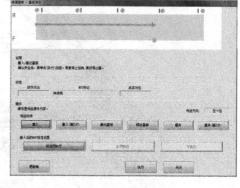

图 5-32

传送动作：可选择"搬入""搬出基板""释放基板""重夹"，启动时选择"搬入"。

传送动作显示：根据指定的传送动作、动作顺序，传送状态的变化会显示在图上。

搬入后的 BOC（基板偏移量校正）标准设置：选择是否基板搬入后立即执行基板偏移量校正。

（2）自动调整 PCB 宽度（图 5-33）。

在"自动调整基板宽度"画面可以进行相关的基板宽度自动调整动作，如移动，输入基板外形尺寸、余宽，动作状态显示及基板传送、宽度回原点及关闭动作。

① 组件供应部分准备（图 5-34）。

依据已经编辑好的生产程序，安装送料器（供料器），安装后进行吸取位置跟踪。

操作具体步骤如下：

a. 从"生产"菜单选择"送料器设

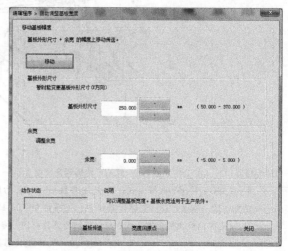

图 5-33

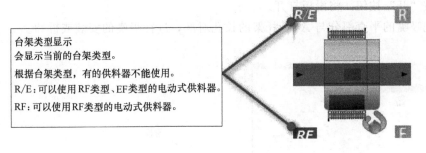

图 5-34

置"。显示图 5-35 所示的"送料器设置"画面。

b. 然后按下"吸取跟踪"按钮，显示"摄像机跟踪吸取位置"画面（图 5-36）。

备注：在打开"吸取跟踪自动传送"画面之前，轴会移动。在执行前，请务必确认设备内部没有人在进行作业。为了防止人身伤害，在机器运行过程中切勿将手伸入设备内部，脸和头也不要靠近设备。

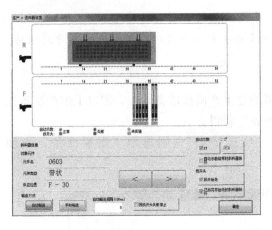

图 5-35

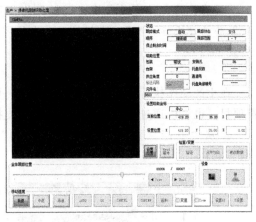

图 5-36

② ATC（Auto Tool Changer）部分准备。生产前需要确认"机器设置"中设定的吸嘴编号是否与 ATC 中设定的一致。

操作具体步骤如下：

a. 从"生产"菜单选择"支援吸嘴设置"，显示"支援吸嘴设置"画面。若生产程序中使用的吸嘴配置和 ATC 上的吸嘴配置不一致，则以红色字符显示（图 5-37）。

b. 从"支援吸嘴设置"画面选择"吸嘴配置"，可以进行 ATC 吸嘴配置（图 5-38）。

ATC 吸嘴安装、拆卸步骤：

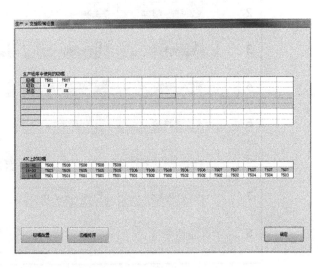

图 5-37

- 按"开"按钮,将滑板打开。
- 把吸嘴的平直部分与 ATC 托架的长孔对准,进行吸嘴的安装或拆卸。

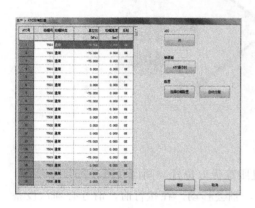

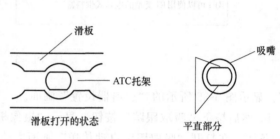

图 5-38

注意:请务必将吸嘴放回到拆卸的位置。更换其他的吸嘴时,应重新设定"机器设置"中的"吸嘴分配"。请勿将吸嘴直接安装在 Head 上(否则会污染激光面,导致故障的发生)。

在生产动作执行前进行各种确认动作,更多的是生产确认准备动作,即以上生产准备检查项目,也可以通过"生产辅助"中的"支援准备"获得。

c. 从"生产"菜单选择"生产辅助"　"支援准备",则显示"支援准备"画面(图 5-39)。

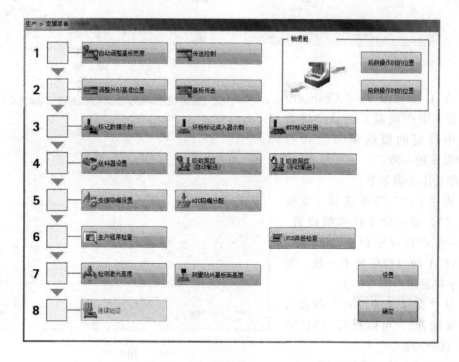

图 5-39

机器使用要按照1~8项目顺序依次完成操作，即可完成生产开始前的各种准备工作（这部分参考"确认生产状态"章节）。

（三）开关机作业

1. 设备开启

（1）设备的启动。向右旋转主机正面中央的"主开关"，接通电源（图5-40）。

（2）Windows启动后，会显示图5-41所示画面。

（3）初始设置结束后会显示主画面，在主画面上显示"返回原点"画面（图5-42）。

（4）执行中，会显示图5-43所示画面。

> **注意**：在系统完全退出之前，请勿关闭"主开关"，否则会导致SSD（固体硬盘）故障。

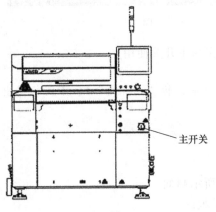

图 5-40

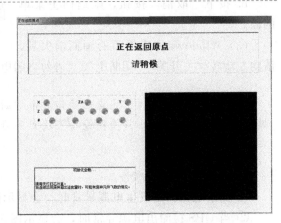

图 5-41

图 5-42

图 5-43

> **警告**：进行"返回原点"后，装置即刻开始运转。为避免受伤，请绝对不要将手和头等伸入装置内部。

2. 设备关闭

设备的退出方法：

（1）请按下桌面右侧信息区域的、应用程序快捷方式选项卡的"退出"按钮。

（2）在系统退出前，会显示确认设置各安全方向的信息（图5-44）。

注意： 按下"退出"按钮后如还有未保存的生产程序，会显示"可能丢失生产程序"的提示；若要保存程序请选择"取消"，中断退出处理，返回到桌面。

① 按下"确定"：进行各种安全方向的设置。

② 按下"取消"：不进行安全方向的设置而直接进入下一步。

a. 显示确认退出的提示信息：按下"确定"按钮，进行关机处理并退出系统。

b. 按下"取消"按钮，则返回主菜单画面。

图 5-44

（3）Windows 完成关闭的画面消失后，请向左旋转"主开关"，切断电源（请勿将漏电断路器作为主开关使用）。

注意： 务必在进行上述退出操作后再切断电源（向左旋转"主开关"）。不实行退出操作而切断设备电源，可能使设备下次无法启动。

步骤 1：自动关机准备。

① 当系统检测出发生电源异常时，会显示图 5-45 所示画面。

② 当 UPS 检测出电源异常时，会显示图 5-46 所示画面。

图 5-45

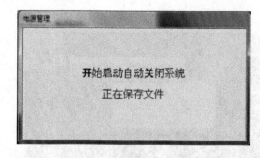

图 5-46

步骤 2：关机处理。

① 切断电源的准备：关闭应用程序后，Windows7 开始关机，变成可切断电源的状态，监视器会变为不显示任何内容的状态。

② 切断主电源：用"手动"方式切断主机主电源。

（四） WARM START（热启动）

预热目的：在节假日结束后或在寒冷地区使用时，需在接通电源后立即进行预热。

执行预热的时间根据具体情况而定，大致为 10min。

从主画面的菜单中选择"生产""预热"后，显示"预热"初始化画面，请设定预热条件（图 5-47）。

注意：

① 按下"START"开关后，轴即开始移动，进行预热。

② 在按下"START"开关前，请务必确认装置内部没有人在作业。

③ 为了避免人身事故，在运行过程中，切勿将手放入装置内部，或将脸和头靠近装置。

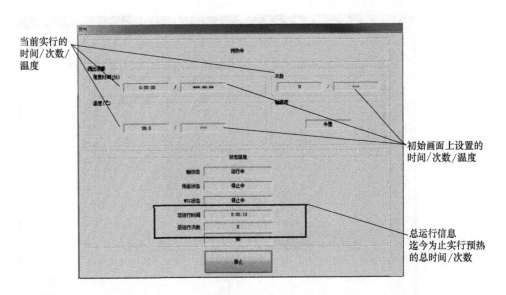

图 5-47

按下"START"开关，即开始进行预热。所有操作需要遵循操作规定及规范，确保安全。

选择对象后，开始运行表 5-20 所列预热内容。

表 5-20

运行对象	运行内容
轴	运行 X、Y、Z、θ、ZA 轴驱动、真空、吹风的 ON/OFF 动作、ATC 滑板的开/关动作 ATC 滑板动作在反复开、关 10 次后，会自动结束
传送	运行传入马达、传出马达、支撑台马达的驱动
MTC	执行往复动作

"预热"画面显示表 5-21 所列内容。

表 5-21

项目	内容
设置内容	显示初始画面中设定的时间、次数或温度
温度	显示目前的运行时间、运行次数或目前温度
总运行信息	显示迄今为止执行预热的总时间和次数。在"设备运行信息"画面中，可以清除该数据

按"STOP"开关或"预热"画面上的"停止"按钮后，会显示"是否结束预热"画面。

选择"确定"：在"确认结束"的画面上选择"确定"时预热结束，回到初始画面。

再次开始预热时，无须清除时间或次数即可继续运行。

但若要把时间改为次数、次数改为时间，则原预热的运行时间累计或次数累计记录会被清除。

选择"取消",则再开始预热。

(五)通过模式

通过模式：不实施生产，只作为传送缓冲，在基板传送通过时使用。

（1）在主画面菜单中选择"生产""通过"，会显示"通过"画面，返回原点完成后，即进行全轴退避（图 5-48）。

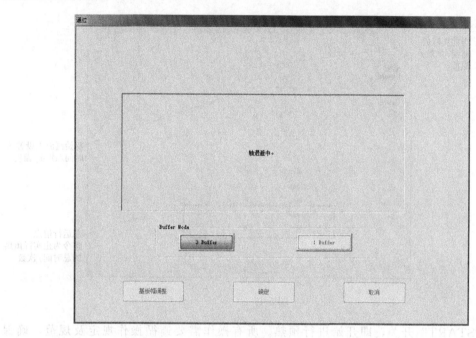

图 5-48

（2）全轴退避后，显示图 5-49 所示画面。

（3）选择"是"，显示"自动调整基板宽度"画面。

按"移动"按钮调整基板幅宽，见图 5-50。

图 5-49

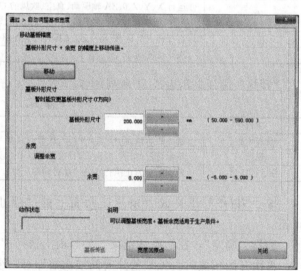

图 5-50

（4）调整基板宽度后，或在"基板宽度变更询问提示信息"中按下"否"后，显示图 5-51 所示画面。

（5）从"3Buffer"和"1Buffer"中选择任意的缓冲模式，单击"确定"后将显示下一画面。基板到达传送的传感器上时传送带会转动。

（6）若选择"基板幅调整"，则显示图 5-52 所示画面，可变更基板幅宽、通过模式。

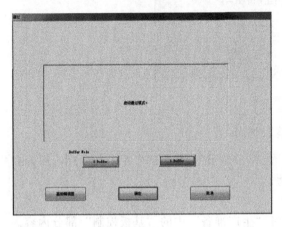
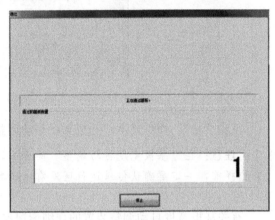

图 5-51　　　　　　　　　　　　　　　　图 5-52

（7）若单击"停止"，则停止"通过模式"，返回开始画面。此时，若再开始"通过模式"，基板的通过数量会累积计算。

（六）生产文件打开及程序调用模式

进行生产时，需打开生产程序文件。此外，在"生产"画面中改变数据后，既可保存生产管理信息，也可保存变更的数据。

1. 打开（读入文件）

读入已经制作好的生产程序文件：

从菜单选择"文件""打开"，则显示如图 5-53 所示画面，选择文件，单击"打开"，即可读入选择的文件。

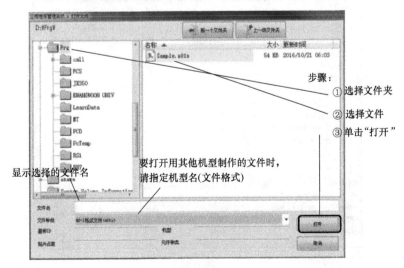

图 5-53

接着显示如图 5-54 所示提示信息。

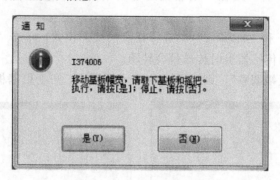

图 5-54

单击"是",即可显示"基板宽度自动调整"画面。

> **注意**：在"基板宽度自动调整"画面中，选择"移动"后，传送装置会运行，因此，在选择前，一定要确认传送运行区没有障碍物。

有关基板宽度自动调整装置的详细情况参考"生产准备"中的"基板控制"部分内容。

2. 保存

（1）覆盖保存生产程序和生产管理信息。

（2）从菜单选择"文件""保存"，则可覆盖保存。

> **注意**：覆盖保存后，原来的文件内容将被删除。

3. 另存为

编辑后的生产程序需要改变文件夹或指定文件名保存时，选择此项。

（1）单击"文件""另存为"。

（2）在"另存为"画面中，指定文件夹和文件名，单击"保存"（图 5-55）。

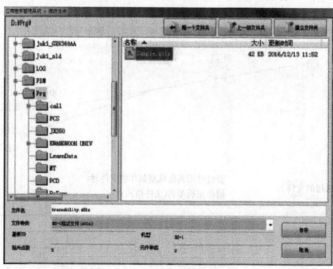

图 5-55

（七）确认生产状态

1. 生产画面启动

从主画面的菜单选择"生产""基板生产"，或选择程序快捷方式的"基板生产"，则会显示如图 5-56 所示的"生产条件"设置画面。

2. 设定"生产条件"画面

启动生产后，会显示"生产条件"的画面（图 5-57）。

在"基板生产""试打""空打"各种生产模式中，分别设定各自的生产条件。

共同项目：与"基板生产""试打""空打"模式无关。

个别设置项目：选择"基板生产""试打""空打"，设置具体条件。

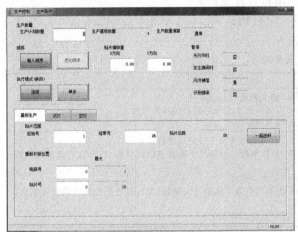

图 5-56

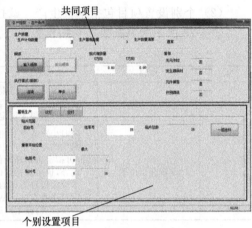

图 5-57

（1）共同项目包括生产计划数量、生产基板数量、生产数量演算、顺序、执行模式、贴片偏移量和暂停。

① 顺序。指定是以输入顺序贴片，还是以优化顺序贴片。未在"编辑程序"中执行过优化的数据，不能选择优化顺序。初始设置为输入顺序，但已制作的生产程序首次在生产画面上显示时，如果已经实行了优化，则优化顺序成为初始设置。

输入顺序：按贴片数据中输入的顺序进行生产。通常会使生产节拍降低。要进行检查时，可选择此项。

优化顺序：按优化顺序进行生产。通常情况下执行此生产模式。

② 执行模式。运行各生产模式时，有两种运行模式可供选择（表 5-22）。

表 5-22

No.	运行模式	内容
1	连续	连续生产基板，直至生产结束，或在暂停时按下"STOP"开关中断生产
2	单步	在以下各个移动位置时暂停 移动到组件吸取位置后 移动到贴片位置后 移动到坏板标记位置后 移动到区域基准领域位置后 移动到组件废弃位置后 其他 XY 移动结束后等 要继续进行生产时，按"START"开关

连续生产时按一次"STOP"开关，即进入暂停状态。

③ 贴片偏移量。当某批次发生特有的偏移（开基准孔工序等的误差造成的偏移）时，如果在本项中输入 XY 的偏移值，则输入值将成为基板整体的偏移值。

a. 未使用 BOC 标记时：作为基板整体的贴片偏移值。

按照输入值，所有的贴片点将被校正偏移。

b. 使用 BOC 标记时：作为寻找 BOC 标记的位置偏移。

即使输入偏移值，贴片结果也不会变化。

因变更基板的批次等，BOC 标记的绝对位置出现偏移，BOC 标记超出摄像头窗口外时，请输入该偏移值，以使 BOC 标记在摄像头窗口的中央。

④ 暂停。发生组件用尽或错误时，显示是否暂停生产。

（2）个别设置项目包括基板生产、试打、空打模式。

表 5-23 所示为基板生产个别设置项目。

表 5-23

No.	项目	内容
1	贴片范围	需要限定贴片范围时，输入开始号和结束号 在总贴片点数项目中可显示每 1 个电路的总贴片步骤号 此项设置限于设定为输入顺序时
2	重新开始位置	同时生产需要对前侧、后侧的再开始位置分别进行设置 因某些原因生产中断，基板被释放的情况下需要继续贴装剩余组件，完成基板贴片时，可指定重新开始位置 此外，也可从特定的位置进行贴片 本设定仅对最初的 1 块基板有效。从第 2 块基板以后，重新开始位置的设置无效，而将对所有点进行贴片 本项设置，在生产运行开始后即被初始化

表 5-24 所示为试打个别设置项目。

表 5-24

No.	项目	内容
1	试打电路	设置试打的电路，单板基板时不使用 所有电路：对所有电路试打范围中设置的组件进行贴片 基准电路：对基准电路试打范围中设置的组件进行贴片 指定电路：对指定电路试打范围中设置的组件进行贴片 此时显示指定的电路号
2	试打范围	设置试打范围 指定贴片点：贴片数据的试打项设置为"是"的贴片点 指定组件：组件数据的试打项设置为"是"的所有组件 全部：所有贴片点
3	贴片跟踪	设置试打基板后，是否用摄像机进行贴片点跟踪，以及跟踪时是自动输送还是手动输送 否：不跟踪 自动输送：自动跟踪贴片点 手动输送：在贴片点停下来，由操作人员输入后才移动到下一点
4	吸取跟踪	设置试打基板前，是否用摄像机进行吸取点跟踪，以及跟踪时是自动输送还是手动输送 否：不跟踪 自动输送：自动跟踪吸取点 手动输送：在吸取点停下来，由操作人员输入后才移动到下一点
5	自动输送间隔	自动输送跟踪时，对在停止位置的停止时间进行设置，单位为 100ms(0.1s)

表 5-25 所示为空打个别设置项目。

（3）生产开始。当生产程序调用后，请指定生产条件，按下操作面板的"START"开关，即可开始生产。"MaintenanceKey"为维护模式时，会显示如图 5-58 所示画面。请将

"MaintenanceKey"设定为生产模式,再按操作面板的"START"开关。如生产不开始,请按操作面板的"STOP"开关。

表 5-25

No.	项目	内容
1	贴片范围	需限定贴片范围时,请输入开始步骤号和结束步骤号。在总贴片点数项中显示每1个电路中的总贴片步骤号 仅在设定为"输入顺序"时才能指定此项
2	贴片跟踪	设置在空打基板后,是否用摄像机进行贴片点跟踪,以及跟踪时是自动输送还是手动输送 否:不跟踪 自动输送:自动跟踪贴片点 手动输送:在贴片点停下来,由操作人员输入后才移动到下一点
3	吸取跟踪	设置在空打基板前,是否用摄像机进行吸取点跟踪,以及跟踪时是自动输送还是手动输送 否:不跟踪 自动输送:自动跟踪吸取点 手动输送:在吸取点停下来,由操作人员输入后才移动到下一点
4	自动输送间隔	自动输送跟踪时,对在停止位置的停止时间进行设置,单位为100ms(0.1s)

按下"START"开关开始生产后,会显示上次设置所对应的"生产状态"画面或"图像"画面或"动作状态"画面或"生产数量"画面。

如果按下"STOP"开关时返回原点尚未完成,则应先按下"START"开关执行返回原点后,再单击"STOP"开关(图 5-59)。

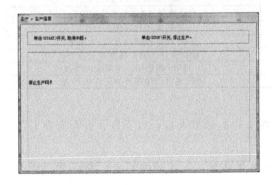

图 5-58

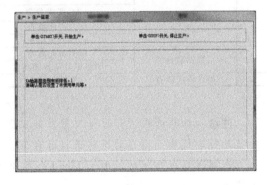

图 5-59

当生产开始 ZA 轴在 3mm 高度上运行时,将显示通知信息。请仔细确认没有未使用的装置等对贴片头造成影响,然后再次按"START"开关。

注意: 按下"START"开关后 Head 会立即移动,开始生产。

为避免人身伤害,在运行过程中切勿将手放入装置内部,也不要将脸和头靠近装置。

在按下"START"开关前,请务必确认装置内部无人作业。

在按下"START"开关前,请确认装置附近没有会受到人身伤害的人。

在按下"START"开关前,请确认装置内部没有安装、安放会妨碍装置运行的物体(调整工具等)。

当 ZA 轴以较低高度动作时,请仔细确认没有未使用装置对贴片头装置造成影响。

（4）在生产程序调用设置后，开始生产前需要做一系列检查，这里是指生产辅助。

生产辅助是指在生产动作执行前进行各种确认动作。从"生产"菜单选择"生产辅助""支援准备"，则显示"支援准备"画面（图 5-60）。

机器使用者只要按照表 5-26 所示顺序依次完成操作，即可完成生产开始的准备工作。

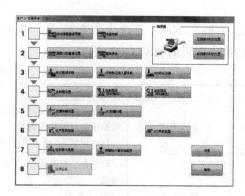

图 5-60

表 5-26

步骤	准备动作	详细动作	内容
1	基板宽度调整	自动调整基板宽度	进行基板宽度的调整
		传送控制	进行传送控制
2	基板传送	调整外形基准位置	进行外形基准位置调整
		基板传送	进行基板的传送
3	标记示教	标记数据示教	进行 BOC、基准领域标记的设置
		坏板标记读入器示教	进行坏板标记的示教
		MTS 标记识别	进行 MTS 标记的识别
4	送料器设置	送料器设置	进行各送料器台架的送料器示教
		吸取跟踪（自动输送）	进行吸取跟踪（自动输送）
		吸取跟踪（手动输送）	进行吸取跟踪（手动输送）
5	吸嘴配置	支援吸嘴设置	进行生产程序与实际的 ATC 吸嘴配置对照，如有差异，显示该信息
		ATC 吸嘴分配	进行自动选择 ATC 吸嘴分配的孔号码
6	生产开始前检查	生产程序检查	进行生产程序检查动作
		VCS 弄脏检查	进行 VCS 弄脏检查，显示结果
7	数据检查	检测激光高度	检查组件的激光高度是否适当
		测量贴片基板面高度	用 HMS 测量贴片基板表面高度
8	组件供应检查	连续验证	进行通用图像组件方向连续检查

注意： 如果尚未进行过送料器台架识别（在立即返回原点后，或下降、升起台架后），在移动吸取位置前将自动识别送料器台架。

识别送料器台架时，由于 Head 会横跨供应装置上方，因此请勿将手、脸等靠近或伸入装置中。

（八）生产运行编辑和操作设定

1. 组件（元件）数设置

选择"生产"菜单的"生产程序""设置组件数"，则显示"组件数设置"画面。

输入用于管理组件剩余数量的组件数。如不输入，则送料器被设定为 0。此时，不进行送料器的组件剩余数量的管理。

请在"吸取数据"中设置的组件供应单元（送料器、托架、DTS、MTC、MTS）上设置组件后，再将组件数设置到主机中。组件供应单元（送料器、托架、DTS、MTC、MTS）发生吸取重试超次时，判断为组件用尽，会跳过并继续生产。

出现错误的组件供应单元经过调整，可以在继续生产时使用，但必须进行调整使之能够吸取组件，清除错误。通过设置组件数量也可删除该错误。

2. 列表显示信息

显示每个供应单元与组件数量有关的项目（表5-27）。

表 5-27

NO.	项目	内容
1	供应	显示组件的供应位置 管式送料器时,括号内显示通道
2	包装	显示组件的包装方式(带式、管式、托盘)
3	组件名	显示组件名称
4	警告	显示组件的供应错误 ＊:表示剩余数量低于级别 E:表示吸取重试超次,组件吸取被中止 解除方法:输入剩余数量或执行组件补满命令后,警报即可解除

3. 生产中程序运行和编辑

选择"生产"菜单的"生产程序""编辑数据",或按下重试列表的"数据设定"组的"编辑数据"按钮,即显示"编辑数据"画面。

生产中发生激光识别错误等时,可从"编辑数据"画面中对"基板数据""贴片数据""元件数据""吸取数据"进行变更、重新检查。

(1)"基板数据"如图5-61所示。

① 基本设置。画面左上角的项目为基本设置内容（表5-28）。

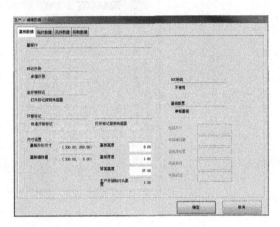

图 5-61

表 5-28

项目	内容	用户级别
基板 ID	显示针对基板的注释	—
标记识别	选择标记识别的图像层次	程序员
全坏板标记	显示全局坏板标记的检出动作	—
坏板标记	显示坏板标记的种类和检出动作	—

② 尺寸设置如表5-29所示。

表 5-29

项目	内容	用户级别
基板外形尺寸	显示基板的外形尺寸	—
基板偏移量	显示基板布局的偏移量	—
基板高度	输入基板的高度	程序员
基板厚度	输入基板的厚度	程序员
背面高度	输入基板背面的高度	程序员
生产开始贴片头高度	显示生产开始时贴片高度	—

③ 基板面设置。"尺寸设置"上的基板面的设置内容（表5-30）。

表 5-30

项目	内容	用户级别
BOC 种类	显示 BOC 标记的种类(不使用、基板标记、电路标记)	—
基板配置	显示基板上的电路构成(单板基板、矩阵电路板等)	—

项目	内容	用户级别
电路尺寸	显示电路的外形尺寸	—
电路偏移量	显示电路布局的偏移	—
首电路位置	显示首电路的基板位置	—
电路数目	显示基板上的电路数	—
电路间距	显示电路和电路之间的距离	—

（2）"贴片数据"。选择"编辑数据"画面上部的"贴片数据"选项卡（图 5-62）。

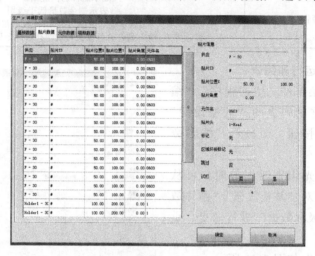

图 5-62

① 列表。画面左侧显示的列表内容（表 5-31）。

表 5-31

项目	内容
供应	显示贴片元件的供应位置
贴片 ID	显示贴片的贴片 ID
贴片位置 X	显示贴片位置的 X 坐标
贴片位置 Y	显示贴片位置的 Y 坐标
贴片角度	显示贴片元件的角度
元件名	显示贴片元件的名称

② 贴片信息。选择画面左侧列表项目后，显示其详细内容（表 5-32）。

表 5-32

项目	内容	用户级别
供应	显示贴片元件的供应位置	—
贴片 ID	显示贴片的贴片 ID	—
贴片位置 X	显示贴片位置的 X 坐标	—
贴片位置 Y	显示贴片位置的 Y 坐标	—
贴片角度	显示贴片元件的角度	—
元件名	显示贴片元件的名称	—
贴片头	显示贴片时使用的 Head	—
标记	选择是否使用基准领域标记	—
区域坏板标记	显示是否使用区域坏板标记	—
跳过	选择是否跳过贴片	程序员
试打	选择试打时是否显示执行元件的贴片	—
层	显示贴片层	—

（3）"元件数据"。选择画面上部的"元件数据"选项卡（图 5-63）。

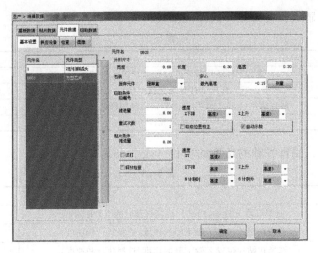

图 5-63

① 列表。显示画面左侧列表的内容（表 5-33）。

表 5-33

项目	内容	项目	内容
元件名	显示元件的名称	元件类型	显示元件的类型

② 外形尺寸。显示、编辑元件的外形尺寸（表 5-34）。

表 5-34

项目	内容	用户级别
宽度	输入元件的外形尺寸的宽度	操作员
长度	输入元件的外形尺寸的长度	操作员
高度	输入元件的外形尺寸的高度	操作员

③ 包装。显示、编辑元件的废弃位置（表 5-35）。

表 5-35

项目	内容	用户级别
废弃元件	选择元件的废弃方法	操作员

④ 定心。显示、编辑元件的激光高度（表 5-36）。机型不同内容也不同。

表 5-36

项目	内容	用户级别
激光高度	输入元件的激光高度。另外,也可测量激光高度	操作员

⑤ 吸取条件。显示、编辑元件吸取的相关项目（表 5-37）。

表 5-37

项目	内容	用户级别
吸嘴号	显示吸取元件的吸嘴号码	操作员
推进量	输入元件吸取时将吸嘴前端按下多少	操作员
重试次数	输入吸取错误时的重试次数	操作员
吸取位置校正	选择是否根据激光识别结果校正吸取位置偏移	操作员
自动示教	选择进行吸取位置跟踪时是否进行自动示教 （8mm 纸带、8mm 压纹、元件外形 0402～3216）	操作员
速度 Z 下降	选择在吸取位置 Z 轴下降的速度(选择执行和速度)	操作员
速度 Z 上升	选择在吸取位置 Z 轴上升的速度(选择执行和速度)	操作员

⑥ 贴片条件。显示、编辑元件贴片的项目（表5-38）。

表 5-38

项目	内容	用户级别
推进量	输入元件贴片时元件被推进基板面的多少	操作员
试打	选择试打时是否执行贴片	操作员
释放检查	贴片动作后,对是否用激光确认元件的释放进行选择	操作员
跳过元件	选择是否跳过元件的贴片	程序员

⑦ 速度。显示、编辑各轴的速度的项目（表5-39）。

表 5-39

项目	内容	用户级别
XY	选择吸取元件后,向贴片位置移动时的 XY 加速度	操作员
Z 下降	选择在贴片位置 Z 轴下降的速度(选择执行和速度)	操作员
Z 上升	选择在贴片位置 Z 轴上升的速度(选择执行和速度)	操作员
θ计测时	选择激光识别时 θ 轴的加速度	操作员
θ计测外	选择激光识别以外的 θ 轴的加速度	操作员

⑧ 供应设备。显示、编辑元件的供应设备的相关项目（表5-40）。

表 5-40

项目	内容	用户级别
元件名	显示元件名称	—
元件类型	显示元件的类型	—
包装	显示元件的包装方式	—
供应设备	显示使用供应设备的安装位置	—
MTC 速度	设置 MTC 往复动作的速度	操作员
MTC 吸取	指定 MTC 吸取侧的焊盘种类	操作员
MTC 自动	仅限于尺寸 10～14mm(贴装时,10～16mm)的元件,在生产时对同一元件选择两焊盘吸取	操作员
MTC 滑梭	指定 MTC 往复侧焊盘种类	操作员
MTS 速度	设置 MTS 托盘拉出的速度	操作员
DTS 速度	设置 DTS 托盘更换的速度	操作员

⑨ 检查。显示、编辑元件检查相关的项目（表5-41）。

表 5-41

项目	内容	用户级别
芯片站立	选择是否使用芯片站立检测选项,也可输入判断值	操作员
吸取位置偏移	选择是否检测吸取位置偏移,也可输入判断值	操作员
元件方向检查	选择是否进行元件方向检查(元件类型为通用图像元件时)	操作员
判断异元件	选择是否进行异元件判断 [元件种类为芯片、LED、圆筒形芯片(Melf)、SOT、引脚连接器、插座时]	操作员
验证	选择是否进行异元件判断 [元件种类为芯片、LED、圆筒形芯片(Melf)、SOT、引脚连接器、插座时]	操作员

⑩ 图像。显示、编辑图像识别元件的识别设置的相关项目（表5-42）。

表 5-42

项目	内容	用户级别
识别 VCS	显示识别时使用的 VCS	—
设置分割视野	显示识别时的分割视野数	—
照明大区分	显示照明大区分	—
照明小区分	显示照明小区分	—
设置照明	设置各照明的亮度	操作员

（4）"吸取数据"。选择画面上部的"吸取数据"选项卡（图 5-64）。

① 列表。显示画面左侧列表（表 5-43）。

表 5-43

项目	内容
元件名	显示吸取的元件名称
包装	显示吸取元件的包装方式
供应位置	显示吸取元件的供应位置

② 吸取信息。对列表中选择的吸取信息进行显示、编辑（表 5-44）。

表 5-44

项目	内容	用户级别
元件名	显示吸取的元件的名称	—
包装	显示元件的包装方式	—
送料器种类（供应设备）	显示供应设备	—
供应角度	输入元件的供应角度	程序员
台架种类	显示供应设备的台架种类(RF 或 RF/EF)	—
供应	显示供应台架	—
号	显示吸取号	—
通道	显示通道号码（元件种类为管式时）	—
吸取坐标 X	显示吸取位置的 X 坐标	—
吸取坐标 Y	显示吸取位置的 Y 坐标	—
吸取坐标 Z	显示吸取位置的 Z 坐标	—
使用	选择进行生产时,是否从该位置吸取元件	操作员

（5）生产运行。按下操作面板的"START"开关，生产开始。

（九）日常生产检查

（1）从生产菜单选择"生产程序""检查生产程序"，则显示"生产程序检查"画面。开始生产之前，会自动进行生产程序的检查，显示其结果。并且，当使用电动式送料器时，将根据检测前在生产程序中设定的输送间隔设置，对所安装的电动式送料器的输送间隔进行改写。检查后检查结果显示在如图 5-65 所示画面中。如有问题要及时做排除解决。

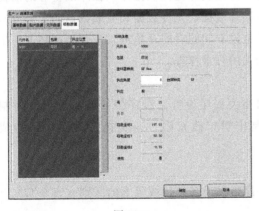

图 5-64

图 5-65

（2）可浏览生产程序检查的项目列表，显示检查的结果（表 5-45）。

表 5-45

项目	内容
数据一致性检查	检查优化的一致性
数据完成状态检查（生产程序的完成检查）	检查基板数量、贴片范围、各数据的完成或连接状况
使用单元错误检查	检查 Head 或贴片点执行标记使用状况
基板数据错误检查	检查基准面、传送方向或 BOC 标记的位置
贴片数据错误检查	检查贴片 Head 或基准领域标记的位置
元件数据错误检查	检查使用的吸嘴或定心或供应设备
吸取数据错误检查	确认各供应设备的吸取数据，检查 CVS 盲区
使用单元的警告检查	检查在生产程序中使用单元的状态
基板数据警告检查	检查 BOC 标记或电路的配置
贴片数据警告检查	检查贴片位置、基准领域标记的配置或试打贴片
元件数据警告检查	检查元件是否废弃
吸取数据警告检查	检查吸取位置的 Head 移动
其他检查	检查环境设置
建立调度程序表	制成主调度程序
检查调度程序表	检查 ATC、吸嘴、吸取数据或贴片数据的一致性；检查区域块内的层、元件种类、台架或 Head；检查 Head 的使用、指定或移动范围

二、生产程序编辑

生产程序作为贴片机的软件，担负着机器中电气设备硬件的运行和控制，所以贴片程序对贴片机有重要作用。

（一）生产流程图了解

生产前先熟悉生产流程图，通过表 5-46 可以了解生产程序编辑在生产中的位置。

通过以上生产流程图可以明显看出，在机器检测通电后，设备做原点回归，进入"预热"模式，做基板宽度调整及设备基础的设置后，开始制作元件数据库，在库准备好的前提下，开始生产程序的编辑（其中包含基板数据、贴片数据、元件数据和吸取数据四个部分），程序制作完成后即开始生产程序的检查，贴片检查没有问题后即开始进入正式生产环节。生产结束后退出生产程序，关闭电源，进而进行相关的日常检查。

（二）程序编辑环境设置

本部分着重讲解贴片机程序的制作过程和相关程序设置。程序编辑开始前可以对制作、编辑生产程序的环境进行设置，用以限制编辑修改权限，避免被人为篡改，造成生产损失。

（三）程序管理

为确保生产程序的管理，需要对操作员和程序员做设备使用权限上的区别（表 5-47）。

（四）启动生产程序编辑

从图 5-66 所示的画面中启动"编辑程序"。

表 5-46

No.	生产流程图	备注
1	检查设备	确认ATC周围的状况,进行日常检查
2	接通电源	确认主气压(0.5MPa)
3	返回原点	在实施前确认装置内部是否有异物等
4	预热	节假日后或寒冷地区,必须进行预热(10min左右)
5	设置基板	
6	调整机器设置? 必要→在"机器设置"中设置变更部分 不必要	如果因日常检查、设置基板时清扫吸嘴、改变基准销位置等而改变了机器的初始设置状态,请重新进行机器设置
7	制作元件数据库? 必要→在"数据库"中制作元件数据 不必要	参见"数据库"
8	制作、编辑生产程序 • 基板数据 • 贴片数据 • 元件数据 • 吸取数据	
9	检查贴片? 有错误贴片→校正 无错误贴片	发生贴片位置偏移、定心不良等贴片不正常时,可在"编辑程序"中进行校正。部分元件数据可在"生产"中进行校正
10	生产	
11	结束生产	
12	关闭电源	
13	日常检查	定期实施

表 5-47

操作员	有资格执行生产准备的用户组	程序员	可制作生产程序的用户组,限制机械操作等
	可执行生产,但不能进行编辑程序及各种设置		期间也可以做语言和时间日期上的设置

选择菜单的"生产程序"或信息区域的"编辑程序"即可进入"编辑程序"画面(图 5-67)。

生产程序由"基板数据""贴片数据""元件数据""吸取数据"4 个项目构成,"编辑程序"画面上部的选项卡对应各项目。

生产程序按照"基板数据"→"贴片数据"→"元件数据"→"吸取数据"的顺序来制作(表 5-48)。

（五）基板数据

基板数据由"基本设置""尺寸设置""BOC 标

图 5-66

记""电路配置""扩展坏板标记"和"传送设置"6 个项目构成（表 5-49）。

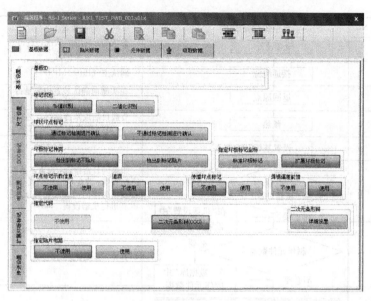

图 5-67

表 5-48

数据种类	内容
基板数据	处理基板的外形尺寸和 BOC 标记的坐标位置等有关基板整体的数据
贴片数据	处理贴片点的坐标和贴片元件名称等
元件数据	处理元件的尺寸、包装方式等激光及图像定心时所需的数据
吸取数据	处理带式送料器及托盘等元件供应设备的数据

上一项目未设置完成时不能打开下一项目。

例如未设置完成"基板数据"时，不能打开"贴片数据"。

表 5-49

设置	概要
基本设置	输入基板的基本构成
尺寸设置	输入基板的详细尺寸。根据"基本设置"中的指定，显示项目会改变
BOC 标记	输入 BOC 标记的坐标
电路配置	指定电路的位置与角度的项目。只限于"尺寸设置"中已设置为"非矩阵电路板"时
扩展坏板标记	输入使用"扩展坏板标记"时各电路的坏板标记坐标
传送设置	指定有关传送及支撑台的详细设置

1. 基本设置

选择画面左侧的"基本设置"选项卡，即可显示"基本设置"的各项目。请按照生产基板输入相应项目或进行选择。在基板数据中，进行"基板 ID""标记识别""球状坏点标记""坏板标记种类""指定坏板标记坐标""坏板标记示教信息""追溯""传播坏板标记""焊锡偏差前馈""指定代码""指定贴片电路"共 11 个项目的设置，见图 5-68。

2. 尺寸设置

在生产程序中，用坐标来表示基板上的组件及标记的位置。该"基板上的坐标系"的原点称为"基板位置基准"。

用"基板设计偏移量"来校正基板的定位机构与基板的"基板位置基准"的相对位置差

距。"尺寸设置"画面中，不同的基板（单板基板、矩阵电路板、非矩阵电路板）构成设置也不同（图 5-69）。

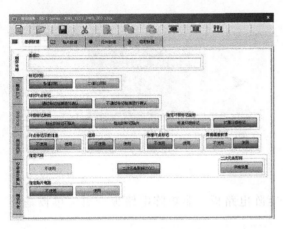

图 5-68

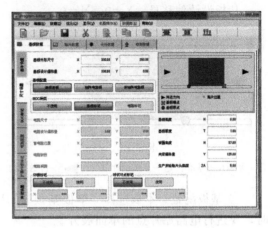

图 5-69

（1）基准基板设计端点的位置根据传送的流动方向定义（图 5-70）。

① 前面基准传送方向：从左到右。

② 后面基准传送方向：从右到左。

（2）单板基板。

① 基板外形尺寸。输入基板外形尺寸，带有垫板基板时，输入包括垫板基板在内的尺寸。与传送方向相同的方向为 X，与传送方向呈垂直的方向为 Y（图 5-71）。

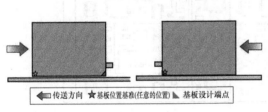

◄ 传送方向 ★基板位置基准(任意的位置) ◣ 基板设计端点

图 5-70

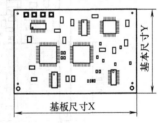

图 5-71

② 基板设计偏移量。使用 CAD 数据、需要将规定的原点（CAD 原点或自己公司特有的原点）设为基板位置基准时，输入由 CAD 等规定的从基板位置基准到基准位置（基板设计端点）的尺寸，如图 5-72 所示。

特别注意：基板流向为左→右时，基板设计端点为"基准位置"。当"基板位置基准"在左下角时，应在基板设计偏移量（X，Y）坐标中输入（X_b，0）的值。X_b 取正值。

例如左下角定为基板位置基准时（单位为 mm）：

a. 基板流向为左→右时（图 5-73）：

基板外形尺寸：X＝165，Y＝125。

基板设计偏移量：X＝165，Y＝0。

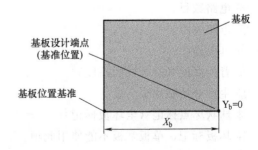

图 5-72

b. 基板流向为右→左时（图 5-74）：

基板外形尺寸：X＝165，Y＝125。

基板设计偏移量：X＝0，Y＝0。

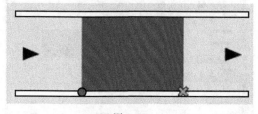

图 5-73

图 5-74

●—基板位置基准；✖—基板设计端点；▶—传送方向

③ 基板配置。本项选择"单板基板"。从矩阵电路板、非矩阵电路板变更为单板基板时，要进行电路贴片点的单面展开。

④ BOC 种类。

a. 不使用：不使用 BOC 标记时选择此项。

b. 基板标记：在使用基板的 BOC 标记校正贴片坐标时选择此项。

c. 电路标记：单板基板时不能选择此项。

⑤ 电路尺寸（电路外形尺寸见图 5-75）。

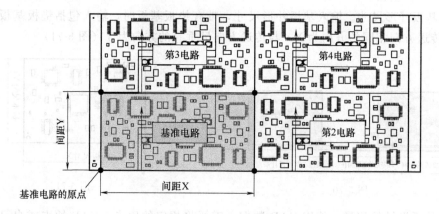

图 5-75

⑥ 电路设计偏移量。

⑦ 首电路位置。

⑧ 电路数目。

⑨ 电路间距。

⑩ 基板高度。

⑪ 背面高度（基板背面高度）。

⑫ 生产开始贴片头高度。

⑬ 球状坏点标记（全坏板标记）。

⑭ 坏板标记，单板基板不能使用此项。

特别说明：SMT 一般以多电路板为主，在多电路板中，有矩阵电路板与非矩阵电路板两种。

3. BOC 标记

基本设置的 BOC 种类：使用基板标记时，要在（X，Y）中输入基板位置基准情况下的 BOC 标记坐标；使用电路标记时，要在（X，Y）中输入电路位置基准情况下的 BOC 标记坐标（图 5-76）。

在光标位于 X、Y 坐标上的状态下，可按下"编辑程序"画面下部的操作区域的"示教"按钮，调出"示教"，通过"示教"设定 X、Y 坐标。

4. 电路配置

指定电路的位置及角度。仅在将"尺寸设置"画面的"基板配置"设置为"非矩阵电路板"后，才能选择此项。选择"电路配置"选项卡时，显示如图 5-77 所示画面。

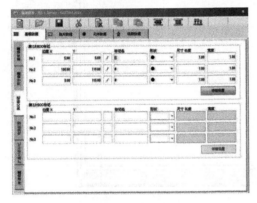

图 5-76

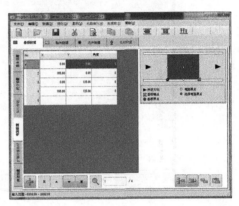

图 5-77

5. 扩展坏板标记

在"扩展坏板标记"中，要输入从"基板基准位置"到各电路对应的"坏板标记"的位置。在识别时 Head 移动距离缩短，或是不可能制作到电路内的标记时，请使用此项。

输入使用"扩展坏板标记"时的各电路的坏板标记坐标。选择"基板数据"画面左下的"扩展坏板标记"选项卡时，显示如图 5-78 所示画面。

6. 传送设置

传送设置指定有关传送及支撑台的详细设置。

传送设置由"基板传送"选项卡、"支撑台"选项卡构成。

（1）选择"基板数据"画面左下的"传送设置"选项卡，即显示如图 5-79 所示画面。

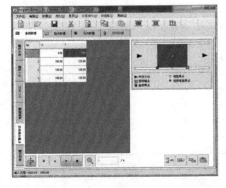

图 5-78

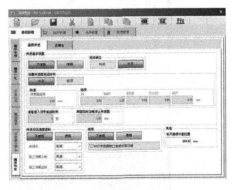

图 5-79

（2）在选择"传送设置"选项卡的状态下，选择"支撑台"选项卡时，会显示如图 5-80 所示画面。

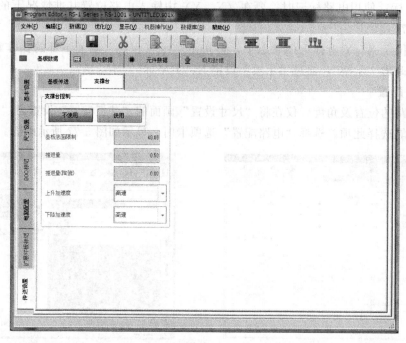

图 5-80

（六）贴片数据

（1）输入与贴片元件的贴片坐标有关的信息，制作基板数据后，选择画面上方的"贴片数据"选项卡，可显示贴片数据制作画面（图 5-81 所示为制作完成的示例）。

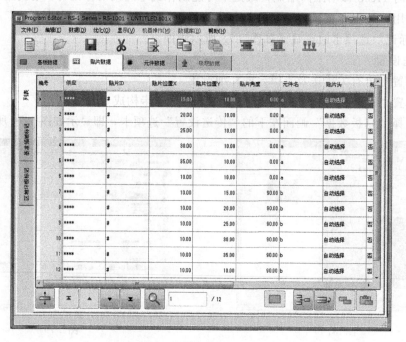

图 5-81

（2）制作贴片数据。输入"贴片 ID""贴片位置 X""贴片位置 Y""贴片角度""元件名"。在其他项目（贴片头、标记、区域坏板标记、跳过、试打、层）将自动输入初始值。仅对必要的项目进行变更。

另外，坐标位置是指从"基板数据"中决定的"基板位置基准"（多电路板时为基准电路的"电路原点"）为起点的尺寸。

（七）元件数据

"元件数据"是针对在"贴片数据"中输入的元件名而输入的详细信息数据。因此，凡是在"贴片数据"中输入元件名，就必须制作出相同数量的对应数据。

1. 元件数据画面的显示

元件数据的显示画面，有表格显示和列表显示两种形式。列表显示是以列表形式显示多个元件数据的概要。在此不能输入数据，只可查看数据的完成情况。

2. 元件数据的制作和编辑

从"列表"画面中选择元件名，显示所选择元件数据的"表格"画面后，可进行元件数据的制作和编辑（图 5-82）。

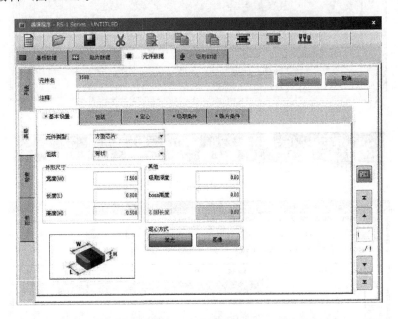

图 5-82

元件数据的制作画面（元件表格）由"元件名"及"注释"以及 7 个选项卡表格（"基本设置""包装""定心""吸取条件""贴片条件""检查""图像"）构成（图 5-83）。

（八）吸取数据

可指定各元件供给设备的位置和吸取位置。安装在送料器台架上的元件供给设备有带状送料器、料管送料器、托盘支架、DTS 及 MTC、MTS。

RS-1 中，RF 台架和 RF/EF 台架均是 1 个送料器台架上有 56 条轨道，送料器的轨道编号就是"吸取数据"的配置编号。

送料器台架上标有上下 2 排编号（图 5-84）。

送料器安装在前侧时，上排编号为送料器的设置编号，安装在后侧时，下排编号为送料

5

器的设置编号。

1. "吸取数据"画面的显示

要显示"吸取数据"画面时，会先打开列表画面（图 5-85）。

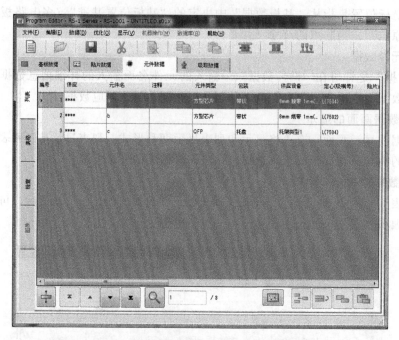

图 5-83

图 5-84

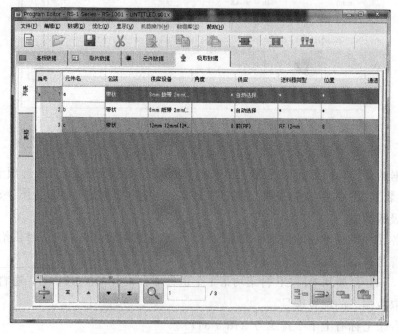

图 5-85

2. 制作吸取数据

(1) 角度。指定元件吸取角度

(2) 供应。可指定把送料器设置在前面或后面。初始状态时选择的是“自动选择”。设置为“自动选择”时，会进行优化送料器配置。

(3) 位置（编号）。输入供应设备的安装位置。

(4) 通道。为料管送料器时，选择通道编号。

(5) 送料器类型。选择料管送料器、托盘、电动编带送料器等类型。

(6) 吸取坐标。指定吸取位置的 X、Y 和 Z 坐标。输入“供应”“位置”项目后即可自动计算并显示。另外，需要微调时，通过“示教”进行操作。

(7) 状态（使用）。对执行生产时是否使用该元件的供给设备进行指定。

(8) 剩余数。指定元件的剩余数。使用托盘元件时可设置此项。使用送料器元件时，不能设置此项。

（九）程序检查

1. 数据完成状态

检查数据的完成状态，若未完成则不能进行优化。从菜单中选择“数据”“数据完成状态”后，会显示如图 5-86 所示画面。

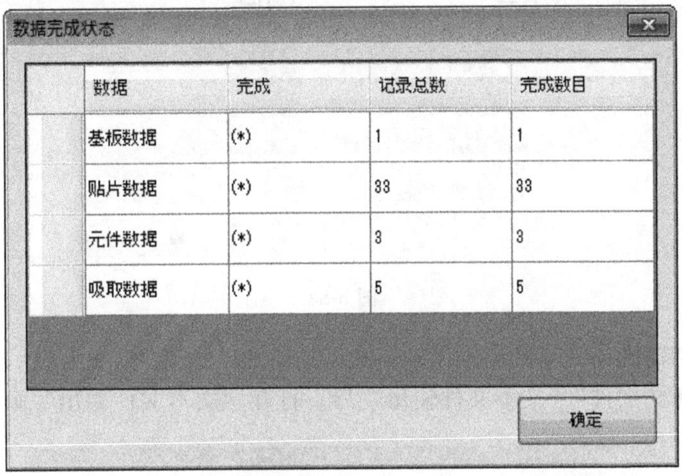
数据完成状态

数据	完成	记录总数	完成数目
基板数据	(*)	1	1
贴片数据	(*)	33	33
元件数据	(*)	3	3
吸取数据	(*)	5	5

确定

图 5-86

如果记录总数和完成数目一致，则表示数据已完成，在完成的“()”中显示“*”。另外，“吸取数据”及“记录总数”为 0 的项目，即使不显示“*”，也被看作完成。有未完成的项目时，请完成该项目。

2. 检查已制作的程序和机器设置的设置内容是否矛盾，检查程序本身是否矛盾

(1) 执行一致性检查。从菜单选择“数据”“数据一致性检查”，执行一致性检查。

(2) 检查的结果报告。进行数据一致性检查后，显示如图 5-87 所示画面。

检测出错误时，选择“确定”，即显示错误内容。

（十）优化

数据一致性检查结束后，即可进行优化。检查发现有错误时，会显示错误内容。请参考错误内容，修改程序或“机器设置”。优化是指对编辑程序制作的生产程序进行“供料器分

(a) 正常结束时	(b) 检查中发现错误时

图 5-87

布的优化""吸取贴片顺序的优化"。

（1）影响优化有多种要素，包括装置本身决定的项目（机器设置、操作选项）和用户设置的项目。先对用户设置的项目进行说明。

（2）在"优化选项"的画面中，选择"执行"按钮，开始优化处理（图 5-88）。

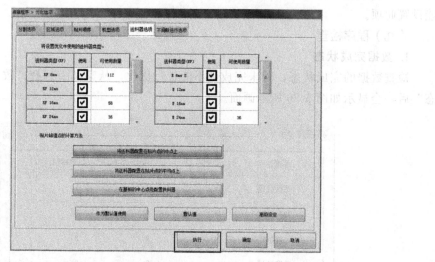

图 5-88

（十一）文档输出

从菜单中选择"文件""文本文件输出"后，打开"文本文件输出"画面（图 5-89）。

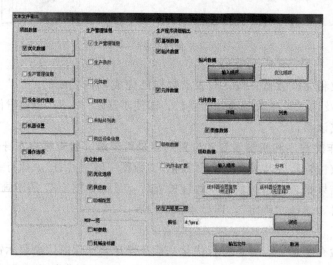

图 5-89

（1）项目数据。选择输出的项目数据（表 5-50）。

表 5-50

No.	项目	内容
1	优化数据	输出优化数据
2	生产管理信息	输出生产管理信息
3	设备运行信息	输出以下装置的运行状态： 机器运行信息 各吸嘴的运行信息 各贴片头的运行信息 生产线的运行信息 其他机器的运行信息 应用程序的运行信息 识别、检查信息
4	机器设置	输出机器中个别设置的信息
5	操作选项	输出操作选项的设置状态

（2）生产管理信息。选择生产管理信息的相关输出数据（表 5-51）。

表 5-51

No.	项目	内容
1	生产管理信息	输出生产时的管理信息
2	生产条件	输出生产条件
3	元件数	输出元件数
4	吸取率	输出各吸取率
5	未贴片列表	输出未贴片列表
6	供应设备信息	输出供应设备的信息

（3）优化数据。选择优化的相关输出数据（表 5-52）。

表 5-52

No.	项目	内容
1	优化选项	输出优化选项一览
2	供应数	输出各元件的供应数
3	吸嘴配置	输出吸嘴的分配状态

（4）生产程序详细输出。设置生产程序详细相关输出数据等（表 5-53）。

表 5-53

No.	项目	内容
1	基板数据	输出基板数据
2	贴片数据	输入顺序：按输入顺序输出贴片数据 优化顺序：按优化顺序输出贴片数据
3	元件数据	详细：按详细形式输出元件数据 列表：按列表形式输出元件数据 图像数据：输出图像数据
4	吸取数据	输入顺序：按输入顺序输出吸取数据 分布：按分布形式输出吸取数据 送料器设置信息（有注释）：按送料器设置位置形式 （有注释）输出吸取数据 送料器设置信息（无注释）：按送料器设置位置形式 （无注释）输出吸取数据
5	生产程序一览	输出指定路径的文件夹中的生产程序列表

选择输出条件后，按下"输出文件"按钮，即可作为文本文件另存到指定文件夹里。如果要取消，请按下"取消"按钮。

（十二）退出编辑

（1）单击"编辑程序"窗口右上角的"×"，或从信息区域的应用程序快捷方式中单击"退出"，如图 5-90 所示。

图 5-90

（2）如果程序有变更而尚未保存，会显示如图 5-91 所示提示信息。

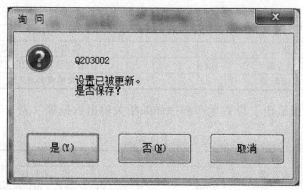

图 5-91

① 是：保存后退出"编辑程序"。

② 否：不保存退出"编辑程序"。

③ 取消：取消退出处理。

⊟ 操作准备

场地设备设施：工厂生产用贴片机设备或工程实习开发用贴片机。

教材文件：以某类型贴片机或电子工厂生产中常用的 JUKI 组件安装系统做介绍。

内容大致为：

（1）机器操作者应接受正确方法下的操作培训。

（2）了解设备基础知识，掌握设备机器基础操作和使用设置方法（对机器的检修都必须要在按下紧急按钮或断电源情况下进行）。

（3）运输及保管环境条件为温度−15～70℃，湿度20％～95％RH（无冷凝）。

（4）生产时只允许一名操作员操作一台机器。

（5）操作期间，确保身体各部分如手和头等在机器移动范围之外。

（6）机器必须正确接地（真正接地，而不是接零线）。

（7）贴片机生产开始前需热启动（WARM START）。

操作实施

（1）以现场生产设备作为教学仪器主体，开展实战实练的教学。掌握常用贴片机的基础操作和生产命令。

（2）对生产现场的贴片机设备中的各种报警信息进行检查，排除故障。

（3）需要掌握生产文件打开及程序调用过程。

（4）确认生产状态及生产辅助内容，以便确保生产程序的正确运行。

（5）熟练掌握生产过程中程序运行及编辑过程，与日常生产程序检查。

任务小结

注意：

（1）未接受过培训者严禁上机操作。

（2）操作设备需以安全为第一，机器操作者应严格按操作规范操作机器，否则可能造成机器损坏或危害人身安全。

（3）机器操作者应做到小心、细心。

（4）要深入领会设备设施用途，正确安全操作为根本，提高设备使用效率。

（5）了解程序制作步骤，熟练掌握程序编辑中的各种数据准备，含基板数据、贴片数据、元件数据、吸取数据等。

（6）掌握程序完成检查操作及编辑修改，会对编辑成功的程序做检查、优化。

（7）对文件做数据输出及保存、取消等操作。

学习任务 4 贴片机维护

学习目标

（1）掌握贴片机日常检查项目和清扫、注油的项目［包括气动源、传送带、组件供给部、Head单元、OCC部分、HMS、ATC、NOZZLE、图像识别装置（VCS）部分］。

（2）掌握贴片机手动操作控制项目（Head单元、传送系统、供应设备，其他如ATC、信号灯、伺服系统、驱动及组件验证系统、VCS及料带切割部，另外还有机器设置部分）。

（3）了解设备运行信息（生产信息、设备运行信息、故障信息、时间日期信息等）及设备运行过程中故障及程序运行自我诊断信息等。

（4）掌握设备故障信息内容显示及生产过程中常见的报警故障处理和生产异常等，如组件识别错误、编带浮起、安全门打开、供料器台上下异常等。

▶ 知识准备

一、日常检查项目和清扫、注油保养项目

（一）日常检查项目一栏表

1. 检查（1年＝6600小时）

检查调整项目及其处理确认方法、检查频率如表5-54所示。

表5-54

检查调整项目	处理确认方法	检查频率				
		每天	每周	每月	每2个月	每6个月
空气压力	确认为0.5MPa	○				
排水瓶	确认有无排水、过滤器	○				
真空泵压力	确认压力	○				
管道及接头	空气泄漏		○			
各单元气缸	确认动作		○			
空气过滤器（LNC120-8 Head）	有无污垢			○		
传送带	磨损、破损、松弛		○			
传送滑轮	确认动作		○			
锁定手柄	保持安全盖（安全罩）支撑力		○			
垃圾箱	清除垃圾箱的废带料	○				
空气过滤器（统一更换台车）	确认无污物、异物混入			○		

2. 清扫

清扫部位及其处理确认方法、清扫频率如表5-55所示。

表5-55

清扫部位	处理确认方法	清扫频率				
		每天	每周	每月	每2个月	每6个月
X、Y轴直动单元	除去灰尘、异物			○		
各传送传感器	除去灰尘、异物			○		
CAL块	除去灰尘、异物		○			
激光校准传感器	清扫传感器窗的脏污		○			
HMS	清扫传感器窗的脏污		○			
吸嘴	清扫吸嘴		○			
吸嘴外圈	清扫吸嘴外圈及内部			○		
ATC单元	除去灰尘、异物		○			
统一更换台车	除去灰尘、异物		○			
台架升降机	除去灰尘、异物		○			
OCC偏光滤光片	除去灰尘、异物		○			
VCS单元	清扫上面的脏污		○			
风扇马达过滤器	除去灰尘、异物					○
切带刀刃	除去灰尘、异物					○
负载控制单元（选购项）	除去灰尘、异物			○		
CVS（选购项）	除去灰尘、异物		○			
共面性传感器（选购项）	清扫传感器窗的脏污	○				

3．加油

加油项目及其处理确认方法、加油频率如表 5-56 所示。

表 5-56

加油项目	处理确认方法	加油频率				
		每天	每周	每月	每2个月	每6个月
X、Y轴直动单元轨道	6459 润滑油 N					○
X、Y轴丝杆	NSL 润滑油				○	
传送螺杆(轴)	6459 润滑油 N			○		
传送导轴	6459 润滑油 N			○		
驱动轴	6459 润滑油 N			○		
丝杆(Head 部)	CG2 润滑油				○	
花键轴(Head 部)	CG2 润滑油				○	
支撑台	6459 润滑油 N				○	
统一更换台车	6459 润滑油 N				○	
台架升降机	6459 润滑油 N				○	
吸嘴	油	清扫后				
吸嘴外圈	6459 润滑油 N，油			○		
传送停止挡块(长孔链环机构部)	6459 润滑油 N				○	

（注：处理确认方法列合并标注"活动是否平滑"）

> **注意**：加油时通常需要使用设备厂商指定润滑油，确保设备运行正常安全。

以下为操作安全警告事项：

（1）为防止因意外启动而导致事故，请在切断电源后再进行检查。

（2）在机械运行时绝对不要将手或头伸入到装置内部。

（3）为防止触电等重伤事故，维护时请关闭总电源（总电源开关是指安装在建筑物的电源开关，不是指主机上的开关）。

（4）接通电源时，确认装置处于安全状态。同时，确认装置内部没有人在作业。

（5）进行供气时，必须先切断电源。

（二）各部分的检查细节项目

1．气压、排水瓶的检查

气压、排水瓶的检查见表 5-57。

表 5-57

检查项目	检查内容	实施频度
气压、排水瓶	确认初压,检查排水	每天

（1）触摸画面右上部，确认使用气压为（500±50）kPa。

（2）若压力值不在上述范围内，请检查工厂内是否有空气泄漏。如果没有异常，请按"调整方法"重新调整初压。

调整步骤如下。

① 打开旋钮（图 5-92）。

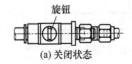
(a)关闭状态

(b)打开状态

图 5-92

② 向下拉调节器旋钮，旋转旋钮，把使用空气压力调整为 0.5MPa（图 5-93）。

过滤器零件更换间隔：每 2 年更换 1 次，或压力下降达到约 0.1MPa（1kgf/cm²）时。

更换方法如下：

① 请关闭指状阀的旋钮（图 5-94）。

② 一面把滑动部向下降，一面将本体向左右某方向旋转 45°，朝下拉出。

③ 将固定过滤器零件 B 的树脂零件向左旋转，拆卸过滤器零件 B。将过滤器零件 A 本身向左旋转后拆下（图 5-95）。

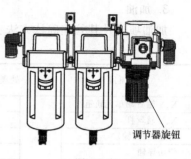

调节器旋钮

图 5-93

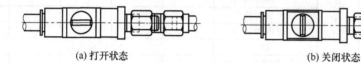

(a) 打开状态   (b) 关闭状态

图 5-94

④ 安装时，请按照相反的步骤进行操作。

（3）请倒干净排水管连接的瓶里存的水、油（图 5-96）。

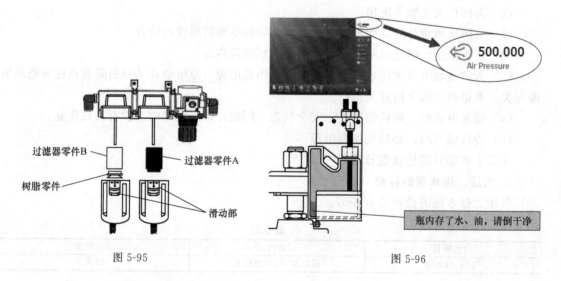

500,000
Air Pressure

过滤器零件B

过滤器零件A

树脂零件

滑动部

瓶内存了水、油，请倒干净

图 5-95   图 5-96

> **注意：** 在开始作业前，请关闭指状阀的旋钮。

2. 真空泵压力的检查

真空泵压力的检查见表 5-58。

表 5-58

检查项目	检查内容	实施频度
真空泵压力	确认真空压力	每天

（1）请确认待机状态的最大负压，达到 −88kPa（图 5-97）。

（2）最大负压降低到 −88kPa 以下时，需要更换消耗零件。

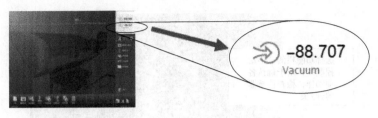

图 5-97

3. 管道及接口的检查

管道及接口的检查见表 5-59。

表 5-59

检查项目	检查内容	实施频度
管道及接口	检查气压管道部分是否漏气	每周

请确认没有漏气（图 5-98）。

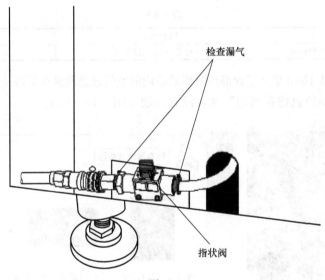

图 5-98

4. 各单元气缸的检查

各单元气缸的检查见表 5-60。

表 5-60

检查项目	检查内容	实施频度
各单元气缸	检查各气缸的动作	每周

接通主机的电源后，请选择"手动控制"项目，检查下列各项目的动作状况（图 5-99）：

① 基板挡块部；

② ATC 单元。

5. 空气过滤器的检查

空气过滤器的检查见表 5-61。

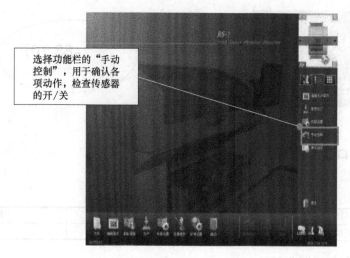

选择功能栏的"手动控制",用于确认各项动作,检查传感器的开/关

图 5-99

表 5-61

检查项目	检查内容	实施频度
空气过滤器(LNC120-8Head)	检查空气过滤器脏污	每月

(1) 请目检确认 Head 单元正面部位过滤器箱内的空气过滤器没有脏污 [图 5-100(a)]。

(2) 请通过"检查过滤器脏污"确认没有问题 [图 5-100(b)]。

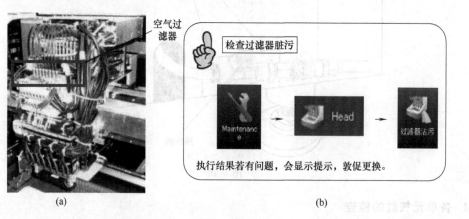

空气过滤器

检查过滤器脏污

Maintenance → Head → 过滤器脏污

执行结果若有问题,会显示提示,敦促更换。

(a)   (b)

图 5-100

(3) 如果有脏污,请更换新的空气过滤器,使用工具为螺钉旋具,更换标准为 6 个月,更换步骤如下。

① 把过滤器箱的固定螺钉(左右 2 处)拧松,取下过滤器箱 U(图 5-101)。

② 检查过滤器有无脏污。

③ 若有脏污,请把过滤器箱 L 中的过滤器更换下来。

当过滤器顶部没有投影或过滤器顶部有凸起时,把过滤器插入过滤器箱 L,要插紧,用固定螺钉固定好(紧固力矩:0.7N·m)。此时,请确认 O 环 F2 是否正好套进过滤器箱 L 的槽里。

④ 重新取得无吸嘴状态下的真空值。

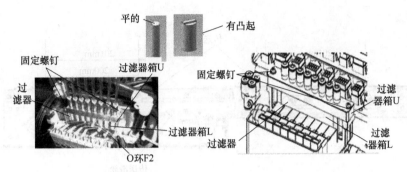

图 5-101

6. 传送带的检查

传送带的检查见表 5-62。

表 5-62

检查项目	检查内容	实施频度
传送带	检查传送带的磨损、破损、松弛	每周

（1）请检查传送带有无明显的磨损、破损、松弛。

（2）如果有磨损、破损等，请更换新的传送带。更换传送带使用的工具为螺钉旋具、扳钳，更换标准周期为半年，更换步骤如下。

① 把安装在 AB 部位长孔中的调整传送带松紧用的滑轮松开（图 5-102）。

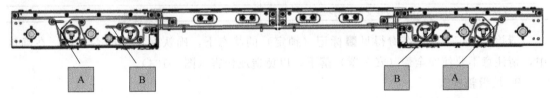

图 5-102

② 请从传送滑轮上拆下传送带，更换以下件号的传送带（表 5-63）。

表 5-63

项目	件号	品名
A	40183028	CONVEYOR_BELT_S
B	40183030	CONVEYOR_BELT_C

③ 调整传送带的张力。

a. 在传送带松弛时（传送带没有张力），用油性笔在传送带上平坦部分间距 200mm 处，做两处标记。

b. 按照与①相反的步骤，转动 A 部的传送滑轮，撑紧传送带，在两处标记的间距达到 201mm 的位置上，拧紧传送滑轮。请注意工作台部分，不要因传送带张力加大而使传送带轨道 S 上不来（图 5-103）。

c. 安装完毕后，执行"手动控制"数分钟，检查有无异常声音、脱落等问题。

d. 1 周以后再检查 1 次张力。

7. 传送滑轮的检查

传送滑轮的检查见表 5-64。

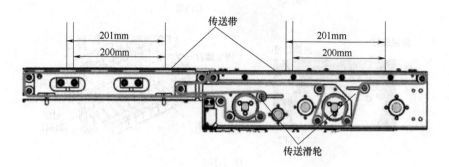

图 5-103

表 5-64

检查项目	检查内容	实施频度
传送滑轮	检查传送滑轮的动作	每周

（1）通过手动控制开动传送马达，检查滑轮旋转是否顺畅。

（2）若旋转不顺畅或不旋转，请更换滑轮。

8. 支撑板的检查

支撑板的检查见表 5-65。

表 5-65

检查项目	检查内容	实施频度
支撑板	检查支撑板的状态	每周

请抬起锁定手柄，在看得见■标记（锁定）的状态下，确认保护罩能否保持。在确认中，请注意不要使安全盖（安全罩）落下，以免造成伤害（图 5-104）。

9. 垃圾箱检查

垃圾箱的检查见表 5-66。

表 5-66

检查·更换	检查内容	实施频度
垃圾箱	废弃残料带	每天

垃圾箱存满后，请废弃积存的残料带（图 5-105）。

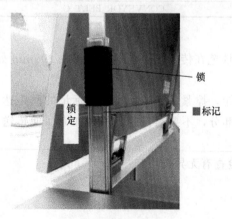

图 5-104

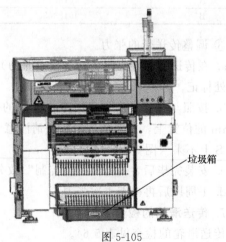

图 5-105

10. 空气过滤器（统一更换台车）的检查

空气过滤器（统一更换台车）的检查见表5-67。

表 5-67

检查项目	检查内容	实施频度
空气过滤器（统一更换台车）	确认空气过滤器是否有污物、异物混入	每月

（1）请目视确认统一更换台车处的空气过滤器是否有污物、异物混入。

（2）有污物时，请更换过滤器。有异物混入时，请清除异物。

（3）有污物时，请更换新过滤器。拔下连接在空气过滤器的空气软管，卸下过滤器盒（图5-106）。

（4）从过滤器盒卸下过滤器并进行更换。

滑动过滤器盒单侧防螺母旋转的固定件，解除锁定，使螺母旋转90°以上。

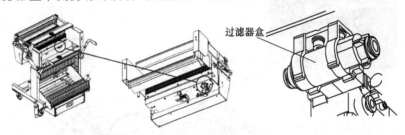

图 5-106

（三）各部分的清扫细节项目

1. XY 轴直动单元的清扫

XY 轴直动单元的清扫见表5-68。

表 5-68

清扫部位	清扫内容	使用工具	使用润滑油	实施频度
XY 轴直动单元	除去轨道、丝杆上的灰尘、脏润滑油	毛刷、抹布	LM 导轨：6459 润滑油 N 丝杆：NSL 润滑油	每月

请检查 X 轴直动单元和 Y 轴直动单元轨道上有无附着垃圾、灰尘，若有清扫干净。把润滑油擦去后，请涂抹新润滑油（图5-107）。

图 5-107

2. 各种传送传感器的清扫

各种传送传感器的清扫见表 5-69。

表 5-69

清扫部位	清扫内容	使用工具	实施频度	推荐溶剂
各种传送传感器	清扫传感器视窗	抹布	每月	IPA

请把图 5-108 所示的各种传送传感器的发光面、感光面上附着的灰尘和垃圾清除干净。如果去不掉脏污，请蘸少量的酒精（IPA）进行清扫。

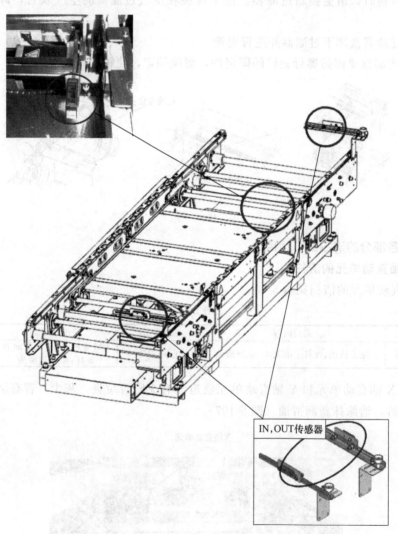

IN,OUT传感器

图 5-108

3. CAL 块的清扫

CAL 块的清扫见表 5-70。

表 5-70

清扫部位	清扫内容	使用工具	实施频度	推荐溶剂
CAL 块	清扫 CAL 块	抹布	每周	IPA

检查 CAL 块的上面和第一标记上有无灰尘等异物，有异物时请进行清扫。若第一标记处有脏污，可能会导致 MS（手动设置）参数误设置（图5-109）。

如果去不掉脏污，请蘸少量酒精（IPA）进行清扫。

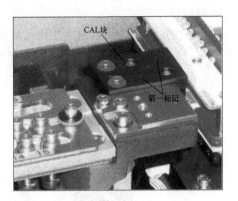

图 5-109

4. 激光校准传感器的清扫

激光校准传感器的清扫见表 5-71。

（1）在生产中发生"激光弄脏错误"，或者定期（每周）检查"激光弄脏"报错时，请进行清扫。

（2）传感器视窗的清扫，推荐每周进行一次。若容易脏污，需要缩短清扫周期（图 5-110）。

表 5-71

清扫部位	清扫内容	使用工具	实施频度	推荐溶剂
激光校准传感器	清扫激光视窗	抹布、棉棒	每周	IPA

清扫方法如下：

① 用抹布蘸湿酒精（蘸湿后不起毛）或用棉棒，将发光部位和受光部位朝一个方向擦拭，每处只擦一次；

② 用干抹布把残留在镜片上的酒精擦干净，要朝一个方向轻轻擦拭。

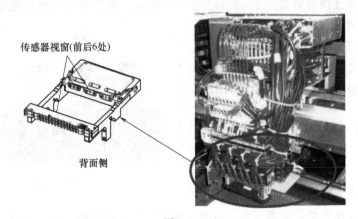

图 5-110

备注：如果使用酒精以外的溶剂（丙酮、香蕉水等），视窗周围的树脂部分有溶化的危险，切不可使用；切勿对传感器视窗进行吹风，否则灰尘等异物有可能进入传感器内，会影响识别动作。

5. 高度测量装置的清扫

高度测量装置的清扫见表 5-72。

表 5-72

清扫部位	清扫内容	使用工具	实施频度	推荐溶剂
高度测量装置（HMS）	清扫激光窗口	棉纱	每周	IPA

（1）如果传感器视窗上附着有大量的垃圾或灰尘，请使用吹风机等吹掉。请避免通过呼

气吹掉脏污。

（2）少量的垃圾和灰尘应使用柔软的布（眼镜布等）蘸上少量酒精，仔细擦去。请勿用力擦拭。如果损伤滤镜，会造成误差产生（图 5-111）。

HMS

传感器视窗

图 5-111

6. 吸嘴的清扫

吸嘴的清扫见表 5-73。

表 5-73

清扫部位	清扫内容	使用工具	实施频度	推荐溶剂
吸嘴	清洗吸嘴	超声波清洗器	每周	IPA

（1）7500～7504、7509 号吸嘴可整个浸入酒精液里，在超声波清洗器中清洗约 5min。

（2）使用超声波清洗器清洗 7505～7508 号吸嘴时，为防止用酒精清洗造成吸嘴尖头氨基甲酸酯部分剥离，请用夹具等把吸嘴倒置放入，防止尖头部位浸入酒精（图 5-112）。

（3）如吸嘴尖头氨基甲酸酯部分的脏污和吸嘴扩散器的脏污擦不掉，可用浸湿酒精的软布擦干净。

（4）为防止吸嘴内部生锈，洗净后注油。

备注：

（1）切勿使用酒精以外的溶剂（丙酮），否则，使用后可能使吸嘴扩散器变色。此外，溶剂易燃，使用时务必十分注意。

（2）作业时戴上防有机臭味的口罩。IPA 成分中含有对人体有害的物质。

（3）切勿分解吸嘴。

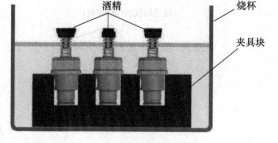
酒精　　烧杯
夹具块

图 5-112

7. ATC 单元的清扫

ATC 单元的清扫见表 5-74。

表 5-74

清扫部位	清扫内容	使用工具	实施频度	推荐溶剂
ATC 单元	清扫 ATC 的灰尘、异物	抹布	每周	IPA

滑动盘上若有芯片或垃圾，会使吸嘴装卸不畅。请用抹布蘸上酒精进行清扫（图 5-113）。

滑动盘

图 5-113

8. 供料器台架的清扫

供料器台架的清扫见表 5-75。

表 5-75

清扫部位	清扫内容	使用工具	实施频度
供料器台架	清扫供料器台架的灰尘、异物	毛刷吸尘器	每周

定期进行供料器台架的清扫（图 5-114）。

此外，在安装供料器之前，若发现有芯片组件等异物，请用毛刷吸尘器进行清扫。

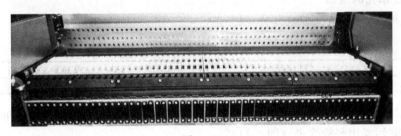

图 5-114

9. 统一更换台车的清扫

统一更换台车的清扫见表 5-76。

表 5-76

清扫部位	清扫内容	使用工具	实施频度
统一更换台车 （可整体更换式台车）	清扫台车供料器定位架的灰尘、异物	毛刷吸尘器	每周

统一更换台车的外形如图 5-115 所示。

10. 台架升降机的清扫

台架升降机的清扫如表 5-77 所示。

表 5-77

清扫部位	清扫内容	使用工具	实施频度
台架升降机	清扫台架升降机上面的灰尘、异物	毛刷吸尘器	每周

（1）将统一更换台车插入主机前，如果台架升降

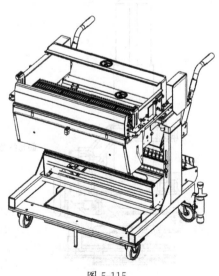

图 5-115

机上面有芯片组件等异物，请用毛刷吸尘器等清扫。

（2）请确认台架定位销（两侧）附近没有芯片组件等异物（图 5-116）。

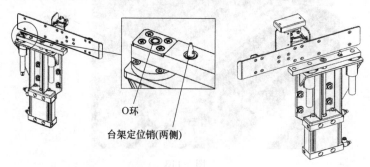

图 5-116

11. OCC 偏光滤光片的清扫

OCC 偏光滤光片的清扫见表 5-78。

表 5-78

清扫部位	清扫内容	使用工具	实施频度
OCC 偏光滤光片	清扫 OCC 偏光滤光片的灰尘、异物	气枪	每周

请检查 OCC 偏光滤光片上有无灰尘或异物，有灰尘或异物时，请用气枪去除（图 5-117）。

12. VCS 单元的清扫

VCS 单元的清扫见表 5-79。

表 5-79

清扫部位	清扫内容	使用工具	实施频度	推荐溶剂
VCS 单元	清扫 VCS 上面的灰尘、异物	抹布	每周	IPA

检查 VCS 上面（窗口和 LED）有无灰尘或异物，若有脏污，请用干抹布或纱布擦干净。LED 的脏污要用气枪吹去（图 5-118）。

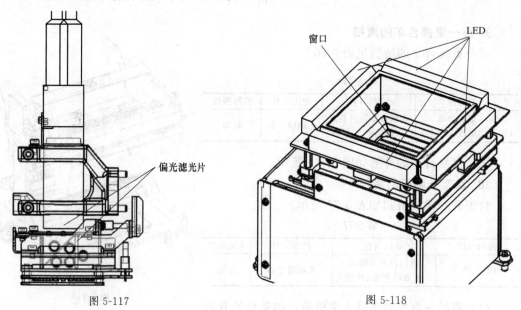

图 5-117

图 5-118

此外，除以上设备部件需要清扫外，还需：

每周使用抹布擦拭 CVS 上的灰尘和异物；

每天使用抹布清扫共面性传感器过滤器上的灰尘；

每 6 个月要对风扇马达过滤器进行清扫；

每 6 个月要清扫切带刀刃上的灰尘。

（四）注油保养具体项目

1. XY 轴直动单元的注油

XY 轴直动单元的注油见表 5-80。

表 5-80

注油项目	注油位置	使用工具	使用润滑油	实施频度
XY 轴直动单元	XY 轴直动单元	注油枪	6459 润滑油 N	每 6 个月

用注油枪从 XY 轴直动单元的润滑油注油孔注入润滑油（图 5-119 和图 5-120）。

X轴直动单元轨道，上下左右4处

Y轴直动单元轨道，上下前后4处

图 5-119

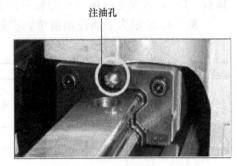

注油孔

图 5-120

备注：为防止突然启动造成事故，请切断电源后，再进行维护作业；LM 导轨和丝杆加注的润滑油是不同的，请不要混合使用。

2. 传送螺旋轴的注油

传送螺旋轴的注油见表 5-81。

表 5-81

注油项目	使用工具	使用润滑油	实施频度
传送螺旋轴	毛刷	6459 润滑油 N	每月

螺旋轴左右各 1 根，共 2 根（图 5-121）。

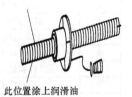

此位置涂上润滑油

图 5-121

3. 其他注油项目

其他注油项目见表 5-82。

表 5-82

注油项目	使用工具	使用润滑油	实施频度
传动导轴	毛刷	6459 润滑油 N	每月
驱动轴	毛刷	6459 润滑油 N	每月
丝杆和花键轴	毛刷	CG2	2 个月
统一更换台车	毛刷	6459 润滑油 N	2 个月
台架升降机	毛刷	6459 润滑油 N	2 个月
传送停止挡块	毛刷	6459 润滑油 N	2 个月
支撑台	毛刷	6459 润滑油 N	2 个月

二、手动操作控制项目和机器设置

（一）手动控制检查

手动控制检查，是指为确认各部位的运行，或检查传感器 ON/OFF（开/关）而进行的项目。

使用的主要功能有：基板的准备（基板的设置）、Head 的移动、激光的确认等；还可检查 LED 是否发生故障（一边使其点亮、灭灯，一边进行检查）。确保设备工作正常可靠。

表 5-83 所示为手动控制清单，实际使用过程中依据指令和需要做逐项检查。

表 5-83

主菜单		子菜单		内容
1	Head	1	Head 控制	以各 Head 为基准的 XY 轴移动控制,坐标显示 各 Head 的 Z,θ,ZA 轴移动控制,坐标显示 各 Head 的真空控制、吹气控制,压力值显示
		2	Head 设备控制	以各 Head 装置(OCC、坏板标记传感器、HMS)为基准的 XY 轴移动控制,坐标显示 各 Head 装置的控制,传感器状态显示
		3	激光/传感器控制	各 Head 的真空控制,真空开/关显示 各 Head 的 Z 轴移动控制,坐标显示 算法切换,结果显示,图像显示 边缘检查,边缘检查显示
2	传送系统	1	传送控制	基板传送,自动调整基板宽度,传送马达控制,支撑台控制,信号的状态显示
3	供应设备	1	电动式送料器	返回原点,正转(反转)间距传送,任意量传送,正转(反转)步进动作,属性设定,切割控制
		2	MTS 控制	托盘控制,状态显示
		3	MTC 控制	托盘控制,状态显示
4	其他	1	ATC 控制	ATC 滑板控制,传感器状态显示,吸嘴吸取控制
		2	信号灯控制	信号灯控制,警报器控制,状态显示
		3	其他控制	LED 控制,真空控制,状态显示,真空泵控制
		4	其他传感器	气压降低传感器等的状态显示
		5	驱动器状况	X,Y,Z,θ 轴驱动器的状态显示
		6	伺服状态	伺服状态显示
		7	组件验证控制	探针控制,组件计测,状态显示
		8	切割控制	切割控制
		9	VCS 控制	VCS 控制

（二）启动手动控制

从菜单选择"维护""手动控制"，即可显示如图 5-122 所示的初始画面。

图 5-122

（三）退出手动控制

在信息区域选择"退出"，或按下画面右上的"×"按钮，即可退出"手动控制"画面（图 5-123）。

是：执行 I/O 安全方向设定之后退出。例如，Head 有吸嘴时，应把吸嘴返回 ATC 后再退出"手动控制"画面。

否：返回"手动控制"画面。

图 5-123

警告：

选择"是"后，轴会移动并开始执行各 I/O 的安全方向设置。

在选择"是"前，请务必确认无人在装置内部进行作业。此外，为了防止人身伤害，在运行过程中，切勿将手放入装置内部，也不要将脸和头靠近装置。

（四）　Head 控制

选择菜单的"Head""Head 控制"，即可显示"Head 控制"画面。使用"装置选择"按钮，可切换到各 Head 单元的控制（图 5-124）。

1. 选择控制对象 Head

用单选按钮选择控制对象 Head，对机器设置"使用单元"中的设定没有影响。

2. 控制项目

用单选按钮选择控制项目。真空与吹气不能同时开启。

（1）"XY 轴移动"。选择"控制项目""XY 轴移动"时，输入移动目标位置的坐标，按下"执行"按钮，即可按选择的控制单元基准进行移动。

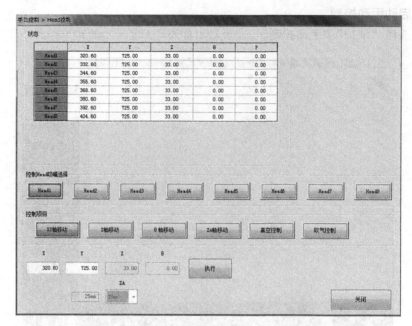

图 5-124

坐标在移动完成时更新显示。

（2）"Z轴移动"。选择"控制项目"为"Z轴移动"时，输入移动目标位置的坐标，按下"执行"按钮后，被选择的 Head 即会移动。

坐标在移动完成时更新显示。

（3）"θ轴移动"。选择"控制项目"为"θ轴移动"时，输入移动目标位置的坐标，按下"执行"按钮后，被选择的 Head 即会移动。

坐标在移动完成时更新显示。

（4）"ZA轴移动"。选择"控制项目"为"ZA轴移动"时，从下拉框中选择移动目的地高度并按"执行"按钮后，ZA轴即移动。

移动完成时下拉框旁边的当前高度会更新。

（5）"真空控制"。选择"控制项目"为"真空控制"时，按"ON"按钮、"OFF"按钮、"ON/OFF"按钮进行控制。

压力状态在控制结束时更新显示。

（6）"吹气控制"。选择"控制项目"为"吹气控制"时，按"ON"按钮、"OFF"按钮、"ON/OFF"按钮进行控制。

压力状态在控制结束时更新显示。

3. 状态显示

XY轴坐标、Z轴坐标、θ轴坐标、压力值在控制结束时显示。压力值会连续显示。

（五）Head 设备控制

选择菜单的"Head""Head 设备控制"，即可显示"Head 设备控制"画面（图 5-125）。

1. 状态

（1）OCC：在 XY轴坐标、照明（垂直照明、角度照明、外圈照明）的 ON 或 OFF 控制结束时显示。"外圈照明"在未设置选项的状态下显示为"＊＊＊＊"。

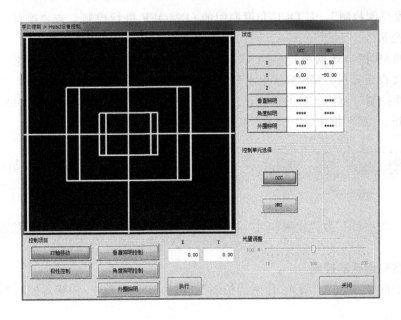

图 5-125

（2）HMS：在 XY 轴坐标、Z 轴坐标控制结束后显示。

2. 控制单元选择

用单选按钮选择控制对象单元。MS 参数的"选项单元"里没有勾选（没有安装）的单元不能选择。对机器设置"使用单元"中的设定没有影响（图 5-126）。

3. 控制项目

用单选按钮选择控制项目。控制单元不同，显示的按钮不同。

（1）OCC（图 5-127）。

①"XY 轴移动"。与 Head 控制的 XY 轴移动相同。

②"垂直照明控制"。对 OCC 的垂直照明的 ON/OFF 进行控制。

a. 移动滑动条，设定光量（图 5-128）。

图 5-126

图 5-127

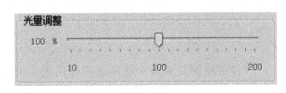

图 5-128

b. 选择"垂直照明控制"时，按"ON"按钮、"OFF"按钮、"ON/OFF"按钮进行控制。

c. 照明的状态在控制结束时更新显示。

③"角度照明控制"。对 OCC 角度照明的 ON/OFF 进行控制。与"垂直照明控制"一样，要设定光量。

④"外圈照明"（选购项）。对 OCC 外圈照明的 ON/OFF 进行控制。与"垂直照明控制"一样，要设定光量。MS 参数中没有设定选项时，不能选择。

⑤"极性控制"。对 OCC 的极性正/反进行控制。选择"控制项目"为"极性控制"时，用"正"按钮、"反"按钮、"正/反"按钮进行控制。

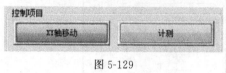

图 5-129

（2）HMS（图 5-129）。

①"XY 轴移动"。与 Head 控制的"XY 轴移动"相同。

②"计测"。计测高度。

选择"控制项目"为"计测"时，按"执行"按钮进行控制。计测结果状态在控制结束时显示。

（六）激光传感器控制

选择菜单的"Head""激光/传感器控制"，即可显示"激光/传感器控制"的画面（图 5-130）。

这里可以进行 Head 吸嘴选择，用单选按钮选择控制项目，用画面下部的控制按钮执行控制项目。

"计测"：进行所选择的 Head 的激光计测。"变幻线"：通过计测获得的数据显示变幻线（组件的轮廓）。

（七）传送控制

从下拉菜单中选择"传送系（C）""传送控制（V）"，或单击命令按钮中的"传送控制"后，可显示"传送控制"画面，如图 5-131 所示。

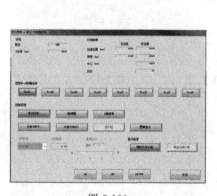

图 5-130

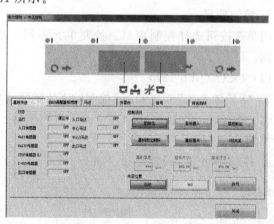

图 5-131

"传送控制"画面中的显示项目见表 5-84。

表 5-84

No.	显示项目	显示图	显示内容
1	支撑台挡块		支撑台挡块处于 OFF 状态 支撑台挡块处于 ON 状态

续表

No.	显示项目	显示图	显示内容
2	支撑台原点传感器		支撑台原点传感器处于 OFF 状态 支撑台原点传感器处于 ON 状态
3	IN/OUT 缓冲选择器		IN/OUT 缓冲选择器处于 OFF 状态 IN/OUT 缓冲选择器处于 ON 状态
4	准备搬入（Ready In）/ 准备搬出（Ready Out）		Ready In/Out 处于 OFF 状态 Ready In/Out 处于 ON 状态
5	可以搬入基板 （Board Available In）/ 可以搬出基板 （Board Available Out）		Board Available In/Out 处于 OFF 状态 Board Available In/Out 处于 ON 状态
6	传送挡块		传送挡块处于 OFF 状态 传送挡块处于 ON 状态

（八）其他类控制

其余手动操作控制部分包括供应设备（电动式送料器、MTS 控制、MTC 控制、ATC 控制、信号灯控制）及其余控制项目（驱动器、伺服状态、组件验证控制、切割及 VCS 控制）。

（九）机器设置

贴片机在使用过程中，根据需要，要对组成各功能做些基础设置（表 5-85），例如其中有吸嘴配置等机器基本构成。设置完成后，机器构成若无变化，无须改变设置值。

若增加了吸嘴等机器构成有变化，请对该部分进行重新设置。清扫吸嘴后，进行机器定期检查时，请一并检查设置值。

表 5-85

No.	操作组	设置项目	设置内容
1	使用单元	Head	Head 相关单元的使用/未使用
		基本	基本相关单元的使用/未使用 设定转印装置的使用/未使用及种类
		传送	传送相关单元的使用/未使用
		MTC/MTS	MTC/MTS 的使用/未使用
		VCS	VCS 的使用/未使用
2	吸嘴	注册吸嘴一览	已注册的吸嘴号的设计值数据
		读吸嘴数据	吸嘴数据
		ATC 吸嘴分配	ATC 的吸嘴分配
		无吸嘴时真空值	未安装吸嘴时的真空值
3	传送	传送设置	设置传送的动作
		支撑台	设置支撑台的动作
		外形基准位置设定	设定从原点至基板外形基准位置
4	位置设定	废弃组件位置	设置组件废弃位置
		IC 回收带位置	设置 IC 回收带位置
		Head 等待位置	设置 Head 等待位置
		MTS 装配位置偏差	设置 MTS 装配位置
		MTC 滑梭吸取位置	设置 MTC 组件供给位置

续表

No.	操作组	设置项目	设置内容
5	功能设定	设置吸取错误条件	设置吸取错误的条件
		标记识别速度	设置标记识别时的速度
		设置焊锡偏移校正	设置焊锡印刷识别时的位置校正值
		吸取前送料设定	设置吸取前进行送料的送料器
		Head 高度变更设定	设置组件高度
		坏板标记信息设定	坏板标记信息为有效时的设置
		确认吸嘴芯滑动不良	设定吸嘴芯滑动不良检查的使用/未使用
		接缝设置	设定接缝的使用/未使用
6	单元设定	信号灯	设置信号灯的模式
		坏板标记传感器示教	坏板标记示教时的设置
		设置叠加系统	设置叠加画面
		在线连接	进行在线连接时的设置
		共面性	共面性检测选项生效时的设置
		验证检查	组件验证生效时的设置

（1）启动机器设置。从"机器设置"画面下部的操作区域选择"机器设定"，然后选择"机器设置"，或直接从画面右侧的信息区域选择"机器设置"，可显示图 5-132 所示的"机器设置"初始画面。"机器设置"的初始画面右侧显示快捷键。快捷键注册有常用的功能，按下按钮即可调出各项菜单对应的画面。

图 5-132

初始画面显示"机器设置"的图标。

按下右侧信息区域中的快捷键，可调出"编辑生产程序""基板生产""手动控制""操作选项"的画面。调出时会退出"机器设置"，调出选择的功能。

下部的操作区域，显示有"机器设置"内可设定的项目列表。可进行简易控制的调出、语言切换、显示自己诊断、输出维护日志。

设置项目分类为"使用单元""吸嘴""传送""位置设定""功能设定""单元设定"。详情请参见表 5-86。

表 5-86

No.	操作组	显示按钮	设定项目(操作)
1	使用单元		Head
			基本
			传送
			MTC/MTS
			VCS
2	吸嘴		注册吸嘴一览
			读吸嘴数据
			ATC 吸嘴分配
			无吸嘴时真空值
3	传送		传送设置
			支撑台
			外形基准位置调整
4	位置设定		废弃组件位置
			IC 回收带位置
			Head 等待位置
			MTS 装配位置偏差
			MTC 滑梭吸取位置
5	功能设定		设置吸取错误条件
			标记识别速度
			设置焊锡偏移校正
			吸取前供料设定
			Head 高度变更设定
			确认吸嘴芯滑动不良
			接缝设置
6	单元设定		信号灯
			坏板标记传感器示教
			设置叠加系统
			在线连接
			共面性
			验证检查

（2）"机器设置"退出。单击画面右上方的"×"按钮，按下信息区域的"退出"按钮，或按下快捷键即可退出"机器设置"。

退出时，一般会做询问（图 5-133）。

"询问"画面中选择按钮的功能见表 5-87。

图 5-133

表 5-87

No.	选择按钮	处理
1	是	将设置值保存到 SSD
2	否	使设置值无效
3	取消	取消退出命令

三、设备运行信息查询诊断

(一)运行信息查询

目的：显示机器的运行时间（基板生产时间的累计等）、吸嘴拆装次数等设备固有的运行信息。

1. 启动

从主画面的"操作"菜单选择"准备·调整""设备运行信息"进行启动。从本地菜单选择"机器"，启动任意的运行信息画面。

2. 退出

按下画面右上的"×"按钮，或按信息区域的"退出"按钮，即可退出"机器运行信息"。

3. 设备可以查询的运行信息

设备可以查询的运行信息有机器运行信息、应用程序运行信息、异步运行信息、各吸嘴运行信息、各贴片头运行信息、轴运行信息、传送运行信息、真空泵运行信息、ATC 运行信息、信号运行信息、切割运行信息等，其外还可以查询 OCC 运行信息、激光运行信息、HMS 运行信息、VCS 运行信息、验证运行信息、共面性运行信息等。

4. 运行信息查询操作步骤

以机器运行信息查询为例说明操作步骤。从主菜单选择"机器"，然后选择"机器运行信息"，或在"机器运行信息"画面中选择"时间"选项卡，即会出现"机器运行信息"（时间）画面，如图 5-134 所示。

按下"重新设置"按钮清除运行信息。

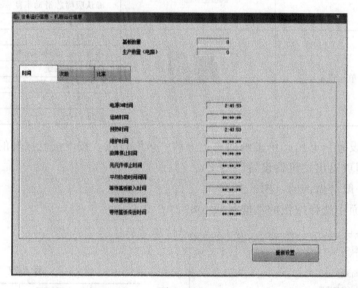

图 5-134

与以往的机型不同，没有附带计算接通电源时间的外部机器［计时器（Hour Meter）］。因此，即使按下"重新设置"按钮也不会清除电源 ON 时间。由于运转准备时间是以电源 ON 时间为基准计算的，因此与其他运转时间不同，即使被"重新设置"也会显示时间。

其余查询不再过多赘述。

（二）设备信息诊断

自己诊断功能是指向用户提供日常维护及预防性保养支持，即为工程监护及修理工程师巡回检查提供运行履历管理等的功能。

自己诊断提供的功能概要见表5-88。

表5-88

大项目	小项目	概要
显示功能	经常显示部	自己诊断的结果，判断部件需要更换时，会在"操作"画面的经常显示部上通知
	概要显示部	在桌面画面上设显示部，用图标显示（装置）单元。需要更换部件的（装置）单元时图标会显示警告，因而可一目了然地掌握装置的状态
	更换部件详细显示	可详细显示需更换的部件。用户可打开详细显示，确定更换对象部件。详细显示上也显示更换对象部件的品号
诊断功能	消耗部件更换通知功能	掌握消耗部件的使用状况，根据具体的更换标准，通知用户更换日期已到
	错误发生频度监视功能	对错误发生频度进行监视，当同一部位发生高频度错误时，判断为需要更换部件，通知用户
	个别诊断功能	按动作项目执行诊断动作，显示其结果
履历保存功能	保存诊断履历文件	保存自己诊断履历文件。每月保存1个履历文件。文件为CSV格式的文本文件。文件一定会保存在主机的SSD，也可保存在用户指定的文件夹

若整个系统中有自己诊断信息更换部件、未实施定期诊断，桌面的"维护"按钮会变成红色，可经常确认有无自己诊断信息。按下本按钮后，会显示整个系统自己诊断信息的详细显示列表。优先显示有自己诊断信息的类别。

本按钮有效的画面如图5-135所示。

图 5-135

四、故障信息显示及处理

（一）生产时的错误处理/暂停

本节就生产中发生错误时的处理，以及暂停后的处理进行说明。

选择"操作"选项的"发生错误时暂停"后，对象发生错误时，会暂停生产，并显示"暂停"画面。这时，"重试"列表中显示的错误为"暂停的对象"。

生产过程中发生错误以及暂停时，会显示"错误"或"暂停"画面。按"START"开关，继续开始生产。

按"STOP"开关：在其他站点暂停后，显示中断的"询问"画面，之后转换到中断动作。

显示的暂停原因见表5-89。

表 5-89

No.	原因	No.	原因
1	不暂停	16	搬送错误
2	STEP 生产	17	激光头弄脏
3	按"STOP"开关,用户要求	18	标记未示教
4	安全盖(安全罩)打开	19	继续生产执行前贴片跟踪
5	供料器台架下降	20	按循环键暂停
6	检测到传送带浮动	21	停止重新开始
7	气压下降	22	共面错误
8	标记识别错误	23	助焊剂用尽
9	无组件	24	接缝传感器未检出
10	组件保护	25	空袋过检出(检出供料器组件包装中无组件)
11	重试列表	26	无空袋
12	选项关联	27	拼接无核对
13	其他生产错误	28	接缝传感器不可用
14	芯片站立错误	29	锁定拉杆 OFF
15	激光识别错误	30	IC 回收带装满

(二)对常见故障处理的一般方法

1. 无组件

(1)从供应装置吸取组件发生重试超限时,即判断为发生了"无组件"。如果在"操作"选项中选择了"发生无组件时暂停"选项,则发生"无组件"时会暂停生产,并显示"暂停"画面。如果未选择,则会查找代替供料器并继续生产。如果不能继续生产,则会显示"重试"列表。

(2)继续处理。对可贴片的其他部分进行贴片。

在"操作"选项中没有选择"发生无组件时暂停"的情况下,有替代供料器时,则从下一个吸取贴片循环开始使用替代供料器。

(3)补充组件,设定组件数量。当发生了"无组件"并进行了供应装置的组件补充时,请按实际需要设定组件数量。

(4)信号灯。黄色信号灯会闪烁(采用 JUKI 标准设定时。请参见"机器设置"部分)。

按"START"开关:重新开始生产。

按"STOP"开关:显示中断的询问,之后转换到中断动作。

无组件时的"暂停画面"如图 5-136 所示。

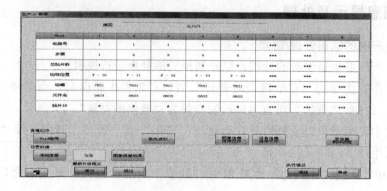

图 5-136

注意：

按下"START"开关后，Head 会立即移动，开始生产。

为避免人身伤害，在运行过程中切勿将手放入装置内部，也不要将脸和头靠近装置。

在按下"START"开关前，请务必确认无人在装置内部进行作业。

在按下"START"开关前，请确认装置附近没有会受到人身伤害的人。

在按下"START"开关前，请确认装置内部没有安装、安放会妨碍各项动作的物体（调整工具等）。

2. 组件识别错误

如果在 BOC 标记、基准领域标记的识别中发生识别错误，则会暂停生产并显示如图 5-137 所示画面。

按下"START"开关，重新开始生产动作。

按下"STOP"开关，暂停其他站台或转换到生产中断动作。

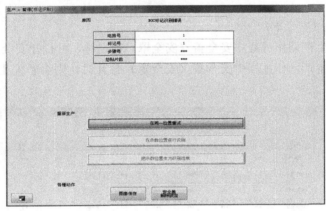

图 5-137

（1）原因。显示暂停的原因见表 5-90。

表 5-90

No.	原因	No.	原因
1	BOC 标记识别错误	3	台架标记识别错误
2	区域标记识别错误		

（2）生产信息。显示发生错误时的生产信息（表 5-91）。

表 5-91

项目	内容	项目	内容
电路号	显示发生错误组件的电路号	步骤号	显示发生错误组件的步骤号
标记号	显示发生错误组件的标记号	总贴片数	显示贴片的总数

（3）重新生产。选择重新开始生产时的再次识别标记的方法（表 5-92）。

表 5-92

项目	内容
在同一位置重试	不变更标记位置进行标记的再次识别
在示教位置进行识别	把通过示教设定的坐标，作为标记识别的坐标使用 选择"执行功能"栏的"示教"
把示教位置作为识别结果	通过示教设定坐标,在该坐标再次进行标记识别 选择"执行功能"栏的"示教"

（4）各种动作。显示有关暂停的各种信息，进行设置（表 5-93）。

表 5-93

项目	内容
图像保存	将 VRAM 的图像保存到文件
安全盖解除锁定	Head 未吸取组件时，解除安全盖（安全罩）锁

以上问题在得到处理后需要选择"重新生产"，因台架标记识别错误以外的标记识别错误而暂停后，只能选择"再识别"，按"功能"栏的"示教"按钮执行示教时，可选择"重新生产"项目中的其他项目。

执行了一次示教，在"重新生产"项目为可选状态下进行再次示教，按"取消"按钮返回到"重新生产"项目时只可选"再识别"。

> **注意**：此处的示教仅对该基板有效。如果同一标记识别错误在其他的基板上也同样出现，则应该结束生产，通过编辑生产程序，对标记坐标及识别示教进行修改。

3. 打开安全盖（安全罩）

在用户模式的生产动作过程中安全盖（安全罩）锁定时，可打开安全盖（安全罩）。

在维护模式的生产动作过程中安全盖（安全罩）打开时，则会暂停生产，显示"暂停"画面（图 5-138）。

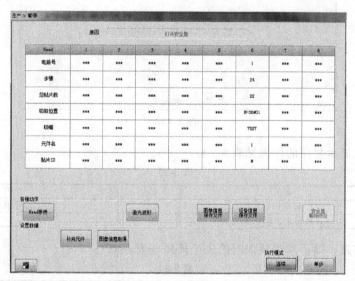

图 5-138

> **注意**：
> （1）维护模式下，在打开安全盖（安全罩）的状态下按"START"开关，将以低速重新开始生产。用户模式下，在打开安全盖（安全罩）的状态下不能重新开始生产。按下"STOP"开关，即显示中断提示信息，转换到生产中断动作。
> （2）在安全盖（安全罩）打开的状态下进行生产非常危险。切勿将手或头等伸入装置内，也请勿靠近装置。

4. 供料器台架下降

生产动作中如果供料器台架下降，生产将暂停，显示"暂停"画面（图 5-139）。

在供料器台架下降状态下，不能执行生产的开始/重新开始。

为了开始/重新开始生产动作，应正确设置供料器统一更换台车后使供料器台架上升，按下"START"开关。此外，如果在显示此画面时按下"STOP"开关，则变为执行生产停止动作。

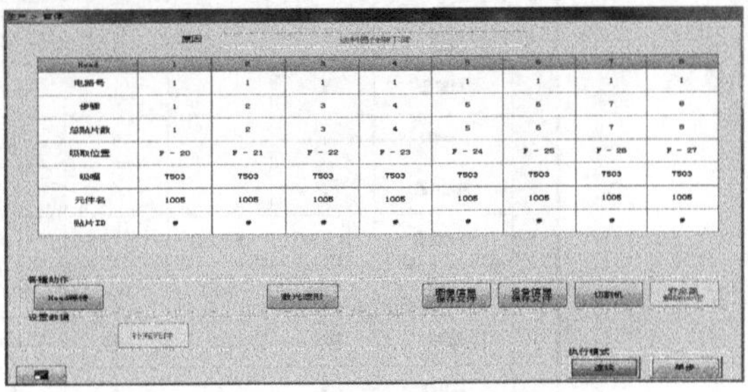

图 5-139

5. 供料器插拔

由于插拔供料器时存在供料器影响贴片头的可能，因此如果在生产过程中卸下供料器，则会暂时停止生产，显示"暂停"画面（图 5-140）。

在供料器插拔模式下，只有 RF 供料器即使被卸下也不会暂停生产。

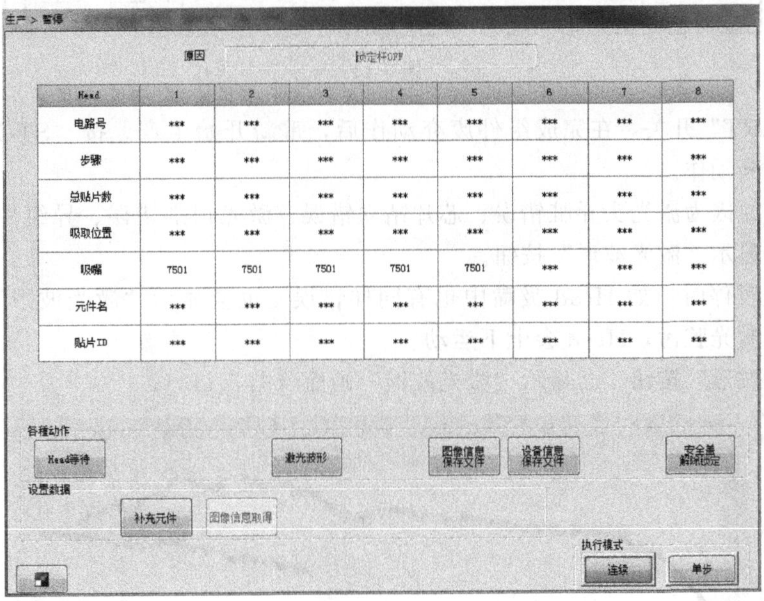

图 5-140

6. 供料器浮动检测

检测出供料器浮动后，生产会立刻异常结束。在轴运行过程中检测出供料器浮动时，会使伺服 OFF，重新开始时必须伺服锁定。

检测出供料器浮动后，即使按下"START"开关也不能重新开始生产。

要重新开始生产时，必须重新正确安装供料器统一更换台车，再按"START"开关。

7. 保护组件

用手取下吸嘴吸取的组件，单击"确定"（图 5-141），

图 5-141

会显示"暂停"画面（图 5-142）。

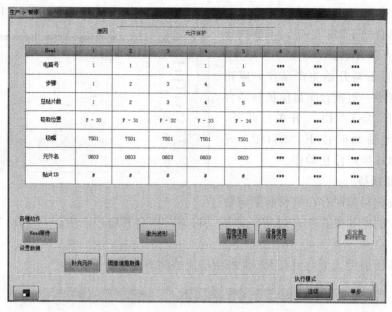

图 5-142

按"START"开关，在完成组件废弃动作后，重新开始生产。按"STOP"开关，则转换到生产中断动作。

当暂停的原因为激光头弄脏错误、芯片站立错误、激光识别错误、异组件错误时，"暂停"画面上会显示"激光波形"按钮。

发生错误暂停时，如 Head 吸嘴中也有同样错误，也会显示"激光波形"按钮，显示前，为了检查激光脏污，Head 会上下运动。

按"激光波形"按钮，会显示"激光波形"画面（图 5-143）。

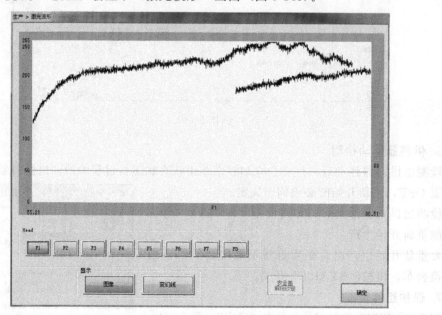

图 5-143

⑤

8. 停止循环

按下主菜单的"停止循环"按钮，在简易显示阅览器中显示"停止循环"图标时，即进入停止循环模式（图5-144）。停止循环模式是指，生产中在基板贴片结束时，搬出基板，结束生产。此种方式，视为正常的结束生产。

在停止循环模式中，再次按"停止循环"按钮时，停止循环模式即被解除。

在停止循环模式中，结束生产的时间点，可在"操作"选项的"生产/动作""循环停止时的动作"中指定。

图 5-144

9. 供料器插拔模式

在生产过程中，如果按下主菜单的"供料器插拔模式"按钮，则可以在通常模式和插拔模式间相互切换（图5-145）。通常模式时，在生产中如果卸下供料器，生产则会暂停，但在插拔模式时，RF供料器即使在生产中被卸下也不会暂停（表5-94）。

图 5-145

表 5-94

状态	显示	内容
通常模式		在生产动作中供料器不可插拔,卸下供料器时生产会暂停
模式转变中		插拔模式的状态正在转变中 显示此图标时,按照转换前的状态动作
插拔模式		在生产中,可以卸下RF供料器 在插拔模式下,ZA轴高度按照类别12以上进行动作。此外,将忽略供料器浮起传感器2,3

10. 暂停时的无元件补满功能

若在"操作"选项的"生产/暂停"画面上勾选了"暂停画面上添加'补充元件'按钮",则"设置数据"画面中会显示"补充元件"按钮（图 5-146）。

此项设置后，在因"发生无元件""发生标记识别错误"而暂停时，画面上可显示"补充元件"按钮。

按下"补充元件"按钮后，会显示确认信息（图 5-147）。

图 5-146

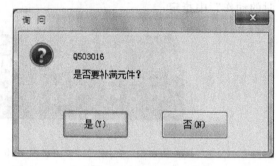

图 5-147

按"是"按钮后，执行补充元件。补补对象为带式、管式供应的元件。元件剩余数为 0 已经无元件的，补充元件后元件剩余数恢复为初始值，并解除无元件；元件有剩余的，解除无元件，元件剩余数不变。

按下"否"按钮，不执行任何操作，关闭确认的提示信息。

操作准备

场地设施：工厂生产用贴片机设备或工程实习开发用贴片机。

教材文件：以某类型贴片机或电子工厂生产常用的 JUKI 系统做介绍。

主要内容描述：

（1）机器操作者应接受正确方法下的操作培训（掌握贴片机设备基础操作维护方法）。

（2）对机器的检修都必须在按下紧急按钮或断电源情况下进行。

（3）运输及保管环境条件为温度 $-15 \sim 70^\circ\text{C}$，湿度 $20\% \sim 95\%\text{RH}$（无冷凝）。

（4）生产时只允许一名操作员操作一台机器。

（5）操作期间，确使身体各部分如手和头等在机器移动范围之外。

（6）机器必须正确接地（真正接地，而不是接零线）。

（7）维护操作前要关闭电源，切断气源，保养清洁维护时要做好标示警示。

（8）保养后要检查设备内各种运动装置部位没有无关部件或工具遗留。

操作实施

（1）以现场生产设备作为教学仪器主体，开展实战实练的教学。掌握常用贴片机各部件维护保养知识。

（2）掌握维护设置和手动控制项目。

（3）对生产现场的贴片机设备中的各种报警信息，要会故障排除及问题查询。

（4）需要掌握常用设备的维护保养方法。

任务小结

注意：

（1）未接受过培训者严禁上机操作。

（2）操作设备需以安全为第一，机器操作者应严格按操作规范操作机器，否则可能造成机器损坏或危害人身安全。

（3）机器操作者应做到小心、细心。

（4）要深入领会设备设施用途，正确安全操作为根本，提高设备使用效率。

学习任务5 典型供料器或喂料器（Feeder）使用

学习目标

（1）掌握供料器（Feeder）在贴片机设备中的功能用途，常见供料器分类。

（2）了解贴片机设备中供料器安装及使用，特别是 JUKI 系列供料器设置方法。

（3）熟悉电动式带式供料器（ETF）常见故障处理及对策措施。

（4）熟悉电动式带式供料器维护处理。

知识准备

一、供料器功能结构及安装

（一）供料器（Feeder）定义

SMT 贴片机供料器也称为送料器或喂料器，也常被称为飞达，"飞达"一词是由英文 Feeder 直译而来的。供料器是贴片机最主要的配件，也是贴装技术中影响贴装能力和生产效率的重要部件，有些 SMT 贴片机直接以可装供料器数量作为标志。

SMT 贴片机供料器有多种形式，SMT 贴片机通过编程指令到指定的位置拾取供料器中元器件，由于不同种类贴装元器件采用不同的包装，因此需要相应的供料器进行材料着装。

（二）供料器（或喂料器）的分类

目前市场上主流 SMT 贴片机供料器主要有如下几种，不同贴片机厂家的供料器也有差异。

1. 托盘式供料器（Tray Feeder）

托盘式供料器（图 5-148）可以分为单层结构和多层结构，单层托盘式供料器是直接安装在贴片机供料器架上，占用多个槽位，适用于托盘式料不多的情况；多层托盘式供器料有多层自动传供托盘，占用空间小，结构紧凑，适用于托盘式料比较多的情况，盘装元器件多为各种 IC（集成电路）组件。

在使用托盘式料时，需要注意保护大管角

图 5-148

外露元器件，以防止在运输和使用中造成机械和电性能的损坏。在托盘中使用 TQFP、PQFP、BGA、TSOP 和 SSOP 元器件时，托盘尺寸可以达到 150mm×330.2mm，高度为 25.4mm。托盘式供料器不仅可以供给贴片机拾取元器件，也可以作为贵重元器件的抛料站。

2. 带式供料器（Tape Feeder）

带式供料器是贴片机供料器中最常用的一种，传统结构方式有轮式、爪式、气动式及多间距电动式，现在已经发展为高精度电动式，高精度电动式与传统结构方式相对，传供精度更高，供料速度更快，结构更加紧凑，性能更稳定，大大提高了生产效率（图 5-149）。

图 5-149

供料器有卷轴和卷带等组件，根据组件的大小，有不同的宽度与间距。

（1）带状料基本规格：

① 基本的宽度：8mm，12mm，16mm，24mm，32mm，44mm 和 52mm 等多种规格。

② 带状间距（相邻组件中心到中心）：2mm，4mm，8mm，12mm 和 16mm。

③ 带状的材料有两种：纸带状与塑料带状。

④ 装组件的小口高度小于纸带状料的厚度。

⑤ 组件上表面低于塑料带状的表面。

⑥ 卷轴：7in（1in=2.54cm）和 13in（直径）。

（2）带状料：

① 由带状料仓和防静电透明的覆带组成，方便确认组件外观、数量和做标记，而不必去除卷盖；

② 为保证组件在装组件的小口里，要与带状料进行密封处理；

③ 在进行剥离操作时，剥力为 20～100N，保证一致性，符合标准 EIA-481。

（3）SMT 供料器的分类：按机器品牌及型号区分。一般来说不同品牌的贴片机所使用的供料器是不同的，但相同品牌不同型号一般可以通用（图 5-150）。

带式供料器、散料盒式供料器和管式供料器（多管供料器）可安装在贴片机的前或后料平台。

电动双轨带式供料器 EF08HD 与 EF08HS 的尺寸宽度相同（17mm），它们可以安装 2 条 8mm 的带式供料器。装载组件种类数达到了原先的两倍，大幅度减少了多品种少量生产的换料次数。

以上的供料器（除 32mm 外），输供间距可根据组件包装情况进行合适调整。

3. 散料盒式供料器（Bulk Feeder）

散料盒式供料器又称为振动式供料器，其工作方式是将元器件自由地装入成型的塑料盒或袋内，通过振动式供料器或供料管把元器件依次供入贴片机，这种方式通常使用于 Melf 和小外形半导件元器件，只适用于无极性矩形和柱形元器件，而不适用于极性元器件。

4. 管式供料器（Stick Feeder）

通常使用振动式供料器来保证管中元器件不断进入贴片头吸取位置，一般 PLCC 和

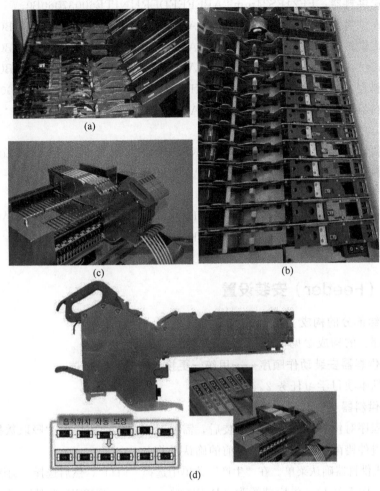

图 5-150

SOIC 是用这种方式来供料的。管式供料器有对元器件引脚保护作用好、稳定性和规范性较差、生产效率较低的特点。

上述是目前四种形式的 SMT 贴片机供料器，需要根据不同包装元器件选择相应的供料器。

以下为日本 JUKI 东京重机 Feeder（供料器）清单，可以参考选购。

8mm 纸带供料器：CF081PR8mmTAPEFEEDER40081761。

8mm 胶带供料器：CF081ER8mmTAPEFEEDER40081762。

8mm 带式供料器（适用于 0402）：CF05HPR8mmTAPEFEEDER40081759。

8mm 不停机纸带供料器：AF081PR8mmTAPEFEEDERE1005706AB0。

8mm 不停机胶带供料器：AF081ER8mmTAPEFEEDERE1003706AB0。

8mm 不停机带式供料器（适用于 0402）：AF05HPR8mmTAPEFEEDERE1002706AB0。

8mm 带式供料器（适用于 0201）：CF03HPR8mmTAPEFEEDER40081758。

8mm 带式通用供料器：CN081CR8mmTAPEFEEDER40081770。

12mm 带式供料器：FF12FS12mmTAPEFEEDERUNITE30037060B0。

16mm 带式供料器：FF16FS16mmTAPEFEEDERUNITE40037060B0。

24mm 带式供料器：FF24FS24mmTAPEFEEDERUNITE50037060B0。

32mm 带式供料器：FF32FR-OP32mmTAPEFEEDERUNITE6000706RBC。

44mm 带式供料器：FF44FR-OP44mmTAPEFEEDERUNITE7000706RBC。

56mm 带式供料器：FF56FR-OP56mmTAPEFEEDERUNITE8000706RBC。

单杆式供料器（N0 型）：SFN0ASSTICKFEEDERUNIT（TYPEN0）E00057190A0。

单杆式供料器调节片（N1～N4 型）：SPACERKIT（FOR 'SFN1AS'～'SFN4AS'）E11117190B0。

单杆式供料器（W1 型）：SFW1ASSTICKFEEDERUNIT（TYPEW1）E02107190A0。

单杆式供料器调节片（W1～W5 型）：SPACERKIT（FOR 'SFW1AS'～'SFW5AS'）E21117190B0。

双层盘式供料器（双）：MATRIXTRAYHOLDER（FULL）E73057250A0。

单层盘式供料器（单）：MATRIXTRAYHOLDER（HALF）40020251。

多杆式振动供料器：SF70ESSTICKFEEDERSF70ES。

二、供料器（Feeder）安装设置

1. 组件供给部分的构成

组件供给部分的构成参见本项目学习任务 2。

2. 电动式供料器安装动作顺序——用统一更换台车的名称描述

本部分参见本项目学习任务 2。

3. 电动式供料器（供料器）设置

依据生产程序对供料器进行正确安装后，需要对当前生产程序的"吸取数据"中的电动式供料器进行组件错配检测，进行生产前的确认动作。

（1）电动式供料器确认菜单。在"生产"菜单中选择"窗口"，然后选择"确认电动台架"。

（2）内容（图 5-151）。供应装置为 TR8SR 时，会显示 TR8SR 的图形（图 5-152）。触

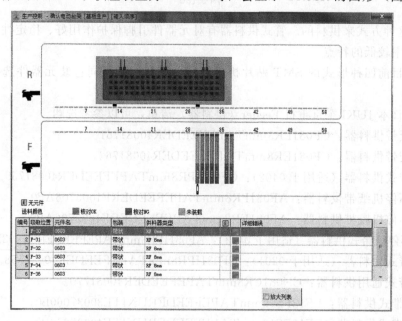

图 5-151

摸显示的 TR8SR 图形，即显示 TR8SR 放大画面（图 5-153）。

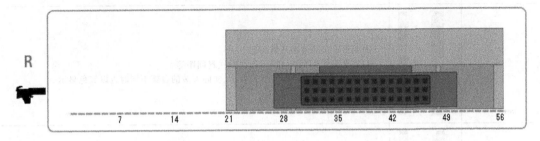

图 5-152

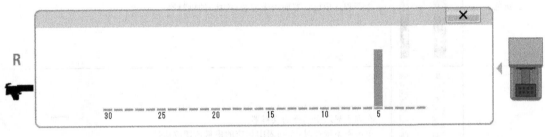

图 5-153

要返回原来的图形显示时，请触摸 "×" 或画面右侧的 TR8SR 图形。

① 图像阅读。电动式供料器 "确认" 画面的上半部分，用图像显示当前生产程序中使用的供料器的状态（注：指定跳过或因生产条件在实际生产中不使用的供料器不显示）。

台架的状态如表 5-95 所示。

表 5-95

台架状态	
	生产程序与连接的台架一致
	生产程序与连接的台架不一致 （不一致时不能开始生产）

电动式供料器的错配状况用供料器的颜色表示，见表 5-96。

表 5-96

供料器颜色	EF/RF	说明
蓝色		元件、供料器类型、送料间距等全部正确的电动式供料器

供料器颜色	EF/RF	说明
红色		发生了错误的电动式供料器 需要重新检查元件、供料器类型、送料间距等 另外，台架与生产程序中、设置中、实际安装的台架不同时也以红色显示
灰色		生产程序中已设置而尚未安装（连接）的供料器
浅蓝色		在列表显示中选择的供料器 单击图案选择时，在列表中相应的供料器即被选择

当发出组件用尽状态通知时，在供料器上重叠显示图标。

② 列表。电动式供料器"确认"画面的下半部分，用列表显示当前生产程序中使用的供料器的状态（表 5-97）（注：指定跳过或因生产条件而不实际用于生产的供料器不作为显示对象）。

表 5-97

No.	项目	内容
1	编号	显示供料器的编号
2	吸取位置	显示吸取位置。显示方式是台架—孔编号：通道编号。通道编号如无显示必要则不显示
3	元件名	显示生产程序中指定的元件名
4	包装	显示生产程序中指定的供料器的包装方式
5	供料器类型	显示生产程序中指定的供料器的类型 属于电动式供料器时显示为 Exxxx 属于带式供料器（RF）时显示为 RFxxxx 属于管式供料器时显示为 E 管式 xxxx
6	无组件标志	$\boxed{E}$：在发生组件用尽的供料器上重叠显示
7	电动式供料器错挂检查结果图标	显示电动式供料器的错挂检测状态 ：电动式供料器 OK（图标颜色为蓝色） ：电动式供料器 NG（图标颜色为红色） ：电动式供料器未安装（图标颜色为灰色）
8	错误详细	发生电动式供料器错挂时显示。详细请参阅表 5-98

③ 错误详情见表 5-98。

表 5-98

错误	内容
无显示	生产程序是电动式供料器,且电动式供料器已正确安装在电动式台架上
未安装	生产程序是电动式供料器,而电动式供料器未安装在电动式台架上时,会显示这一错误 请把电动式供料器安装到电动式台架上
电动式台架未连接	生产程序是电动式供料器,而电动式台架未连接时,会显示这一错误。请安装电动式台架
供料器类型不同	生产程序是电动式供料器,电动式台架上安装了不同类型的电动式供料器时,会显示这一错误,并会显示已安装的电动式供料器的类型 请安装供料器类型与生产程序一致的电动式供料器
编带间距不正确	生产程序是电动式供料器,而电动式台架上安装了编带间距不同的电动式供料器时,会显示这一错误,并会显示生产程序中组件的编带间距(PRG:xxx)、所安装的电动式供料器的编带间距(ETF:xxx) 请安装编带间距与生产程序一致的电动式供料器
面板开关操作中	生产程序是电动式供料器,而通过面板开关操作在电动式台架上安装电动式供料器时,会显示这一错误 请终止面板开关的操作
张力错误	生产程序是电动式供料器,当电动式台架上安装的电动式供料器发生了张力错误时,会显示这一错误 请调整电动式供料器的张力
电源电压降低错误	生产程序是电动式供料器,当电动式台架上安装的电动式供料器发生了电源电压降低错误时,会显示这一错误 请调整电动式供料器的电源电压
供料器返回原点未完成	生产程序是电动式供料器,当电动式台架上安装的电动式供料器未完成返回原点时,会显示这一错误 请进行电动式供料器的返回原点动作
供料器失步	生产程序是电动式供料器,当电动式台架上安装的电动式供料器失步时,会显示这一错误 请调整电动式台架上的供料器
供料器返回原点中	生产程序是电动式供料器,当电动式台架上安装的电动式供料器正在进行返回原点动作时,会显示这一错误 请等待电动式供料器的返回原点动作完成

4. 电动式供料器确认示教画面

进入贴片机操作软件主画面(图 5-154),可显示各供料器台架的供料器布局画面,进

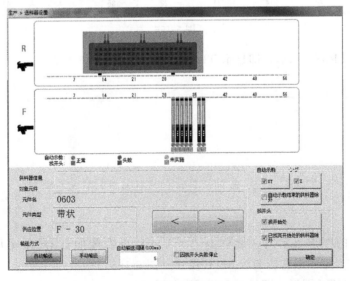

图 5-154

行吸取位置的示教、跟踪。

按下操作区域的"示教"按钮后，可对选择的对象组件的吸取位置进行示教。

按下操作区域的"跟踪"按钮后，可按照输供方法中指定的方法，对选择的供料器台架进行吸取跟踪。

（1）供料器布局。画面上部显示选择的生产程序中使用的供料器的布局（图 5-155）。

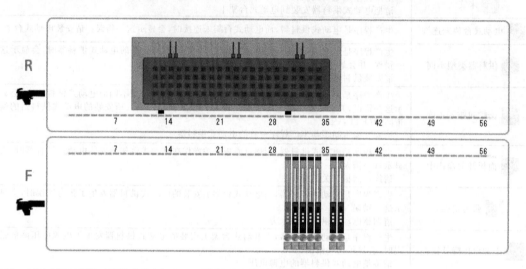

图 5-155

供应装置为 TR8SR 时，会显示 TR8SR 的图形（图 5-156）。

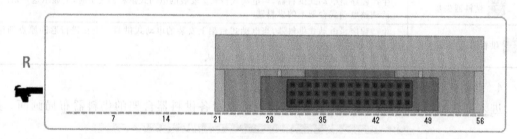

图 5-156

触摸显示的 TR8SR 图形，即显示 TR8SR 放大画面（图 5-157）。

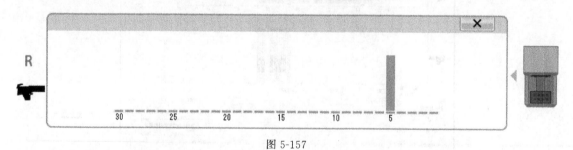

图 5-157

要返回原来的图形显示时，请单击"×"或画面右侧的 TR8SR 图形。供给装置为 TR6S/6D 时，在台架图形右侧显示 MTC 图形（图 5-158）。

触摸显示的 MTC 图形，即显示 MTC 放大画面。

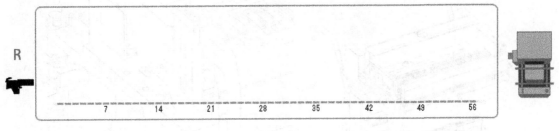

图 5-158

要返回原来的台架图形显示时，请单击"×"或画面右侧的 MTC 图形（图 5-159）。

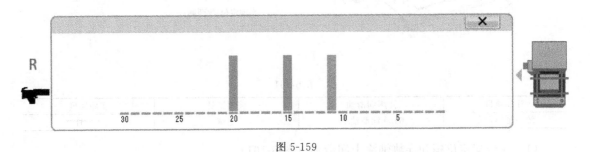

图 5-159

（2）对象组件的详细信息。显示选择的供料器台架的信息（表 5-99）。

表 5-99

输供方法	内容	输供方法	内容
组件名	放大显示对象组件的组件名	供应位置	放大显示对象组件的供应位置
组件类型	放大显示对象组件的组件类型		

按下"＜""＞"按钮，选择对象组件，详细信息也会被更新。

三、供料器维护保养

1. 供料器台架的清扫

清扫供料器台架见本项目学习任务 4。

2. 统一更换台车的清扫

统一更换台车的清扫见表 5-100。

表 5-100

清扫部位	清扫内容	使用工具	实施频度
统一更换台车	清扫供料器台架的灰尘、异物	毛刷吸尘器	每周

（1）统一更换台车要定期清扫。此外，在安装带式供料器等供料器之前，若发现有芯片组件等异物，要用毛刷吸尘器等进行清扫。

（2）确认台架定位销（两侧）附近没有芯片组件等异物（图 5-160）。

3. 台架升降机的清扫

台架升降机的清扫见本项目学习任务 4。

4. 统一更换台车的注油

统一更换台车的注油见表 5-101。

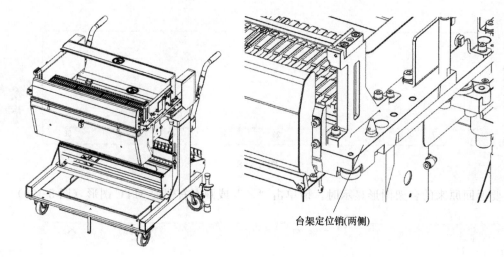

台架定位销(两侧)

图 5-160

表 5-101

注油项目	使用润滑油	使用工具	实施频度
统一更换台车	6459 润滑油 N	毛刷	2 个月

（1）在台架定位销和导轨轴涂上润滑油（图 5-161）。

（2）在台架定位销的接收侧（贴片机侧）也涂上润滑油。

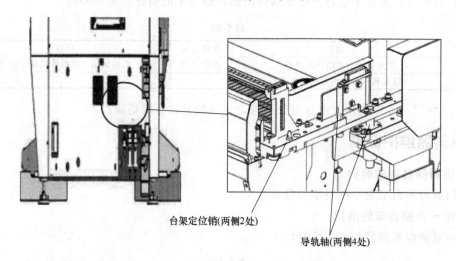

台架定位销(两侧2处)

导轨轴(两侧4处)

图 5-161

5. 台架升降机的注油

台架升降机的注油见表 5-102。

表 5-102

注油项目	使用工具	使用润滑油	实施频度
台架升降机	毛刷	6459 润滑油 N	2 个月

在台架定位销和 O 环涂上润滑油（图 5-162）。

6. 空气过滤器（统一更换台车）的检查

空气过滤器（统一更换台车）的检查见本项目学习任务 4。

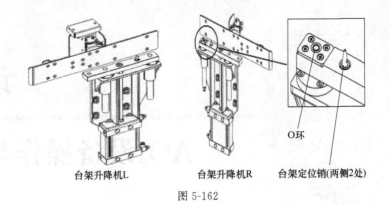

台架升降机L　　　　　台架升降机R　　　台架定位销(两侧2处)

图 5-162

操作准备

　　场地设施：工厂生产用贴片机设备或工程实习开发用贴片机。以某类型贴片机或电子工厂生产常用的 JUKI 系统做介绍。

　　（1）机器操作者应接受正确方法下的操作培训。

　　（2）了解设备基础知识，掌握设备中关于供料器的操作和使用设置方法（对机器的检修都必须在按下紧急按钮或断电源情况下进行）。

　　（3）运输及保管环境条件为温度－15～70℃，湿度 20％～95％RH（无冷凝）。

　　（4）生产时只允许一名操作员操作一台机器。

　　（5）操作期间，确使身体各部分如手和头等在机器移动范围之外。

　　（6）机器必须正确接地（真正接地，而不是接零线）。

　　（7）不要在有燃气体或极脏的环境中使用机器。

　　（8）操作前要检查供料器完好，更换下来的供料器要及时归位到指定放置区，并做好标示。

操作实施

　　（1）以现场生产设备作为教学仪器主体，开展实战实练的教学。掌握常用贴片机关于供料器的种类和各部件功能，会依据不同包装方式采用对应的供料器贴装材料。

　　（2）对生产现场的贴片机设备中各种关于供料器报警信息，要会排除故障。

　　（3）需要掌握常用供料器一般的维护保养方法。

任务小结

　　注意：

　　（1）未接受过培训者严禁上机操作。

　　（2）操作设备安全第一，机器操作者应严格按操作规范操作机器，否则可能造成机器损坏或危害人身安全。

　　（3）机器操作者应做到小心、细心。

　　（4）要深入领会设备设施用途，以正确安全操作为根本，提高设备使用效率，做出好的产品。

项目六

AOI设备操作与维护

项目概述

自动光学检测（Automatic Optical Inspection，AOI）设备是基于光学原理、图像比对原理、统计建模原理，来对焊接生产中遇到的常见缺陷进行检测的智能设备（图6-1）。

面对越来越复杂的PCB和固体组件，传统的ICT（在线测试）与功能测试（F/T）正变得费力和费时。使用针床（Bed-of-Nails）测试很难获得对密、细间距板的测试探针的物理空间；对于高密度复杂的表面贴装电路板，人工目检既不可靠也不经济，而对微小的元器件，如0402、0201等，人工目检实际上已失去了意义。为了克服这个障碍，AOI是ICT和F/T的一个有力的补充。它可以帮助制造商提高ICT或F/T的通过率，降低目检的人工成本和ICT治具的制作成本，避免ICT成为产能"瓶颈"，缩短新产品产能提升周期，以及通过统计过程有效地控制产品质量。

AOI技术可应用在生产线上的多个位置，其中有三个检查位置是最具代表性的：

（1）锡膏印刷之后：检查在锡膏印刷之后进行，可发现印刷过程的缺陷，从而将因为锡膏印刷不良产生的焊接缺陷降到最低。

图6-1

（2）回流焊前：检查是在组件贴放在板上锡膏之后和PCB被送入回流炉之前完成的。这是一个典型的检查位置，因为在这里可发现来自锡膏印刷以及机器贴放的大多数缺陷。

（3）回流焊后：采用这种方案最大的好处是所有制程中的不良都能够在这一阶段检出，因此不会有缺陷流到最终客户手中。

INSUM-YS系列AOI编程简单，AOI通常是把贴片机编程完成后自动生成的TXT辅助文本文件转换成所需格式的文件，从中获取位置号、组件系列号、X坐标、Y坐标、组件旋转方向这5个参数，然后系统会自动产生电路的布局图，确定各组件的位置参数及所需检测的参数。完成后，再根据工艺要求对各组件的检测参数进行微调。操作容易，由于AOI基本上都采用高度智能的软件，所以并不需要操作人员具有丰富的知识即可进行操作。由于采用了高精密的光学仪器和高智能的测试软件，通常的 AOI 设备可检测多种生产缺陷，不良卡关覆盖率可达到 80%。由于 AOI 可对放置在回流炉前的 PCB 进行检测，可及时发现由各种原因引起的缺陷，而不必等到 PCB 过了回流炉后才进行检测，这就大大降低了生产成本。随着近几年多家 EMS 智能工厂的推进，充分发挥 AI 智能算法，降低误报率，也使得 AOI 由传统的一人一机作业模式升级为 AOI 一人多机式作业模式（少人化、自动化集中复判），从而实现业界所说的"关灯工厂"。

本项目主要学习任务

学习任务 1　AOI 设备入门及相关原理介绍
学习任务 2　AOI 设备操作与编程
学习任务 3　AOI 设备维护

学习任务 1　AOI 设备入门及相关原理介绍

任务描述

　　INSUM-YS 系列 AOI 光源原理是通过"红色、绿色、蓝色"不同高度和不同角度的光源照射，反映被照物体曲面的变化情况，从而达到检测组件焊接弧度的目的。在一个平面的物体上，"红光""绿光""蓝光"要求达到平衡，等同于白光的照射，这样可以真实地反映物体本身的颜色特性。而在不同的曲面弧度上，这种平衡被打破，颜色反映了弧度的变化特性。"红光""绿光""蓝光"的亮度强弱比例，是保证这一检测原理的关键。任何颜色均可用红、绿、蓝三基色按照一定的比例混合而成，红、绿、蓝形成一个三维颜色立方体，颜色提取就是在这个颜色立方体中裁取一个我们需要的小颜色方体，即对应我们需要选取颜色的范围，然后计算所检测的图像中满足在该方体内颜色占整个图像颜色数的比例是否满足我们需要的设定范围。在红、绿、蓝三色光照情况下，该方法最适合对电阻电容等虚焊不良进行检测（参考图 6-2）。

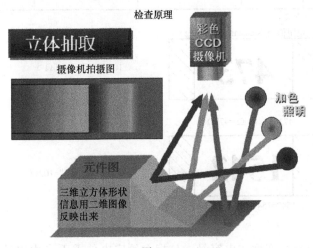

图 6-2

6

📚 **学习目标**

(1) 能够认识 SMT 组件特征及不良现象。

(2) 能够清楚了解 INSUM-YS 系列算法定义。

📥 **知识准备**

一、 SMT 常见元器件认识及不良现象

（一） SMT 常见元器件的认识

SMT 常见元器件主要分为被动组件和主动组件两大类，被动组件常见的有电容器、电阻器、电感器等，主动组件常见的有二极管、三极管、电晶体、集成电路（IC）、振荡器等。作为一名合格的 AOI 技术员，常见元器件的外观及特征点是必须掌握的，这样可以让刚入门的学员快速上手。AOI 是光学检测仪器，它离不开 AOI 技术人员的事前编程，所以在编程时，如果对 SMT 常见组件符号、单位、类型、外观、特征了如指掌，则可以大大提升 AOI 编程效率，同时也可以避免编程出错而造成不良的漏失。下面逐一说明各组件的相关知识点。

1. 电阻器

电阻（Resistance）符号为 R，它是导体的一种基本性质，与导体的尺寸、材料、温度有关。电阻器主要可按阻值特性、制造材料、安装方式、功能分类。SMT 常见电阻器主要以贴片电阻居多，贴片电阻（SMD Resistor，参考表 6-1）是金属玻璃釉电阻器中的一种，是将金属粉和玻璃釉粉混合，采用丝网印刷法印在基板上制成的电阻器；耐潮湿和高温，温度系数小；可大大节约电路空间成本，使设计更精细化。

表 6-1

品名	符号	单位	分类	图片	特征说明
电阻器	R	Ω	固定电阻器		特征：表面为黑色，底部为白色，无极性 说明：表面的文字代表相应的阻值，随着芯片元件越来越精密化，0402 以下的电阻已不再标注字符
			排阻器		

注：贴片电阻表面字符含义：

电阻值表（Resistance Marking）

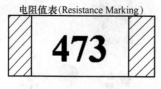

$473=47\times10^3\Omega=47k\Omega$

例：
$100:10\times10^0=10\Omega$

$122:12\times10^2=1.2k\Omega$

$105:10\times10^5=1M\Omega$

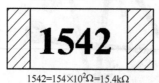

$1542=154\times10^2\Omega=15.4k\Omega$

例：
$1020:102\times10^0=102\Omega$

2. 电容器

电容（Capacitance）亦称作电容量，是指在给定电位差下自由电荷的储藏量，记为 C，

国际单位是法拉（F）。一般来说，电荷在电场中会受力而移动，当导体之间有了介质，则阻碍了电荷移动而使得电荷累积在导体上，造成电荷的累积储存，储存的电荷量则称为电容。SMT 常用电容器以陶瓷电容器、电解质电容器、钽质电容器居多，相关特征信息整理如表 6-2 所示。

表 6-2

品名	符号	单位	分类	图片	特征说明
电容器	C	F	电解质电容器		特征:有极性,黑色标识方向为负极 说明:电容量管控在 0.47μF ～ 1000000F,耐压值可达 3～500V
			陶瓷电容器		特征:无极性,正反面均为棕灰色,部分产品要求管控侧立不良 说明:常用于高频电路,电容量管控在 0.5μF ～ 0.47mF,耐压值管控在 DC25V～DC5kV
			钽质电容器		特征:有极性,+号标识方向为正极 说明:常用于低频电路或时间常数电路,电容量管控在 0.1～220μF,耐压值管控在 3～5V

注：AOI 虽然无法测量实际电容值，但通过识别料件表面铭牌、外观特征便可有效卡关错件、极反、侧立、翻贴等不良，所以电容类不同于电阻类，其不仅有极性管控，还有种类区分。

3. 电感器

电感器（Inductor）是能够把电能转化为磁能存储起来的组件。电感器的结构类似于变压器，但只有一个绕组。电感器具有一定的电感，它只阻碍电流的变化。电感器在没有电流通过的状态下，电路接通时它将试图阻碍电流流过它；电感器在有电流通过的状态下，电路断开时它将试图维持电流不变。电感器又称扼流器、电抗器、动态电抗器。SMT 常用电感器主要分为线圈式电感器和贴片式电感器，相关特征信息如表 6-3 所示。

表 6-3

品名	符号	单位	分类	图片	特征说明
电感器	L	H	线圈式电感器		特征:无极性,外观不规则,体形偏大 说明:一般电感的误差值为 20%,用 M 表示;误差值为 10%,用 K 表示
			贴片式电感器		特征:无极性,外观方正 说明:精密电感的误差值为 5%,用 J 表示;误差值为 1%,用 F 表示

注：电感器虽无极性，但其引脚在两侧底部，不可出现 90°旋转及翻贴。

4. 晶体管

晶体管（Transistor）是一种固体半导体器件（包括二极管、三极管、场效应管、晶闸管等，有时特指双极型器件），具有检波、整流、放大、开关、稳压、信号调制等多种功能。晶体管作为一种可变电流开关，能够基于输入电压控制输出电流。与普通机械开关（如 Relay、Switch 继电器开关）不同，晶体管利用电信号来控制自身的开合，所以开关速度可以非常快，实验室中的切换速度可达 100GHz 以上。晶体管类在 SMT 业界使用比较广泛，这里列举三种常见贴片类晶体管，相关特征信息如表 6-4 所示。

表 6-4

品名	符号	单位	分类	图片	特征说明
晶体管	D/T	—	二极管		特征:有极性,两个引脚 说明:单向导电性,有铭牌信息管控
			三极管		特征:有极性,三个引脚 说明:具有电流放大作用,有铭牌信息管控
			发光二极管		特征:有极性,两个引脚,左侧为正极 说明:单向导电性,无铭牌信息管控

5. 电晶体

电晶体（Transistor）是一种固态半导体组件,可以用于放大、开关、稳压、信号调制和许多其他功能。电晶体作为一种可变开关,基于输入的电压控制流出的电流,因此电晶体可作为电流的开关和一般机械开关（如 Relay、Switch 继电器开关）,不同之处在于电晶体是利用电信号来控制,而且开关速度可以非常快,在实验室中的切换速度可达 100GHz 以上。电晶体 SMT 常见料件及其特征信息如表 6-5 所示。

表 6-5

品名	符号	单位	图片	特征说明
电晶体	Q	—		特征:引脚位于两侧,有极性,铭牌信息管控 说明:其一般用于放大、开关、稳压、信号调制;引脚间不可短路

6. 集成电路

集成电路（Integrated Circuit，IC）是一种微型电子器件或部件。采用一定的工艺,把一个电路中所需的晶体管、电阻器、电容器和电感器等组件及布线互连在一起,制作在一小块或几小块半导体芯片或介质基片上,然后封装在一个管壳内,成为具有所需电路功能的微型结构;其中所有组件在结构上已形成一个整体,使电子组件向着微小型化、低功耗、智能化和高可靠性方面迈进了一大步。它在电路中用字母 IC 表示。集成电路发明者为杰克·基尔比［基于锗（Ge）的集成电路］和罗伯特·诺伊思［基于硅（Si）的集成电路］。当今半导体工业大多数应用的是基于硅的集成电路。IC 类组件按料件封装可区分为 QFP、QFN、SOIC、PLCC、SOJ、BGA 类等,其中 QFP、QFN、BGA 类 IC 是当前 SMT 业界最常用的料件,现将各类 IC 解释说明如下（图 6-3）。

（二）SMT 制程常见不良现象

随着微电子技术的高速发展,表面贴装技术（SMT）的用途日益广泛,SMT 产品具有体积小、重量轻、组装密度高、电性能好、可靠性高、生产成本低、便于机械化生产等优点。许多电子产品生产厂家由原来的插装式工艺改为 SMT 工艺,目前 SMT 技术已广泛用于国防科技、航空、航天、通信工程和尖端电子产品中。SMT 工艺虽然具有许多优点,但在生产工艺中,经常出现一些影响产品质量的疑难问题。常见 SMT 制程不良现象有偏移、极反、错件、立碑、空焊、短路、侧立、翘脚、浮高、乱件、损件等;这些不良现象通过人

QFP类
四面有欧翼型脚，脚往外伸

SOJ类
两侧有欧翼型脚，脚往外伸

BGA类
正面看不到引脚，底部呈矩阵排列焊点

四面有脚，脚往内平伸，中间接地散热

LCC类
随着产品精密化，此两类较少见
四面有J开脚，脚往内伸

SOJ类
两侧有J开脚，脚往内伸

图 6-3

工目检是很难发现的，随着近些年国内光学检测仪器的高速发展，现在基本上所有的 EMS（电子制造服务）工厂都导入了自动光学检测（AOI）设备来取代人工目检，提升生产品质及效率。作为一名合格的 AOI 技术员，SMT 常见不良现象是必须要清楚掌握的，这样有助于在 AOI 技术员岗位快速上手。下面将不良现象归纳为以下几类。

1. SMT 炉前不良现象

（1）炉前置件偏位异常可归纳为偏移、浮高、翘脚等，这些不良可以理解为料件正确，极性方向正确，就是贴装时没有摆到相应的位置上；80%的偏位异常在偏移类，而浮高、翘脚组件主要在于 DIP（插件类），如电解质电容器、SIM Card、耳机通信孔类等，这些料件在高速贴装时很难做到 100%打进对应孔内，浮高是指料件完全没打进悬浮在正上方，翘脚是指该类料件一端打进去了，而另一端没有打进去。此类通过的判定标准如图 6-4 所示。

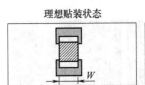

理想贴装状态　　　X方向偏移状态　　　Y方向偏移状态

$W_1 \geqslant W \times 75\%$

X方向判定标准：零件超出焊盘部分不得超出零件宽度的25%；
Y方向判定标准：零件电极部分最少需保留80%的长度与焊盘重叠。

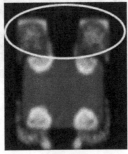
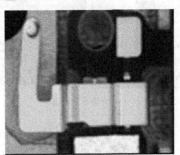

X方向偏移　　　　　Y方向偏移　　　　　弹片浮高

图 6-4

（2）炉前置件错位异常可归纳为极反、错件、侧立、翻贴等，这些不良可以理解为料件方向、规格等没有贴装在相应的位置上；极反是指料件没有用错，但极性所对应贴装方向不对；错件是指组件没有按照 BOM 规定的位置贴装（用错料）；侧立不良是指料件侧着贴装；翻贴不良是指料件底部朝上，正面朝下。相关的不良现象如图 6-5 所示。

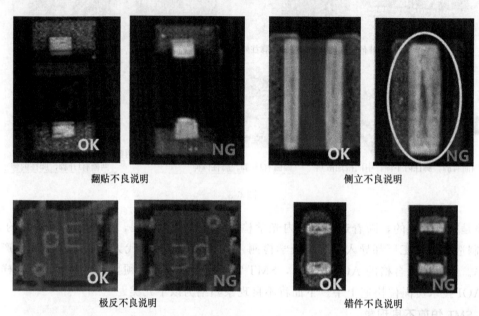

翻贴不良说明　　　　侧立不良说明

极反不良说明　　　　错件不良说明

图 6-5

（3）炉前非常规不良可归纳为异物、损件、乱件（人员碰乱或者贴片机 Mark 识别有误导致的现象）等，这些不良偶发性产生，和车间洁净度、料件本身、机器本身、作业手法及人为因素有关；提高 AOI 程序的严谨程度就需要考虑这些非常规不良的卡关。相关不良如图 6-6 所示。

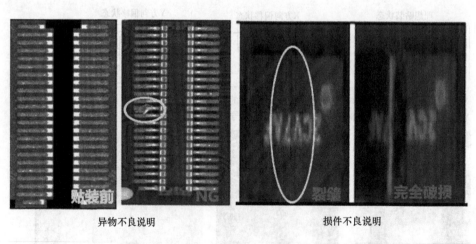

异物不良说明　　　　损件不良说明

图 6-6

2. SMT 炉后不良现象

炉后不良主要为空焊（虚焊）、立碑、短路、锡珠等不良，当然也存在炉前 AOI 未正常拦截漏失至炉后的不良项目，如炉前 AOI 与炉后 AOI 为同一款 AOI 机台的情况下，为提升 AOI 编程效率，通常会将炉前 AOI 程序复制至炉后 AOI 进行修改。常见的不良为空焊、立碑、短路、锡珠，随着焊膏质量的提升及回流焊炉温的管控，大多数 EMS 工厂都能做到很好的管控。一些行业标准对"锡珠"问题进行了阐释，主要有 MIL-STD—2000 标准中的"不允许有锡珠"，以及 IPC-A-610C 标准中的"每平方英寸少于 5 个锡珠"。在 IPC-A-610C 标准中，规定最小绝缘间隙 0.13mm，直径在此之内的锡珠被认为是合格的；而直径大于或等于 0.13mm 的锡珠是不合格的，制造商必须采取纠正措施，避免这种现象的发生。为无铅焊接制定的最新版 IPCA-610D 标准没有对锡珠现象做更清楚的规定，有关"每平方英寸少于 5 个锡珠"的规定已经被删除。有关汽车和军用产品的标准则不允许出现任何"锡珠"，所用印制电路板在焊接后必须被清洗，或将锡珠手工去除。相关的不良现象如图 6-7 所示。

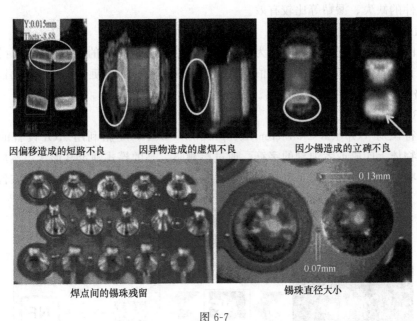

图 6-7

二、 INSUM-YS 系列算法原理说明

AOI 算法可以说是一台智能化检测设备的灵魂所在，算法的精准性、有效性、便捷性是该款设备的重要衡量指标；它的好坏不仅在于不良的检出率/误报率，还在于操作者的用户体验，也就是客户的评价。大部分的 AOI 技术员上手前必须熟悉每个算法含义及其原理，以便针对不同类型组件、不同类型不良"对症用药"。

1. 矢量成像原理

矢量成像原理：AOI 系统中的图像源实际上是一组位图，可以将其理解为若干像素的集合，每个像素由 1～3 个通道的数据表示。用户在固定光源的照射成像下，使用简单的数学表达式，自定义图像源的变换函数，然后配合丰富的算法，可以组合出各种不同的效果，最终极大地提高检出率并降低误报率。

2. 图像比对原理

在测试过程中，设备通过 CCD 摄像系统"抓取"所测试印制电路板上的图像，经过图像数字化处理转入计算机内部，与标准图像进行运算比对（比对项目包括组件的尺寸、角度、偏移量、亮度、颜色及位置等），并将比对结果超过额定的误差阈值的图像通过显示器输出，并显示其在印制电路板上的具体位置。

3. 颜色提取原理

任何颜色均可用红、绿、蓝三基色按照一定的比例混合而成。红、绿、蓝形成一个三维颜色立方体，颜色提取就是在这个颜色立方体中裁取一个我们需要的小颜色方体，即对应我们需要选取颜色的范围，然后计算所检测的图像中满足在该方体内颜色占整个图像颜色数的比例是否满足我们需要的设定范围。在红、绿、蓝三色光照情况下，该方法最适合对电阻器、电容器等焊锡进行检测。

4. 相似性原理

利用图像的明暗关系形成目标物的外形轮廓，比较该外形轮廓与标准轮廓的相像程度，该方法对组件的缺失、漏贴等比较有效。

5. 二值化原理

将目标图像按照一定的方式转化为灰度图像，然后选取一定的亮度阈值进行图像处理，低于阈值的直接转变成黑色，高于阈值的直接转变成白色，这样使得我们关心的区域，如字符、IC 短路等，直接从原图像中分离。

6. OCR 原理

光学字符识别（Optical Character Recognition，OCR）是指利用 AOI 设备的光学系统识别被检测物体上印刷或者蚀刻的字符，通过检测暗、亮的模式确定其形状，然后用字符识别方法将形状翻译成计算机文字的过程，即对文本资料进行扫描，然后对图像文件进行分析处理，获取文字及版面信息的过程（图 6-8）。

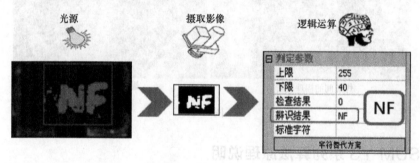

图 6-8

7. OCV 原理

光学字符验证（Optical Character Verification，OCV）是指利用 AOI 设备的光学系统对各种电子元器件上的字符进行验证。检测系统简单设定后，即可自动识别、验证，如有异常发生，可提示报警或者控制机器停机。对不符合要求的工件检测后可输出控制信号，剔除不合格品（图 6-9）。

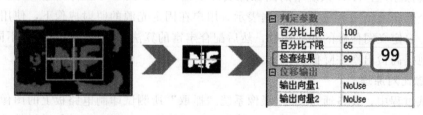

图 6-9

⇥ 操作指南

(1) 组织方式:

① 场地设施:理论教学。

② 设备设施:无。

(2) 操作要求:

① 遵守课堂纪律。

② 条件允许的情况下,可以收集贴片组件及相应不良现象让学员辨认。

⇥ 任务实施

AOI 是指利用光学手段获取被测图形,一般通过摄像机获取检测物的照明图片并数字化;然后通过某种方法(检测算法)进行比较、分析、检验和判断,相当于将人工目检实现自动化、智能化(图 6-10)。

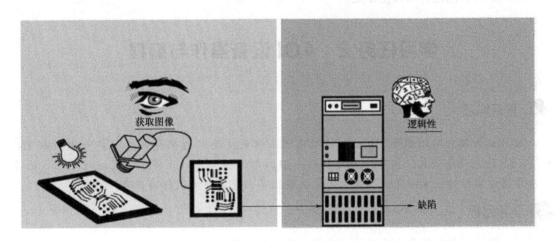

获取图像　逻辑性　缺陷

图 6-10

近些年,在"中国制造 2025"的推进下,国内大部分 AOI 设备已达到了业界应有的水准。但它的核心水准已经不再停留在单纯检测,而更多是取代人工目检,实现少人化、智能化作业(图 6-11)。

光台

人工目检

光源　光学

PCB

自动光学检测

图 6-11

人工目检与自动光学检测的特点见表 6-6。

表 6-6

特点	
人工目检	自动光学检测
人员易疲劳	当前影像可与系统影像对比
检查速度慢	20s 可检测 3000 多颗料件
料件过小,检出率低	可检测世界最小料件 03015
测试数据记录烦琐	测试资料自动存储至 SPC 系统

▶ 任务小结

本项目主要学习了 SMT 常见组件、常见不良类型及 INSUM-YS 系列 AOI 的算法原理,这些都是 SMT 专业所必备的基础知识;AOI 在 SMT 制程中不仅扮演不良的卡关者,更是智能化的推进者。未来将向 AI 化持续推进,就业前景广阔,它将充分运用自身的大数据分析、共享、互联,在高速检测的同时,及时将不良信息反馈给周边的贴片机、印刷机、回焊炉,真正做到智能化、无人化作业。

学习任务 2 　 AOI 设备操作与编程

☁ 任务描述

AOI 设备操作与编程是 AOI 技术员日常工作的主要组成部分;本节将重点讲解 IN-SUM-YS 系列设备安装、操作、AOI 软件介绍以及编程部分;此部分需现场教学,目的是让学员通过实操作业加深理论知识,通过实操提高对光源检测设备的兴趣。

📖 学习目标

(1) 能够了解新设备安装时的注意事项及知识要点。
(2) 能够熟练操作 AOI 软件,了解软件各菜单按钮及快捷键的用途。
(3) 清晰知道 AOI 编辑所需的文件格式及编程步骤。

▶ 知识准备

一、新设备安装注意事项

设备移动到目的地,确定好设备的具体放置位置后,就要先调整设备的水平,正确地调整水平可以使设备的运行更顺畅,噪声更小,寿命更长。调整设备水平的步骤如下:

(1) 将设备的四个地脚螺栓解锁;
(2) 调整设备的左右水平(将水平仪放置于 X 轴丝杆上,确认水泡居中即可);
(3) 调整设备的前后水平(将水平仪放置于 Y 轴丝杆上,确认水泡居中即可);
(4) 如 AOI 设备前后有轨道连接,则需要用基准板确认进出板是否顺畅(图 6-12);
(5) 进出板顺畅后,最后将四个地脚固定螺母锁紧;
(6) 架设完毕后,确认设备是否正常接地线,并用万用表点检确认其阻抗值是否小于 1Ω,避免因设备静电无法正常释放而破坏被测产品(相关点检如图 6-13 所示)。

图 6-12

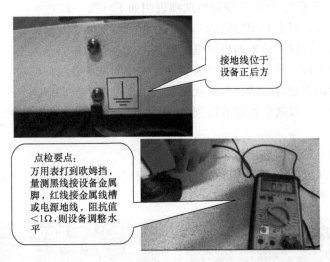

图 6-13

二、AOI 软件界面介绍及快捷键说明

1. INSUM-YS 系列 AOI 软件介绍

在正式使用本软件之前，建议认真阅读本小节内容，这将有助于对本软件有最初步的认识与了解，在后面的操作中也会得心应手。

（1）INSUM-YS 系列 AOI"菜单"栏包括五部分："文件""编程""设备""系统""帮助"（图 6-14）。

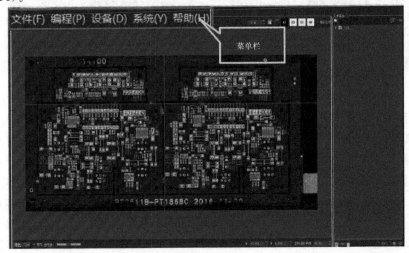

图 6-14

"文件":"文件"栏包括程序文件和库文件。程序文件包含的操作:新建、打开、保存、关闭等。库文件包含的操作:标准库的保存、合并、导出,常用库的保存、合并与导出。

"编程":"编程"栏包含 CAD、拼板、缩略图等与编程相关的选项与操作。

"设备":"设备"栏包含轨道操作、运动轴、摄像机视野、自动运行和调试运行等。

"系统":"系统"栏包含机器参数设置、系统参数设置、缺陷定义和清除 OCR 数据。

"帮助":"帮助"栏包含关于、系统错误、License 信息、阅读帮助、刻度尺。

(2) INSUM-YS 系列 AOI 程序编辑选项说明如下(图 6-15):

"放大":勾选后,双击 CAD 图像时,会自动根据比例放大显示。

"手动":勾选,可以手动添加检测框,取消勾选,无动作。

"进出板":勾选后,单击"测试当前组件"和"测试所有组件"时,会自动进出板,并根据板子上的实际图像进行测试;否则就在缩略图上进行测试动作。

"选择":勾选,可以选中指定的检测框,并对该选定的检测框进行操作,取消勾选,无动作。

"🔘":对检测框的操作进行修改后单击"保存"。

"任意":按"任意"检测框"选中""选中全部""按拼板选中"(文本框填入拼板号,则选中该拼板下所有检测框)。

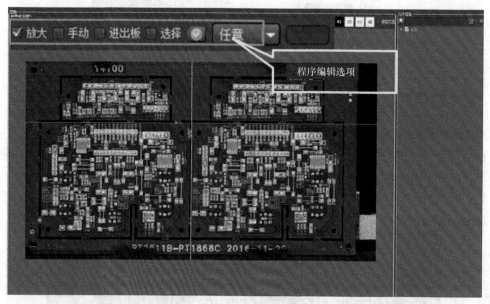

图 6-15

(3) 算法调试功能界面功能区见图 6-16(选择其中一个组件,双击即可进入):

① 摄像机视野范围窗口(FOV)。当前的区域实际颜色并非灰阶色,是通过图像处理(也称图像源处理,图像源是根据选择的算法显示的在检测框内处理后的图像)利用公式任意组合成的想要的处理结果。注意:凡是选择带有"亮度"字样的算法,软件默认显示为单通道的图像。视图下方显示鼠标当前坐标,单位为 mm,视图上方显示当前鼠标所在像素点的 RGB。

② 算法参数窗口是设置指定算法参数的窗口,操作人员可以根据相应的算法进行参数设置。

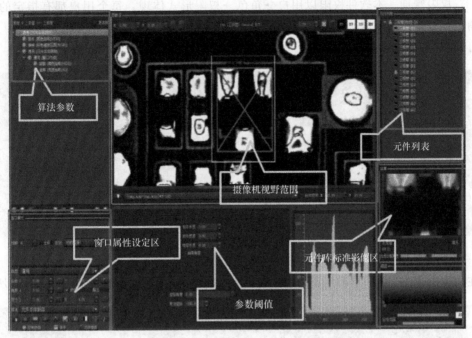

图 6-16

③ 结果窗口。在算法参数窗口设置完成后，会在结果窗口实时显示结果，方便操作人员对参数进行调整。

④ 参数阈值窗口是设置算法参数的有效范围的窗口。

（4）检测结果显示功能区见图 6-17（产品检测后自动弹出此界面）。

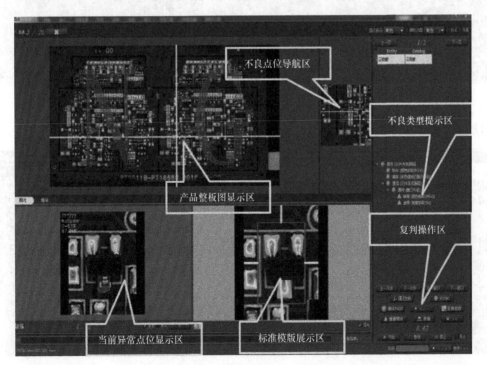

图 6-17

(5) 权限管理。本软件权限以用户→角色→权限形式体现，每个用户都有指定的角色，每个角色都有指定的权限，因此每个用户都会有指定的权限。

打开“用户管理”（“主界面”→“系统”→“用户管理”），如图 6-18 所示。

用户管理
角色管理
用户信息列表
用户名
用户角色
1 调试专用一号
调试专用
2 管理员一号
管理员
3 维护员一号
维护员
4 操作员一号
操作员
添加用户
删除用户
编辑用户

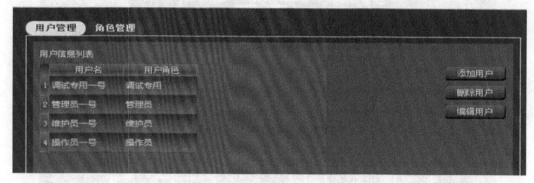

图 6-18

在“用户管理”界面单击“添加用户”按钮，界面切换到“编辑用户”，如图 6-19 所示。

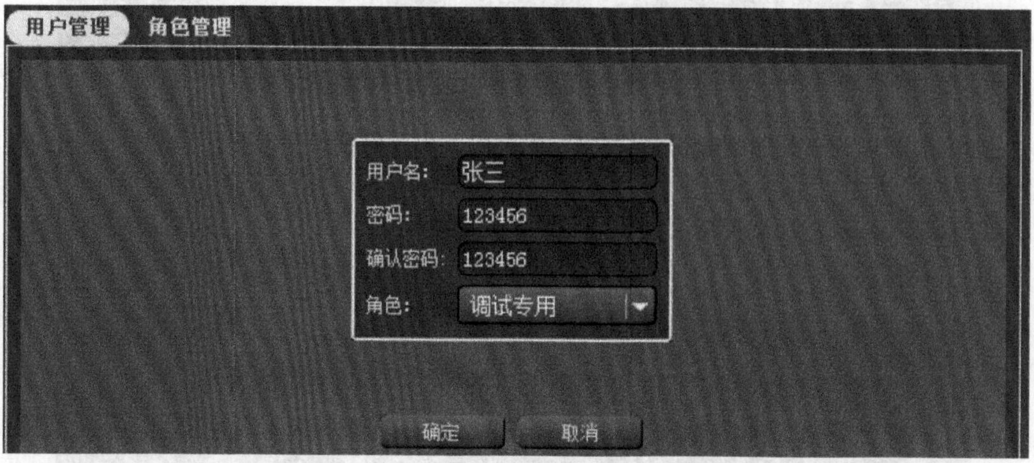

用户管理
角色管理
用户名: 张三
密码: 123456
确认密码: 123456
角色: 调试专用
确定
取消

图 6-19

设置好用户名、密码、角色，单击“确定”按钮，添加完成，如图 6-20 所示。

用户管理
角色管理
用户信息列表
用户名
用户角色
1 调试专用一号
调试专用
2 管理员一号
管理员
3 维护员一号
维护员
4 操作员一号
操作员
5 张三
调试专用
添加用户
删除用户
编辑用户

图 6-20

如果需要对指定用户进行编辑，可以使用"编辑用户"的功能（注：执行"编辑用户"的操作人员所属角色需有用户管理的权限），在"用户管理"界面，选择指定的用户，单击"编辑用户"按钮，界面切换到"编辑用户"，按实际需求更改然后单击"确定"即可。如需删除用户，选中要删除的用户，单击"删除用户"按钮即可。

每一个用户都会分配指定的角色，每个角色都有一定的权限，所以给角色分配权限也就间接给用户指定了权限。打开"角色管理"，如图 6-21 所示。

图 6-21

2. 快捷键说明

快捷键将有助于提高 AOI 技术员编辑效率及操作便捷性，常用快捷键见表 6-7。

表 6-7

功能	快捷键	功能	快捷键
确认	Enter	软件退出	Ctrl＋Q
机器复位	Alt＋S	打开程序	Ctrl＋O
运动控制窗口	Ctrl＋F12	保存	Ctrl＋S
添加新窗口	Ctrl＋A	元件框旋转 45°	Shift＋空格
窗口降级	Ctrl＋Right	元件框旋转 1°	Alt＋鼠标滚轮
窗口升级	Ctrl＋Left	元件框缩放	Shift＋鼠标滚轮
克隆窗口	Ctrl＋C	图像缩放	Ctrl＋鼠标滚轮
检测当前元件	Ctrl＋D	亮度抽取（%）	Alt＋R
元件本体定位	Alt＋D	条码识别	Alt＋T
窗口做成	Alt＋A	颜色抽取（HSV）	Alt＋E
颜色抽取（RGB）	Alt＋G		

三、 INSUM-YS 系列 AOI 编程文件整理及编程步骤

1. AOI 编程所需的文件说明

AOI 编程前实际上只要准备 CAD 文件即可，这个文件可以从 BOM（物业清单）中获取，也可以直接从贴片机程序中下载；在 EMS 各工厂中，一般会由 SMT 制程工程师在试产前提供给对应部门负责人；CAD 文件主要会用到 AOI 设备数据中的位号、X 坐标、Y 坐标、角度及料号 5 项，其他的整理时可以删除掉；一般通过 Excel 表格整理，业界有的 AOI 设备会要求按其规定的排列顺序进行且保存为 TXT 或 CSV 格式，以便其正常读取。但随

着 AOI 智能化推进，这些烦琐的动作逐步剔除。CAD 文件解释说明如图 6-22 所示。

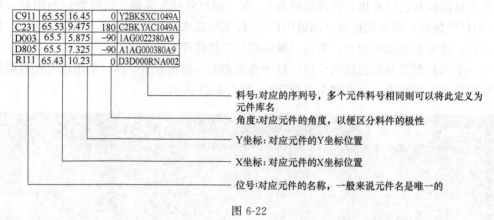

C911	65.55	16.45	0	Y2BKSXC1049A
C231	65.53	9.475	180	C2BKYAC1049A
D003	65.5	5.875	−90	1AG0022380A9
D805	65.5	7.325	−90	A1AG000380A9
R111	65.43	10.23	0	D3D000RNA002

料号：对应的序列号，多个元件料号相同则可以将此定义为元件库名

角度：对应元件的角度，以便区分料件的极性

Y坐标：对应元件的Y坐标位置

X坐标：对应元件的X坐标位置

位号：对应元件的名称，一般来说元件名是唯一的

图 6-22

2. AOI 编程步骤说明

CAD 编程是通过导入 CAD 文件来绘制检测框，相对人工手动绘制检测框，采取 CAD 编程方式可以大大提升 AOI 编程效率。下面来介绍 AOI 编程主要步骤。

（1）新建文件："主界面"→"新建程序"。

单击"确认"则打开"新建程序向导"，单击"取消"则取消当前操作（图 6-23）。

确认建立一个新的程序吗？

确定　　　取消

图 6-23

（2）在"新建程序向导"界面选择"使用 CAD 数据"，单击"下一步"进入"导入 CAD"界面，如图 6-24 所示。

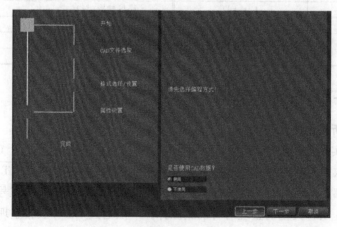

图 6-24

（3）导入：单击"①导入CAD"按钮，打开文本对话框选择CAD文件，如图6-25所示。

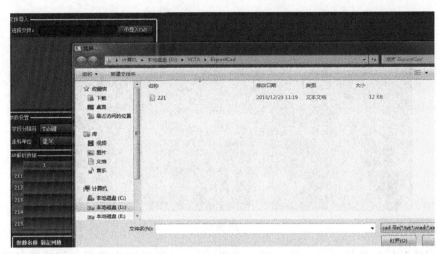

图 6-25

（4）解析：导入CAD文件之后，单击"②解析"按钮进行解析，"参数设置"一般默认即可。

（5）绘图：解析完成后，单击"③绘图"，会在绘图控件显示矩形检测框，如图6-26所示。

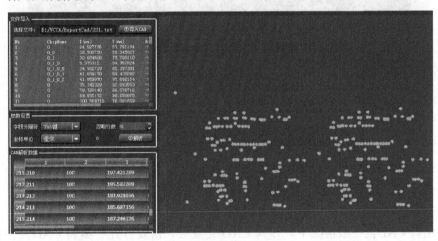

图 6-26

（6）确认无误后，单击"完成导入"，切换到属性设置界面，如图6-27所示。

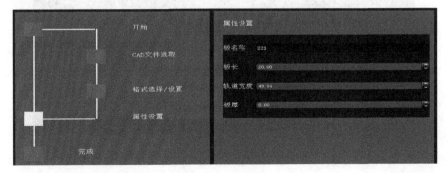

图 6-27

（7）采集基板全图，如图 6-28 所示。

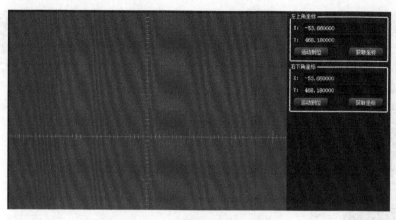

图 6-28

（8）完成基板扫描拍摄后，进入到"主界面"，可以看到检测框和缩略图的位置关系，如图 6-29 所示。

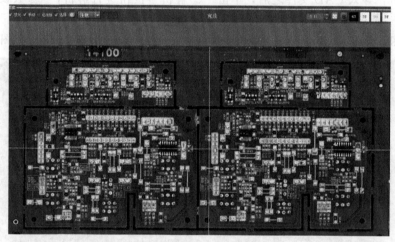

图 6-29

（9）编辑 CAD：一般情况下，导入 CAD 完成后，需要打开"编辑 CAD"（"主界面"→"编程"→"CAD 操作"→"编辑 CAD"）界面将检测框和缩略图对齐（图 6-30）。

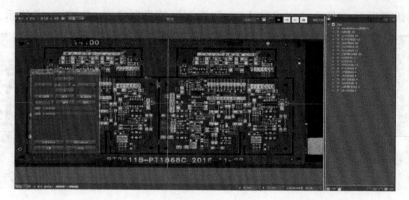

图 6-30

（10）添加算法：检测框对齐后，只需将每个元件选择好指定算法即可。编程完成后就可以调试程序了（图 6-31）。

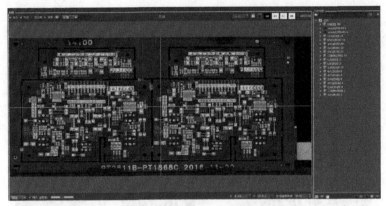

图 6-31

（11）打开"调试运行"界面（"主界面"→"设备"→"调试运行"），单击"开始"按钮或机器上物理按键"Test"开始检测，检测完成后机器运动轴停止，图 6-32 所示为检测结果。

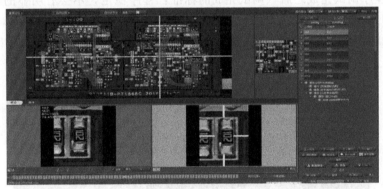

图 6-32

（12）当所有元件检测通过后，缩略图显示"PASS"，表示该 PCB 合格通过，如图 6-33所示。

图 6-33

（13）当有元件检测出不良，缩略图显示"NG"字样，表示该 PCB 不合格，如图 6-34所示。

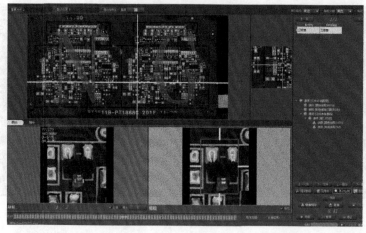

图 6-34

（14）当程序调试完成之后（调试完成的标准：程序稳定，不会有明显的误报）就可以上线批量检测了。打开"调试运行"界面（"主界面"→"设备"→"自动运行"），单击"开始"按钮或机器上物理按键"Test"开始检测，检测完成后机器运动轴停止，图 6-35 所示为检测结果。

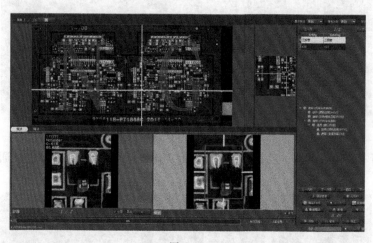

图 6-35

（15）操作人员可以根据实际结果对元件进行判断，此时结果会保存到数据库，供 SPC（统计过程控制）进行统计和分析。

操作指南

（1）组织方式：

① 场地设施：SMT 生产线，现场教学。

② 设备设施：准备 1 台 INSUM-YS 系列 AOI 设备，PCBA 3 片左右（PCB 空板经过 SMT 上件，或经过 DIP 插件的整个制程，简称 PCBA），CAD 文档 1 份（PCBA 对应的 CAD 文档）。

（2）操作要求：

① 遵守课堂纪律；

② 做好安全防护；

③ 5 人 1 小组，实操演练。

任务实施

要让学员清楚知道 INSUM-YS 系统 AOI 设备从装机到操作再到编程的整个流程，通过实际操作，加深对该款设备的了解。例如，通电前需点检电压是否为 220V，气压是否为 0.4~0.6MPa，以及了解各快捷键的含义，了解后方能独立作业，作业前需加强安全防护意识宣导。具体整理如下。

（1）接通电源前，首先确认电源电压是否为本设备的标定电压（标准为 220V 的交流电压），接通电源后开启设备总电源开关。然后开启计算机主机，按下计算机机箱上 POWER 键即可。工业计算机的启动会比家用机稍慢，请耐心等待。

（2）计算机正常启动进入操作界面，找到测试程序的快捷键（确认急停开关处于开启状态，在闭合状态下，程序不会运行）。

（3）双击此测试程序快捷键，程序启动并执行复位（添加有操作员模式的，需要选择操作员名称并输入对应密码），在机器复位过程中不得将手或其他物体放入操作平台内，以免发生意外（操作平台上，左右侧罩下方各有一条安全光幕，当有异物进入机台时，安全光幕被切断，机器会立即停止运动）。

在正常使用过程中需要切断电源时，按照下列步骤进行。

（1）关闭正在运行的程序，按提示要求对程序进行保存后再退出程序。

（2）从 Windows 的"开始"下拉菜单中选择"关机"。

（3）转动设备下方的总电源开关，关闭总电源（以看到机台按钮指示灯熄灭为标准）。

如果长时间关机（超过 12h），将设备的电源插头拔掉。

> **注意**：为了避免计算机硬盘损伤，并且保证测试数据的完整性，请务必遵守上述开关机操作程序。

任务小结

本任务主要学习了 INSUM-YS 系列 AOI 装机、日常操作、AOI 编程及相关注意事项，内容实操性较强；学员通过实操后会发现 AOI 编程并没有想象中那么难，算法原理类必要时需要牢记，操作类的则需多动手便可熟能生巧。

学习任务 3　AOI 设备维护

任务描述

本任务主要讲解 INSUM-YS 系列 AOI 设备维护及保养，内容通过图例及流程步骤说明，以方便理解。在维护保养过程中，请务必遵守相应工作流程和安全生产准则，请在断电情况下进行相关操作。定期的保养可提高设备工作效率，延长设备使用寿命，且可保证机械设备经常处于良好的技术状态。请切实做好维护保养工作，在维护保养过程中，加强安全防护意识。

📖 学习目标

（1）能够清楚了解实训室环境管理要求及所需维护保养工具。

（2）能够清楚了解 AOI 日/周/季保养内容及相关注意事项。

📌 知识准备

一、实训室环境及维护保养工具说明

1. 实训室环境要求

（1）电源电压和功率要符合设备要求并保持稳定，要求单相交流 220（1±10％）V，50/60Hz。

（2）环境温度为 5～40℃。

（3）相对湿度在 25％～80％，无凝霜。

（4）实训室保持清洁卫生，无尘土、无腐蚀性气体。在空调环境下，要有一定的新风量。

（5）厂房内应有良好的照明条件，理想的照度为 800～1200lx，至少不能低于 300lx。

（6）设备的操作人员必须经过专业技术培训且合格，必须熟练掌握设备的操作规程。

2. 保养工具

保养工具见表 6-8。

表 6-8

名称	图片	名称	图片
黄油及油枪		擦拭布	
螺钉旋具		吸尘器	
内六角		万用表	

二、 AOI 设备日/周/季保养流程及相关注意事项

（一）作业内容与流程

1. 日保养

（1）保养工具为一干净擦拭布、清洁剂（非有机溶剂）。

（2）保养步骤如下。

步骤1：确认机台周围环境条件，电压220V，气压0.4～0.6MPa。

步骤2：用蘸了清洁剂的擦拭布擦拭机器外壳。

步骤3：确认三色灯信号正常。

步骤4：确认机体后侧风扇正常运转。

注：在保养时请勿触及电源部分。

2. 周保养

（1）保养工具为一干净擦拭布、吸尘器。

（2）保养步骤如下。

步骤1：正常关机断电。

步骤2：用擦拭布擦拭清洁设备工作平台。

步骤3：用吸尘器清洁滤网。

步骤4：清洁各部传感器（图6-36）。

注：双周保养同时完成日保养工作，双周保养时设备需断电。

3. 季保养

注：季保养内容是检查皮带松紧，给夹板马达弹簧上润滑油和X-Y工作台的清洁，季保养同时完成双周保养工作。

（1）保养工具为干净擦拭布、润滑油（黄油）。

（2）保养步骤如下。

步骤1：正常关机断电。

步骤2：清扫轨道和丝杆部位脏污。

步骤3：检查传送带是否完好（图6-37）。

步骤4：检查各板卡是否正常。

步骤5：检查控制台接头有无松脱。

步骤6：检查X/Y马达是否正常。

步骤7：检查夹板器夹板是否正常。

步骤8：检查摄像机及灯盘是否正常。

4. X-Y工作台的保养

步骤1：正常关机断电。

步骤2：将X-Y工作台丝杆上的脏油擦掉，并上新油（图6-38）。

步骤3：清除工作台上的灰尘和油污。

步骤4：将两滑轨上的黑油用擦拭布擦净。

图6-36　　　　　　　　　　图6-37　　　　　　　　　　图6-38

步骤 5：左侧轨道前后各一加油孔，使用油枪加润滑油至刚好加满即可（每个孔压 3～4 下）。

步骤 6：将 X 轴滑轨上盖螺钉松开，用擦拭布将传动轴上的黑油擦去，滑轨前后各有两个加油孔，注入润滑油即可。

步骤 7：完成 X-Y 工作台注油保养。

（二）注油嘴型号说明及相关注意事项

注油工具及注油孔见表 6-9 和表 6-10。

表 6-9

注油工具示意		
注油枪大嘴	注油枪小嘴	大小嘴示意
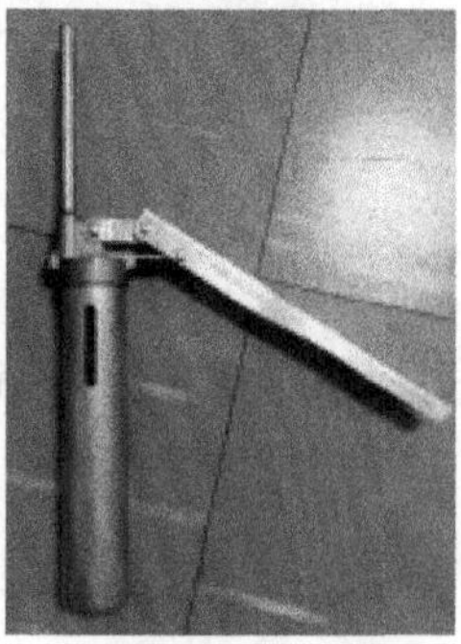	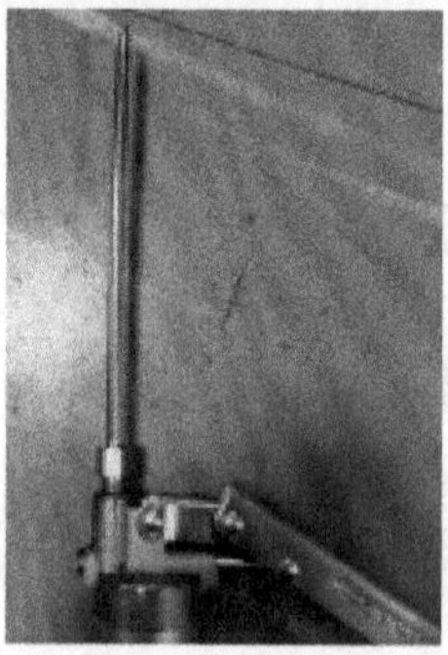	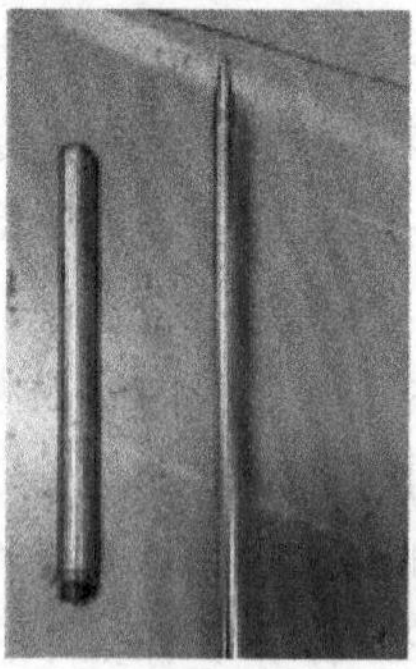

表 6-10

注油孔示意				
轨道丝杆螺母	X/Y 轴丝杆螺母座	线性滑轨螺母座	线性滑轨螺母座	轨道线性滑轨
		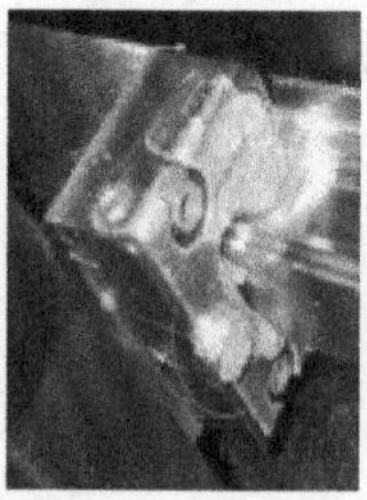		

注：轨道扁滑轨无注油孔，注油方式为取少许润滑油均匀涂抹于滑轨上。

任务小结

本任务主要讲解了日保、周保、季保的相关内容，为了设备正常运作及延长设备的使用寿命，请在执行保养过程中注意如下三点：

（1）当天工作结束后，关掉计算机和设备的电源，对设备台面的灰尘用吸尘器吸干净（如果没有吸尘器，可用吸水的毛巾蘸水拧干后轻轻擦拭设备台面，以将板屑灰尘等从台面上擦除）。

注意：千万不能用风枪吹，风枪会把灰尘、碎屑吹入设备台面内，附在丝杆、导轨或镜头上，影响设备的正常运作。

（2）用擦拭布擦净设备表面尘污。

> **注意：** 不要用有机溶剂（如洗板水）来擦拭设备表面，那样可能会损坏设备表面的油漆。

（3）每个季度需对丝杆和导轨进行保养，先用干净的白布清除陈油，然后进行新油注入。

> **注意：** 润滑脂和润滑油一定要用质量好的，否则会增加丝杆或导轨的表面摩擦，从而缩短丝杆和导轨的使用寿命，还会影响机器的定位精度。

➡️ 操作指南

（1）组织方式：
① 场地设施：课堂教学＋实操练习。
② 设备设施：准备 1 台需保养的 INSUM-YS 系列 AOI 设备及 1 套保养工具。
（2）操作要求：
① 具有一定的理论基础及安全防护知识；
② 遵守课堂纪律；
③ 3 人 1 小组，合作保养。

➡️ 任务实施

通过实操保养过程，让学员充分了解 INSUM-YS AOI 设备大体的布局，保养时可以让学员清楚了解该设备有多少个传感器，有多少个注油孔，有多少张板卡，它们分别在哪个部位，作用分别是什么。这样可以加深学员对设备的认知。

如依步骤练习保养，请务必按标准操作，避免安全隐患。

项目七

缓存机操作与维护

项目概述

为实现 SMT 工艺自动化精益生产，缓存机主要用在 SMT 生产线 AOI 或其他检测设备的后面，根据检测设备给出的 NG/OK 信号自动单轨分框储存。

缓存机主要用于：

（1）SMT 生产线中 AOI 或其他检测设备的前面，具有自动缓存、先进先出、先进后出功能。

（2）SMT 生产线中 AOI 或其他检测设备的后面，具有 OK 传送、NG 存板功能。

本项目主要学习任务

学习任务 1　了解缓存机
学习任务 2　缓存机的操作及注意事项
学习任务 3　缓存机的保养及维护

学习任务 1　了解缓存机

任务描述

运用缓存机的目的是实现 SMT 工艺自动化精益生产，主要用在 SMT 生产线 AOI 或其他检测设备的后面，根据检测设备给出的 NG/OK 信号自动单轨分框储存。

学习目标

（1）认识缓存机的构造。

（2）缓存机的主要参数。

知识准备

一、认识缓存机及其构造

硬件介绍：如图 7-1 所示，主要包括本体设备、周转框等。

主要零部件：PLC、电机、升降丝杆、继电器、开关电源、传感器等。

二、缓存机主要技术参数

(1) 外形尺寸：$L600\text{mm} \times W910\text{mm} \times H1400\text{mm}$。

(2) 导轨距地面高度 $910\text{mm} \pm 20\text{mm}$ 可调。

(3) 导轨长度为 586mm，宽度 $50 \sim 390\text{mm}$ 可调。

(4) PCB 规格为 $L500\text{mm} \times W390\text{mm} \times H5\text{mm}$，总重量为 2kg。

(5) PCB 传送速度 $0 \sim 4\text{m/min}$。

(6) 皮带规格：7mm 扁皮带。

(7) 应翻转灵活，导轨可顺畅地与上下设备接驳 PCB。

(8) 翻转动力采用步进电机提供。

(9) 全封闭箱式外形，四周加装封板，表面烤漆。

(10) PLC 控制，显控触摸屏操作面板。

(11) 输送方向：从右至左/从左至右。

(12) 电源 220VAC/50Hz/2A；气源 $0.4 \sim 0.6$MPa。

图 7-1

学习任务 2 缓存机的操作及注意事项

学习目标

(1) 缓存机的操作。

(2) 缓存机操作过程中的注意事项。

知识准备

面板操作说明：

正常通电开机后，人机界面（HMI）自检后进入"欢迎"界面（图 7-2）。

模式 1：AUTO MODE。

模式 2：MANUAL MODE。

模式 3：SET-UP MODE。

按下"AUTO MODE"后，系统会自动进入"自动操作"界面（图 7-3）。

图 7-2

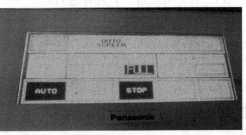

图 7-3

在此界面中可进行设备的启动和停止，并显示当前工作的间距及当前位；还可监控后设备承载状态。

轻轻按下"MANUAL MODE"系统将进入"联系方式"界面（图7-4）。

轻轻按下"SET-UP MODE"系统将进入"参数"界面，如图7-5所示，此界面中可进行机器的参数设置。

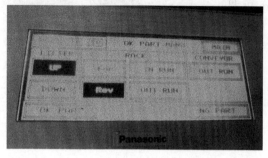

图 7-4

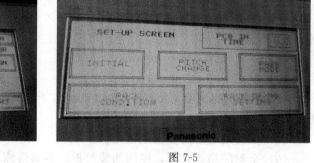

图 7-5

此时可以进行设备初始化、层数设置、模式设置、条件设置，以及 OK/NG 条件设置，待设置完成后轻轻按下"返回"键系统将退到"自动操作"界面，按下"启动"键系统继续工作。

> **注意**：操作人员在操作人机界面时应轻轻触摸，不要用力过大或用尖锐的器具操作，以免损坏触摸屏。

学习任务 3 缓存机的保养及维护

📖 学习目标

缓存机的保养及维护。

➡️ 知识准备

一、缓存机维护保养项目

缓存机维护保养项目参见图 7-6 和图 7-7。

（1）日常表面清洁，每日进行；

（2）Magazine（存板栏框）内的皮带机滚轮清洁及确认；

（3）内部上、下、进、出传感器检查；

（4）感应反光片确认、清洁；

（5）丝杆、皮带的加油与清洁。

二、缓存机维护注意事项

（1）本设备只能由专业维护及维修人员或培训合格的人员进行维护操作；

（2）通电之前，应确认外接输入电源与该设备的额定电压及电流相符；

（3）本设备内含机械及气压传动装置，操作时应注意人身安全；

（4）设备工作时严禁把头、手、脚伸入护栏内，以免造成人身伤害。

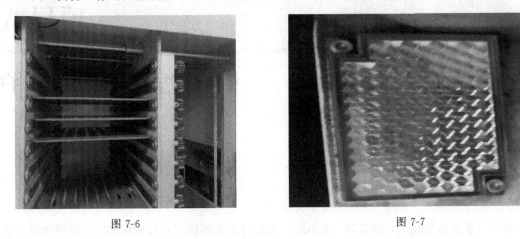

图 7-6

图 7-7

回流焊操作与维护

项目概述

SMT（表面贴装技术）回流焊（Reflow）是通过重新熔融预先分配到印制电路板焊盘上的膏状软钎焊料（Solder Paste），实现表面组装元器件金属焊接端子（或引脚）与印制电路板焊盘（PCB Pad）之间机械与电气连接的软钎焊。回流焊是借助回流焊炉上下加热板完成电能和热能转化，从而完成对经过炉膛的 PCBA 加热，之所以叫"回流焊"，是因为气体在炉膛空间内循环流动（热气在炉膛内上下垂直对流，水平不对流）产生高温，从而达到焊接目的。

本项目主要学习任务

学习任务 1　了解回流焊
学习任务 2　典型回流焊认知——CY-F820（诚远）
学习任务 3　回流焊操作及注意事项
学习任务 4　回流焊维护
学习任务 5　炉温检测仪使用及注意事项

学习任务 1　了解回流焊

学习目标

（1）了解回流焊接工艺的发展历程。
（2）掌握回流焊炉的工作原理。
（3）了解回流焊炉分类。
（4）认识回流焊对于电子产品制造业的重要价值及历史意义。

知识准备

一、了解回流焊接工艺的发展历程

由于电子产品 PCB 不断小型化，出现了片状组件，传统的焊接方法已经不能适应发展

8

需求，首先在混合集成电路板组装中采用了回流焊接工艺，组装焊接的元器件多为片状阻容感等。随着 SMT 整个技术发展日趋完善，多种贴片元器件（SMC）和表面贴装器件（SMD）的出现，作为贴装技术一部分的回流焊工艺技术及设备也得到相应的发展，其应用日趋广泛，几乎在所有电子产品领域都已得到应用，而回流焊技术围绕着设备的改进也经历了以下发展阶段。

（1）热板传导回流焊设备：热传递效率最慢，$5\sim30\mathrm{W}/(\mathrm{m}^2\cdot\mathrm{K})$（不同材质的加热效率不一样），有阴影效应。

（2）红外热辐射回流焊设备：热传递效率慢，$5\sim30\mathrm{W}/(\mathrm{m}^2\cdot\mathrm{K})$（不同材质的红外辐射效率不一样），有阴影效应，元器件的颜色对吸热量有大的影响（图 8-1）。

（3）热风回流焊设备：热传递效率比较高，$10\sim50\mathrm{W}/(\mathrm{m}^2\cdot\mathrm{K})$，无阴影效应，颜色对吸热量没有影响（图 8-2）。

图 8-1

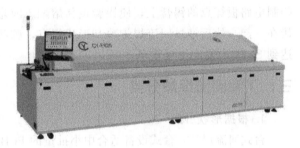

图 8-2

（4）气相回流焊接系统：热传递效率高，$200\sim300\mathrm{W}/(\mathrm{m}^2\cdot\mathrm{K})$，无阴影效应，焊接过程需要上下运动，冷却效果差（图 8-3）。

（5）真空蒸气冷凝焊接（真空气相焊）系统：密闭空间的无空洞焊接，热传递效率最高，$300\sim500\mathrm{W}/(\mathrm{m}^2\cdot\mathrm{K})$。焊接过程保持静止无振动。冷却效果优秀，颜色对吸热量没有影响（图 8-4）。

图 8-3

图 8-4

另外，还有热丝回流焊、热气回流焊、激光回流焊/光束回流焊、感应回流焊、聚红外回流焊（图 8-5）。

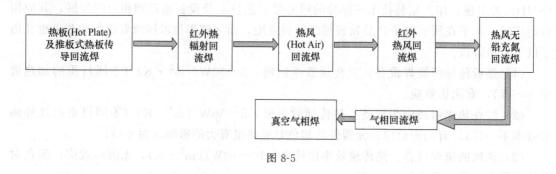

图 8-5

二、掌握回流焊炉的工作原理

回流焊炉（简称回流炉）是在 SMT 工艺中用来焊接 SMT 贴片组件到印制电路板上的焊接生产设备。回流焊炉通过上下加热区块加热，并通过风扇将炉膛内的热气流均匀喷射在印制电路板焊点的锡膏上，使锡膏重新熔融成液态锡让 SMT 贴片组件与印制电路板焊接熔接在一起，然后经过回流焊炉冷却形成焊点，胶状的锡膏在一定的高温气流下进行物理反应达到 SMT 工艺的焊接效果。

三、了解回流焊炉分类

1. 根据形状分类

台式回流焊炉：台式设备适合中小批量的 PCB 组装生产，性能稳定、价格经济（为 4~8 万元），国内私营企业及部分国营单位用得较多。

立式回流焊炉：立式设备型号较多，适合各种不同需求用户的 PCB 组装生产。设备高中低档都有，性能相差较多，价格也高低不等（在 8~80 万元之间）。国内研究所、外企、知名企业用得较多。

2. 根据温区分类

回流焊炉的温区长度一般为 45~50cm，温区数量可以为 3、4、5、6、7、8、9、10、12、15，甚至更多，从焊接的角度，回流焊炉至少有 3 个温区，即预热区、焊接区和冷却区，很多炉子在计算温区时通常将冷却区排除在外，即只计算升温区、保温区和焊接区。

3. 根据技术分类

热板传导回流焊炉：这类回流焊炉依靠传送带或推板下的热源加热，通过热传导的方式加热基板上的元件，用于采用陶瓷（Al_2O_3）基板厚膜电路的单面组装，陶瓷基板只有贴放在传送带上才能得到足够的热量，其结构简单，价格便宜。国内的一些厚膜电路厂在 20 世纪 80 年代初曾引进过此类设备。

红外（IR）回流焊炉：此类回流焊炉也多为传送带式，但传送带仅起支托、传送基板的作用，其主要以红外线热源辐射方式加热，炉膛内的温度比前一种方式均匀，支撑镂空较大，适于对双面组装的基板进行回流焊接加热。这类回流焊炉可以说是回流焊炉的基本类型。国内使用较多，价格也比较便宜。

气相回流焊炉（图 8-6）：气相回流焊接又称气相焊（Vapor Phase Soldering，VPS），也称凝热焊接（Condensation Soldering）。加热碳氟化物（早期用 FC-70 氟氯烷系溶剂），熔点约 215℃，沸腾产生饱和蒸气，炉子上方与左右都有冷凝管，将蒸气限制在炉膛内，遇到温度低的待焊 PCB 组件时放出气化潜热，使焊锡膏熔化后焊接元器件与焊盘。美国最初将其用于厚膜集成电路（IC）的焊接，气化潜热释放对 SMA（微型连接器）的物理结构和几何形状不敏感，可使组件均匀加热到焊接温度，焊接温度保持一定，无须采用温控手段来满足不同温度焊接的需要，VPS 的气相中是饱和蒸气，含氧量低，热转化率高，但溶剂成本高，且是典型臭氧层损耗物质，因此应用上受到极大的限制，国际社会现今基本不再使用这种有损环境的方法。

热风回流焊炉：热风回流焊炉通过热风的层流运动传递热能，利用加热器与风扇，使炉内空气不断升温并循环，待焊产品（PCB）在炉内受到炽热气体的加热实现焊接。热风回流焊炉具有加热均匀、温度稳定的特点，待焊产品（PCB）的上、下温差及沿炉长方向的温度梯度不容易控制。自 20 世纪 90 年代起，随着 SMT 应用的不断扩大与元器件的进一步小型化，设备开发制造商纷纷改进加热器的分布、空气的循环流向，并增加温区至 8 个、10 个，使之能进一步精确控制炉膛各部位的温度分布，更便于温度曲线的理想调节。全热风强制对流的回流焊炉不断改进与完善（增加氮气输入装置焊接效果更惊艳），成本投入较低，基于以上特点该型回流焊炉成了 SMT 焊接的主流设备（图 8-7）。

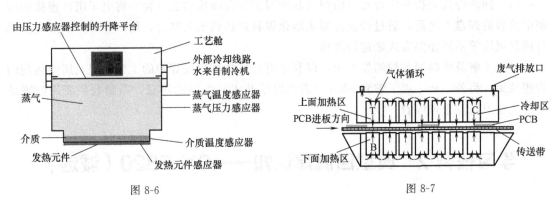

图 8-6　　　　　　　　　　　　　　　　　　　图 8-7

红外热风回流焊炉：20 世纪 90 年代中期，在日本回流焊有向红外线＋热风加热方式转移的趋势。它按 30％红外线，70％热风做热载体进行加热。红外热风回流焊炉有效地结合了红外回流焊和强制对流热风回流焊的长处，是 21 世纪较为理想的加热方式。它充分利用了红外线辐射穿透力强的特点，热效率高、节电，同时又有效地克服了红外回流焊的温差和遮蔽效应，弥补了热风回流焊对气体流速要求过快而造成的影响。这类回流焊炉是在红外回流焊炉的基础上加上热风使炉内温度更加均匀，不同材料及颜色吸收的热量是不同的，即 Q 值是不同的，因而引起的温升（AT）也不同。例如，IC 类 SMD 的封装是黑色的酚醛或环氧，而引线是白色的金属，单纯加热时，引线的温度低于黑色的 SMD 本体。加上热风后可使温度更加均匀，从而克服吸热差异及阴影不良情况，红外热风回流焊炉在国际上曾使用得很普遍。由于红外线在高低不同的零件中会产生遮光及色差的不良效应，故还可吹入热风以调和色差及辅助改善其死角处的不足，所吹热风中又以热氮气最为理想。对流传热的快慢取决于风速，但过大的风速会造成元器件移位并助长焊点的氧化，风速控制在 1～1.8m/s 为宜。热风的产生有两种形式：轴向风扇产生（易形成层流，其运动造成各温区分界不清）和切向风扇产生（风扇安装在加热器外侧，产生面板涡流而使各个温区可精确控制）。

8

热丝回流焊炉：热丝回流焊是利用加热金属或陶瓷直接接触焊件的焊接技术，通常用在柔性基板与刚性基板的电缆连接等技术中。这种加热方法一般不采用锡膏，主要采用镀锡或各向异性导电胶，并需要特制的焊嘴，因此焊接速度很慢，生产效率相对较低。

热气回流焊炉：热气回流焊指在特制的加热头中通入空气或氮气，利用热气流进行焊接的方法，这种方法需要针对不同尺寸焊点加工不同尺寸的喷嘴，速度比较慢，用于返修或研制中。

激光回流焊炉、光束回流焊炉：激光回流焊是利用激光束良好的方向性及功率密度高的特点，通过光学系统将激光束聚集在很小的区域内，在很短的时间内使被加热处形成一个局部的加热区，常用的激光有 CO_2 和 YAG 两种。激光回流焊的加热，具有高度局部化的特点，不产生热应力，热冲击小，热敏元器件不易损坏；但是设备投资多，维护成本高。

感应回流焊炉：感应回流焊炉在加热头中采用变压器，利用电感涡流原理对焊件进行焊接，这种焊接方法没有机械接触，加热速度快；缺点是对位置敏感，温度控制不易，有过热的危险，静电敏感器件不宜使用。

聚红外回流焊炉：聚红外回流焊适用于返修工作站，进行返修或局部焊接。

任务小结

（1）回流焊接是指利用焊膏（由焊料和助焊剂混合而成的混合物）将电子组件连接到印制电路板的焊盘上之后，通过控制加温来熔化焊料以达到永久结合，用回流焊炉、红外加热灯或热风枪等不同加温方式来进行焊接。

（2）了解及掌握回流焊的发展史，以利于更好地掌握回流焊炉的工作原理及所能达到的理想效果。另外，从中可了解到 SMT（表面贴装技术）发展的迅猛，激励我们要用前瞻的思维去学习研究重点内容。

学习任务2　典型回流焊认知——CY-F820（诚远）

学习目标

（1）能够清楚了解回流焊炉产品特点。

（2）能够了解产品技术参数。

（3）能够熟练掌握设备常识。

（4）能够了解 CY-F820 无铅回流焊机设备参数。

知识准备

一、了解并掌握产品特点

CY-F820 回流焊机见图 8-2。

1. 加热系统

（1）进口优质耐高温电机，结构散热性良好，保证其使用寿命及高可靠性，直连方式连接风轮，转速高达 2800r/min，提供充足的热风流量。

（2）领先的闭环静压运风方式设计，空气增压器后连均风板，保证炉温分布均匀。

（3）独特的运风轴承散热装置，保证设备长期高温运行。

2. 运输系统

（1）先进的 PCB 运输链自动张紧装置和独特的导轨设计，配以性能优良的进出板装置，保证了运输的可靠性。

（2）计算机控制自动润滑系统，可根据速度及机器状态自动加油，无须人工操作。

（3）专用运输导轨，用耐高温、耐磨损铝合金制造而成，高刚性不易变性。

（4）左、中、右同步调宽系统，保证导轨平直。

3. 控制系统

（1）全部采用进口组件，确保整个系统的高可靠性。

（2）整机采用计算机＋PLC集中控制系统。计算机集中控制 Windows 操作系统和 CY 先进的行业专用控制软件，功能强大，可靠性高。

（3）UPS（不间断电源）市电断电保护功能。

（4）运输、运风马达皆为无级变频调速。

4. 软件控制系统

（1）各项参数实现数值化，输入准确、快捷。人性化界面设置，形象直观，可锁定系统防止人为误操作，可中英文切换。

（2）温度曲线图控制精度±1℃，系统具有温度测试功能，方便准确判断各温区状态。

（3）具有灵活的曲线测试功能，在具有准确的温度测试及强大的动态曲线分析功能的同时，可对所有数据及曲线打印保存。

（4）采用 PID（比例、积分、微分）智能算法，可灵活调节参数，控制模块嵌入 Windows 系统内核，运行在 Ring0 级环境中具有极高的稳定性和可靠性。

（5）强大的数据处理功能，可根据 PCB 信息随时调整系统参数，智能 SQL 数据查询，自动生成日报表、月报表，其数据可保存长达 5 年，方便 ISO 9000 管理。

（6）采用先进的超温保护双控制系统（可选），可灵活控制设备，具有精确导轨自动调宽、定时开关机等功能。

二、产品技术参数

F 系列回流焊炉技术参数见表 8-1。

表 8-1

Series	系列	F系列(通用机)	
Model	型号	CY-F820	CY-F1020
加热部分参数			
Heating Area Number	加热区数量	上 8/下 8	上 10/下 10
Number of Cooling Zone	冷却区数量	上 2/下 2	
运输部分参数			
PCB Maximum Width	PCB 最大宽度	导轨式 400mm	
Guide the Wide Range	运输导轨调宽范围	50～400mm	
Transport Direction	运输方向	L→R(R→L)	
Guide Rail Fixed Way	运输导轨固定方式	前端/Front(选配:后端固定)	
Conveyor Belt Height	运输带高度	网带 900mm±20mm,链条 900mm±20mm	
Transmission Way	传送方式	链传动＋网传动	
Conveyor Belt Speed	运输带速度	300～2000mm/min	

续表

Series	系列	F 系列（通用机）	
Model	型号	CY-F820	CY-F1020
控制部分参数			
The Power Supply	电源	5 线 3 相 380V，50/60Hz	
Start the Power	启动功率	38kW	45kW
Normal Work Consumed Power	正常工作消耗功率	约 8kW	约 8.5kW
Heating Up Time	升温时间	约 20min	
The Temperature Control Range	温度控制范围	室温－350℃	
Temperature Control Mode	温度控制方式	全计算机 PID 闭环控制，SSR（固态继电器）驱动	
The Whole Machine Control Mode	整机控制方式	计算机＋PLC	
The Temperature Control Precision	温度控制精度	±1℃	
The Deviation of PCB Temperature Distribution	PCB 温度分布偏差	±1～2℃	
Cooling Way	冷却方式	空气机：风冷 氮气机：水冷	
Abnormal Alarm	异常报警	温度异常（恒温后超高或超低）	
Three Color Light	三色灯指示	三色信号灯：黄—升温；绿—恒温；红—异常	
机体参数			
Weight	重量	约 1600kg	约 1800kg
Installation Dimension/mm	外形尺寸/mm	$L5050×W1200×H1450$	$L6050×W1200×H1450$
Exhaust Air Requirement	排风量要求	10 立方/min^2，通道 ϕ180mm	

三、设备常识

（一）加热原理

1. 加热器的形式

CY 系列无铅回流焊通过发热线加热，把镍铬发热线装到不锈钢支架上，可使内部热量迅速传递到发热管外的空气中。

2. 加热方式

从储热板通孔中吹出的高温热空气通过变流速层流性变速后到达 PCB 表面及各种元器件、锡浆（贴片胶），通过热传递将高温气体中热量交换至 PCB 焊料上，保证机器内的温度分布和不同加热工件温度的同一性。

3. 加热方式特点

从发热线中吹出的高温低速热风可将热量传递给 PCB、焊料及元器件，因此：

（1）能对异型元器件下阴影部分焊料直接加热；

（2）能将热量直接传递给焊盘、焊料；

（3）能防止零件过热；

（4）能使不同元器件的焊料达到温度平衡；

（5）能使不同位置元器件的焊料达到温度平衡；

（6）能对不同材质 PCB 进行焊接，如软体柔性板等。

（二）加热结构

1. 温区的构成

不同的机型相对有不同的温区数，见表 8-2。

表 8-2

机型	温区数	上加热器数	下加热器数	启动功率	工作功率
CY-F820	16	8 组	8 组	38kW	8kW
CY-F1020	18	10 组	10 组	45kW	8.5kW

2. 温度控制检测点

每个温区都固定装有一个标准的热电偶检测点，该点为静态温度检测点，用于检测所在温区空间的静止代表温度（该点在机器出厂前经精密测试，未经厂方确认一般不可移位）。

3. 温度控制器

温控模块内进行 PID 运算，对每个温区的热电偶和温度采集卡所采集的数据进行分析运算，用于测控该区的静态温度点。具有智能自动 PID 控制及模糊控制超调功能，并采用 SSR 大功率驱动程序。

（三）温度曲线

使用 CY 系列机器的目的是加热 PCB 表面的 PADS 位和粘贴元器件，使锡浆受热熔化和产生回流，从而得到与规定相仿的锡浆受温图，而不致引起 PCB 和元器件的任何损坏（如燃烧或暗燃等）。为了在高自动化的 SMT 生产环境下取得最大产量，在该机器开工前须仔细按规定的锡浆受温图设置好加热温度。并且在随后的工作期间严格监督。在使用中建议用废 PCB 来协助设置机器的数字温度监控器，以便获得规定的锡浆受温图。

（四）作温度曲线

为了获得给定的温度曲线，要求热风回流/红外加热回流系统有一个寻找受温曲线的过程，即确定的温度设置与当时的带速。产品的变化，诸如底板的类型和厚度、元器件类型、排列密度、焊盘位面积以及锡浆的类型、印锡的形状和厚度等，都将对受温曲线产生影响。其结果是产生该产品的一个时间/温度曲线。分区分级加热的热风回流/红外回流设备使产品通过时逐级加热，锡浆逐步完成预热、干燥、熔化、回流加温、分级进行受热。第一级加热功能区是快速加温区，在其中 PCB 得到快速预热；第二级加热功能区是漫长温率区，PCB 上的焊料干燥在此完成；第三级加热功能区是锡浆的熔化回流区，经过第二级加热功能区的变化，锡浆在此快速受热并进行熔化，之后进行回流，锡浆回流后经过冷却区迅速冷却快速降温，形成完整受温曲线。顶部加热，是有助表面贴焊的一种手段。其一，受热风加热回流，假如锡点暴露在热风下（微片电容、燕翅装置），可以将顶部加热温度设置高些来快速处理机板。假如锡点没暴露于热风下（无引线零件或产 J-引线装置的组件），顶部加热温度设置低些，以便让发热器的热传导、热对流作用更大地影响产品温度。其二，现在大部分机器（结合热风或全热风机）所采用的是热风加热回流，即在热敏元器件的温感安全范围内，避免热器件直接受热太剧烈，顶部加热设置相对稳定，通过热风对流与热传导对 PADS 位及锡浆加热，使表面组件完成稳定焊接。这样温度曲线相对缓和，各温度功能区之间温差相对减小，且第二级加热功能区的设置温度相对提高。另一个变动控制是带速。这将设定 PCB 在机器内滞留的时间，以配合 PCB 的焊接过程。多层 PCB 需要稍长一点的滞留时间，因为比较厚，达到统一均衡的时间相对长一些。而簿的 FR-4PCB 可处理快些（45s）。顶部、底部加热器互相独立控制，使机板可选择加热顶面或是底表面。这样，如果组件对高温敏感，就可选择其反面加温焊接，即涉及底部加温策略。大约所用总能量的一半发生在底部预热区，这种峰形短波能量穿透 PCB 均匀地预热，这样减少了能量对于表面元器件的损害和影响，以及降低了元器件的吸收热量。少量的能量施于顶部是为了使翘曲最小化。假如处理的是非高温敏感元器件，顶部温度可以设置高些。顶、底干燥区发射较长波长的能量以便缓慢加热（与干燥）锡点。对于全热风机所采用的热风回流，则顶面、底面相互控制、相对稳定，顶面温度相对高些。在回流区，热风红外机的 $4.5\mu m$ 红外线或全热风机的高温强制微热风回流用于熔化和回流锡浆。

（五）受温曲线的设立

制作受温曲线的第一步是将 PCB 分类，确定每块 PCB 的吸热量及元器件的种类、密度与焊接难易度以及要求的 PCB 生产量，从而在顶部、底部以及回流加热策略中确定一个。一个锡点、一个元器件和机器入置一个热电偶有利于促进受温曲线的制作过程。

起始点表示如下：

ZONE：1……预热区。
ZONE：2……预热区。
ZONE：3……干燥区。
ZONE：4……干燥区。
ZONE：5……干燥区。
ZONE：6……干燥区。
ZONE：7……焊接区。
ZONE：8……焊接区。

一般机器自然风冷却完成曲线的降温功能。

> **注意**：这些是一般的起始点〔以 8 段 8 温控回流焊为基准，其他可以类推，诸如：一旦某种 PCB 受温曲线作完，类似 PCB 可以以作好的 PCB 受温图（在提高带速下）作为起始点〕。

（六）温区功能描述

1. 预热区（Pre-Heating）

预热区，也就是快速加温区，用来预热 PCB 和提高锡浆温度达到熔点。在底部加热策略中，温区是关键。能量进入预热区后，一般地，有足够时间向 PCB 传导或辐射，使基板快速达到热稳定平衡点，给干燥区提供时间保证。由于元器件的热应变性影响，必须保证加温速率在 $3°C/s$ 以内，否则有可能损坏对热比较敏感的元器件。

2. 干燥（恒温）区（Heating）

此温区是漫长温率区，PCB 在这个温区的时间最长，经过预热区的快速预热，当 PCB 在这些温区中通过时，PCB 的温度波动很小，在这种几乎恒温的环境下，锡浆在这种温度的催化下，各种成分高效快速地发生各自的物理、化学反应，为 PCB 上 PADS 位镀铜、锡与其上的锡浆下一步的熔化、回流做充分的准备，而且其上锡浆也缓慢地烘干。

3. 回流区（Peak）

回流区代表着焊接再流区，全热风加热系统或红外机的红外加热器给予 PCB 足够的能量，以便锡浆熔化回流。一般地，回流去上温区的温度预置值要高于下回流区以便使 PCB 顶部形成再流。

4. 冷却区（Cooling）

在此区域使用水循环冷却或风循环冷却方式，对流经以上几个区内受热的 PCB 降温，从而实现熔融锡膏冷却和固化。

（七）温区设置

（1）设置温区温度和带速起始值（一般由制造商调机时给出）。

（2）对于冷炉，要预热 20～30min。

（3）温度达到平衡时，使样品 PCB 通过加热回流系统，在这种设置下使锡浆达到回流临界点。若回流不发生，按（4）处理，若回流发生过激，保持正确比例进行温度设置，并让 PCB 重新通过系统，直至回流临界点，转第（4）步当且仅当没有或刚有回流发生时为准。

（4）假如回流不发生，减少带速 5%～10%，例如：现在不回流时带速为 800mm/min，调整时降低到 760mm/min 左右。一般降低带速 10%，将会增加产品回流温度约 30F。或者，在不改变带速前提下，适当提高设置温度，提高幅度以标准温度曲线为中心基准，按 PCB 通过系统时的实际温度与标准曲线的差距幅度调整，一般以 5℃左右为每次调整的梯度，调整设置温度时应特别注意不能超过 PCB 及元器件的承受能力。

（5）在使 PCB 通过回流系统于新的带速或设置温度下，或无回流发生，转去重做第（4）步的调整，否则执行第（6）步，微调受温曲线。

（6）受温曲线可以随 PCB 的复杂程度而做适度的调整。可以用带速二级刻度（1%～5%带速）微调，降低带速将提高产品的受温；相反，提高带速将降低产品的受温。

（7）提示：一般贴装有元器件的 PCB 经过回流系统而没有完全回流时，可以适当调整后二次放入回流系统进行焊接，一般不会对 PCB 及元器件造成不良的影响。

（8）温度设置一般从低到高，若受温幅度超过回流温度过大，则应相应提高带速或降低设置温度来调整，具体与（4）相反操作。

四、 CY-F820 无铅回流焊机介绍

1. 机型说明

该机型为全热风循环型热风回流焊接系统，加热区共分为 8 段，16 个温度控制区，共 16 组发热系统。所有温区都采用热风对流传递加热，通过加热炉体内热空气将热量传递给 PCB 表面 PADS 位元器件，加热比较缓和，同时对不同形状的元器件都可达到均匀加热的目的，为元器件的回流焊接提供平稳的热量。

2. 机体外形

外形尺寸：$L5050mm×W1200mm×H1450mm$。

机器重量：约 1600kg。

3. 运输系统

传送方式：链传动＋网传动。

网带宽度：450mm。

传送高度：链条 900mm±20mm；网带 870mm±20mm。

PCB 最大宽度：400mm。

PCB 最大厚度：过网带最大 45mm，过导轨最大 20mm。

过机时间：4～10min。

速度调节：变频控制。

实际线速度：200～2000mm/min。

运输方向：左→右（右→左可选）。

4. 控制部分参数

电源：5 线 3 相 380V，50/60Hz。

启动功率：38kW。

工作功率：8kW。

升温时间：约 20min。

温度控制方式：西门子温控模块控制。

温度控制精度：±1.5℃。

PCB 温度分布偏差：±2℃。

异常报警：声光报警（恒温后超高温或超低温报警）。

开盖方式：气动。

5. 加热部分参数

加热区数量：上 8 下 8。

加热区长度：3010mm。

冷却区数量：2 个。

6. 设备安装要求

电源：5 线 3 相 380V，50/60Hz。

气源：0.4～0.7MPa。

7. 功能区描述

第一温区：预热区，上 3kW，下 3kW。

第二温区：预热区，上 2kW，下 2kW。

第三温区：干燥区，上 2kW，下 2kW。

第四温区：干燥区，上 2kW，下 2kW。

第五温区：干燥区，上 2kW，下 2kW。

第六温区：干燥区，上 2kW，下 2kW。

第七温区：焊接区，上 3kW，下 3kW。

第八温区：焊接区，上 3kW，下 3kW。

任务小结

（1）了解并掌握设备功能及参数有利于正确使用设备。通过对此任务的认真学习，了解并掌握该型设备的构造及各项参数。

（2）针对 CY-F820 设备重点学习，并针对该款设备实操训练，更多掌握回流焊工艺。

学习任务 3　回流焊操作及注意事项

学习目标

（1）能够清楚掌握设备操作前的准备工作。

（2）能够正确掌握控制软件操作程序。

（3）能够熟记安全注意事项。

知识准备

一、操作前的准备

(1) 检查电源电压是否为三相五线 380V＋1N＋G。

(2) 检查电箱主电路电线是否有松动及可靠连接。

(3) 检查设备是否可靠接地。

(4) 检查电箱内是否有异物。

(5) 检查输送带是否有异物卡住。

(6) 检查各传动轴承的润滑。

(7) 检查高温接线端子是否有松动及烧伤情况。

(8) 检查控制 PLC 和计算机是否可靠连接。

(9) 检查传动链条是否加高温润滑油。

(10) 检查外部排风管道是否畅顺。

(11) 检查运风马达是否异常。

(12) 检查变频器延长线是否松脱。

二、控制软件操作程序

(1) 合上总电源开关。

(2) 电控开关座 ON。

(3) 启动按钮开关。

(4) 计算机自动启动进入如图 8-8 所示操作平台（以 10 温区为例来说明）。

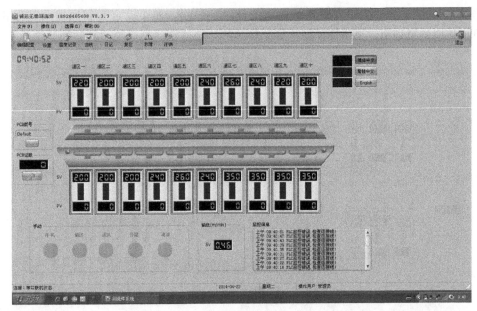

图 8-8

(5) 加热开启：在主操作平台上，启动状态下，依次单击"开机""热风""传动""升温"，此时机器按设定温度正常加温，当"热风""传动"没有通信上时，本设备不能工作。

（6）设定温度：

① 单击"主画面"上 SV 值，输入所设定的温度值，单击"确定"即可；或者在下拉菜单"操作"中选择"温度设定"，出现图 8-9 所示界面。

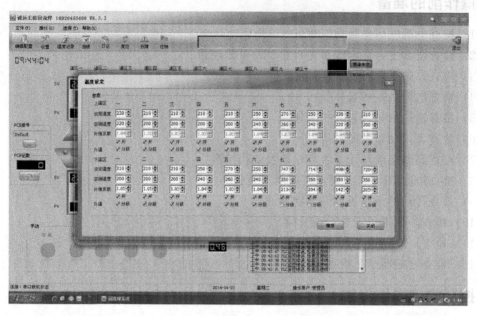

图 8-9

② 单击"主画面"上的"温度设定"，输入相应的设定值单击"确定"即可（此功能只有设备生产厂家人员方可进入）。

（7）功能参数设定：

① 单击主控平台"操作"即弹出"系统设置"界面，如要设定变频风速及其他相关功能，单击相应的键即可（图 8-10）。

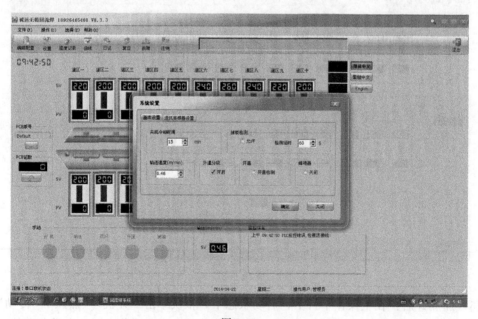

图 8-10

② 本界面上有"锁定系统"操作键（由于此键未开启，在图 8-10 中不可见），只提供给生产厂家调机及维修、检测用，不能随意进入，否则会产生严重后果。

（8）传动速度及运风风速设定：在主控平台单击"操作"，寻找"系统设置"，弹出如图 8-11 所示界面。

① 修改运风风速及运输变频器的频率。

② 没有特殊情况下请不要随意修改本平台参数。

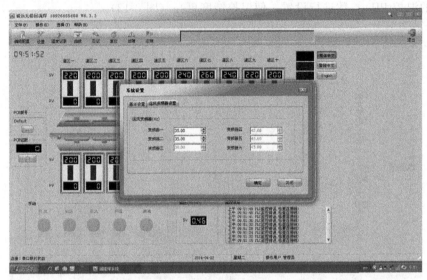

图 8-11

（9）自动滴油设定：

① 单击主控平台"操作"菜单的"滴油设定"，弹出"滴油设定"界面；

② 在此菜单中，可对每周的滴油时间进行设置。

（10）温度曲线测试：

① 准备测温曲线、测温板，插好测温插头（图 8-12）。

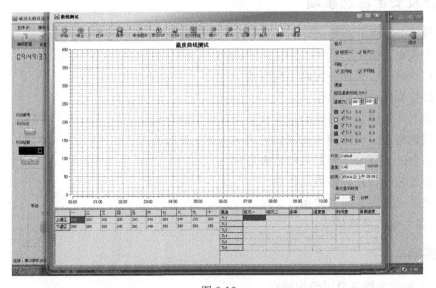

图 8-12

② 把测温板放进炉膛，让其跟着传动链条及网带进入炉膛。

③ 单击"测试"即进入温度曲线测试状态。

④ 打印、保存、存为图片等按相应提示操作。

（11）调用工艺参数：在"主界面"中单击"打开"，可调用以前的操作参数。

（12）查看工作记录：在"主界面"中单击"记录"。

（13）PID 设定：单击"任务"栏中的"PID"图标，进入"PID 设置"界面，可单独对任一温区的温控 PID 参数进行设置，使温控精度更高（图 8-13）。

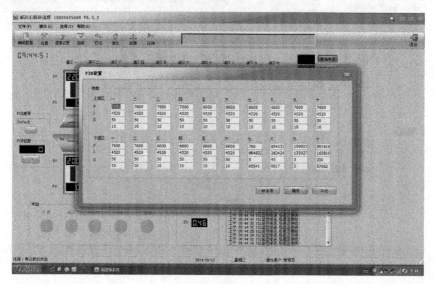

图 8-13

（14）延时关机：按下任务栏中的"退出"按钮，系统进行延时关机。此时运输和运风都在进行，但不进行加热。时间到后计算机自动关机，机器所有动作全部停止。延时时间可在"系统设置"界面内进行设置。

三、操作及安全注意事项

（1）机体必须可靠接地。

（2）专人负责操作。

（3）传动链条 7 天加一次高温润滑油。

（4）红灯亮时，停止工作。

（5）请勿将易燃、易爆炸的危险物品靠近本回流焊机。

（6）请勿将手、身体伸入回流焊机内（机器工作时）。

（7）请勿随意更改变频器或温控表参数。

（8）请勿将异物在设备内部传输。

（9）请务必遵照说明书使用。

（10）保持电气线路清洁。

▶ 任务实施

图 8-14 所示为设备启用设定流程。

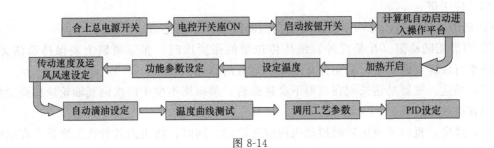

图 8-14

任务小结

（1）操作前准备工作较为重要，需要检查电源电压、转动轴承、静电接地、传动装置、风管水管等是否异常，以更好保障设备正常运行。

（2）严格按照流程启动设备设定软件参数，避免影响设备正常生产使用。

学习任务 4　回流焊维护

学习目标

（1）能够清楚掌握设备日常保养事项。

（2）能够清楚了解并掌握常见故障及其排除方法。

知识准备

一、日常保养

（1）检查风机轴套是否松动，风机传动是否灵活，风机及传动马达是否有异响。

如有异响，则与风机马达长轴弯曲、转动时有偏心、风轮安装不正确等因素有关。

检查各螺钉的固定是否可靠，有无松动。

（2）检查进出气孔是否有异物堵住：进气部分的二联体内的油雾器中要加润滑油，32♯机油即可。

二联体内油水分离器内的水要定期排出。

（3）检查传输网带是否太松，网带太松易引起网带抖动、传动跳齿等。张紧的办法是调节各张紧滚筒的位置。

（4）检查机器是否有异响：散热风扇是否有异响；各继电器、接触器是否能正常吸合。

（5）检查传输部分是否有松动及异响：开机前要检查机器的工作电压是否在安全范围内或是否稳定，以保证机器各部件可正常安全工作。同时检查核对开机时与上一次关机时的各种设置参数是否一致。关机时不可让运输带停止于还处于高温的机器内，以免运输带在高温下老化加快，最好让机体内温度降下后再停止运输带。

一般机器每天工作时，由于室内环境要求，都需要清洗机器外壳，以及清扫出风口的残作物，以保持机器外观整洁与工作顺通。

（6）传送带：

① 润滑驱动滚链，每两个月用浸泡高温润滑油（二硫化钼）涂抹。

② 当借用随动滚（在装置外）维持传送带的张紧度时，张紧滑轨上要保持清洁无尘，或两滚平行性需要调整时，调整露在随动滚附近的顶丝。

（7）马达：机器马达长期在高温下高速运转，须每周不少于两次向其轴轮涂抹高温润滑油，以保持其运转畅通。

（8）风扇：机内风扇运转时搅动机内空气流动，同时，将机内各种残作物黏着在扇叶及电机上，要求及时清洗，以免造成短路或烧坏风扇。

（9）地线：机器使用三相四线制时，实际必须增加一条地线将机器同大地连接起来。开机前须检查地线是否接通（三相五线制则更好）。

（10）设备润滑：

传动/调宽部分的轴承：每两周加一次润滑油，用 32♯ 机油即可。

自动滴油杯应添加耐高温润滑油（或高温链条油），建议选用"欧派斯"牌，每周开机后滴油 40min。滴油时间可在程序中设定。

各计算机风扇（散热用），使用过程中如发现噪声变大，建议在风扇轴承位加 32♯ 机油。

马达牙箱，每年加一次润滑脂。

（11）回收装置的清洗：该设备在入口、出口、设备底部共有三套回收装置，其过滤网每两周须清洁一次。

二、常见故障

1. 红灯亮时

（1）蜂鸣器长鸣不停，检查控制蜂鸣器时间继电器是否工作；

（2）检查控制热电偶有无开路；

（3）检查控制段主电路 SSR 是否损坏。

2. 无法启动时

（1）检查市电源是否断电；

（2）检查控制电源是否断电；

（3）检查急停开关是否复位。

3. 输送网带停止不动时

（1）检查输送变频器是否有电源；

（2）检查变频器是否通信有问题；

（3）检查输送电机是否运转；

（4）检查输送链条是否断开；

（5）检查输送网带是否有异物卡住。

4. 不加温

（1）检查运风、传动开关是否开启；

（2）检查加温开关是否开启；

（3）检查控制 SSR 单极开关是否合上；

（4）检查 SSR 是否损坏。

操作指南

1. 场地要求

（1）场地设施：SMT 生产线；现场教学。

（2）设备设施：准备 1 台诚远 CY-F820 设备及不同尺寸印制电路板（PCB）若干。

2. 操作要求

（1）遵守课堂纪律；

（2）做好安全防护，防止烫伤。

任务实施

图 8-15 所示为设备故障维修流程。

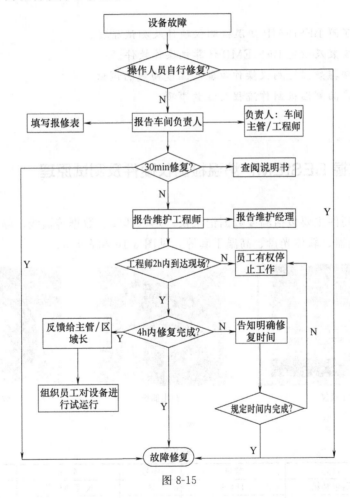

图 8-15

任务小结

（1）通过此任务学习，总结设备维修经验及推广。

（2）通过此任务学习，进一步了解设备各部件在生产使用中的重要性，及进行日常保养的必要性。

8

学习任务 5　炉温检测仪使用及注意事项

🐟 任务描述

　　炉温检测仪是产品生产前对回流焊炉炉温曲线进行测试的生产设备，制作当前生产产品的测温板，以曲线的形式测试该产品各类元器件在回流焊炉中受热状况，确保该生产产品的焊接品质。在炉温检测仪使用过程中如何对仪器进行设定？测温板如何制作？操作过程中有哪些注意事项？

📖 学习目标

　　（1）认识并了解 BEStEMP 炉温检测仪硬件及测试原理。
　　（2）能独立安装及设定 BEStEMP 计算机操作软件。
　　（3）能熟练掌握炉温检测仪操作步骤及温度曲线的调试。
　　（4）能掌握产品测温板制作流程及注意事项。

➡️ 知识准备

一、认识并掌握 BEStEMP 炉温检测仪硬件及测试原理

1. 硬件介绍

　　炉温检测仪硬件主要包括温度数据记录仪、热电偶线、数据传输线、隔热防护盒（保温承载托盘）、充电器、软体光盘、高温手套等，见图 8-16 和表 8-3。

温度数据记录仪　　　　　　　　　　热电偶线　　　　　　　　　数据传输线

图 8-16

表 8-3

序号	名称	数量	序号	名称	数量
1	仪器包装箱	1PCS	6	K 型热电偶	6PCS
2	仪器主机	1PCS	7	充电器	1PCS
3	隔热防护盒	1PCS	8	高温手套	1PCS
4	操作说明书	1PCS	9	高温纱布	1PCS
5	数据传输线	1PCS	10	软体光盘	1PCS

2. 技术参数

　　技术参数见表 8-4。

表 8-4

存储器	Memory	230/400points
测试通道	Test Channel	4/6/9/12 通道
采样频率	Sampling frequency	0.05s～30min
精度	Precision	±0.6℃
分辨率	Resolution	0.1℃
工作电压	Run Voltage	DC3.7～DC4.2V
电池	Battery	850mA·h
热电偶类型	Thermocouple Types	K 型
仪器功耗	Power	≤10mA·h
内部最高工作温度	Max. Inner Run Temperature	70℃
模拟功能：选配	Simulation Function：Option	

3. 炉温检测仪测温原理介绍

以在样品板不同类型不同大小组件上埋设热电偶线做成测温板，借助温度数据记录仪，根据产品进入 Reflow（回流焊炉）中随着时间及产品所在炉膛位置的不同而受热不同，以时间为横坐标、温度为纵坐标、0.05s/1 个点的信息收集频率绘制温度变化曲线，从而准确检测产品预热（Pre-Heating）—恒温（Heating）—熔锡（Peak）—冷却（Cooling）回流焊接过程（图 8-17）。

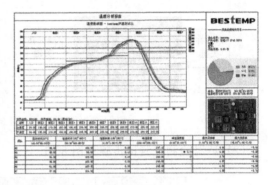

图 8-17

二、能独立安装及设定 BEStEMP 计算机操作软件

（1）软件主界面及各功能键：如图 8-18 所示，操作主界面主要包括初始化、炉子、工艺、曲线与下载、退出等功能键。

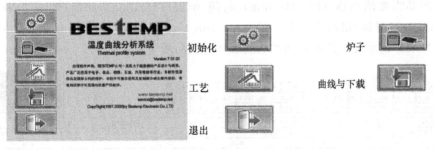

图 8-18

（2）软件初装设置流程见图 8-19。

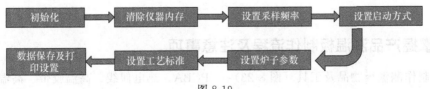

图 8-19

三、能熟练掌握炉温检测仪测试操作步骤及温度曲线的调试

（1）温度数据记录仪认识：如图 8-20 所示，温度数据记录仪部件包含电源指示灯（蓝灯和红灯）、测试指示灯（绿灯和橙灯）、复位键、数据通信和充电端口、电源开关键、测试开关键、热电偶插座。

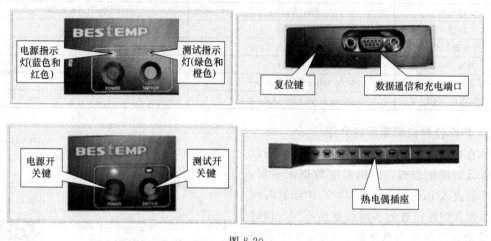

图 8-20

（2）炉温检测仪测试步骤见图 8-21。

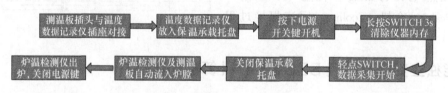

图 8-21

（3）炉温曲线调试：以调整回流焊各加热区块的预设上限温度及轨道传输速度，实现对在生产的产品需要的预热（Pre-Heating）时间/恒温（Heating）时间/熔锡（Peak）时间/冷却（Cooling）时间/最高温（Top Temperature）/升温斜率（Heating Rate）/降温斜率（Cooling Rate）的掌控，从而达到产品的最佳焊接品质（图 8-22）。

名称	入口	温区1	温区2	温区3	温区4	温区5	温区6	温区7	温区8	温区9	温区10	温区11	温区12
上温区	30.00	150.00	170.00	180.00	190.00	205.00	205.00	205.00	235.00	255.00	270.00	255.00	210.00
下温区	30.00	150.00	170.00	180.00	190.00	205.00	205.00	205.00	235.00	255.00	270.00	255.00	210.00

探头	回流时间(217℃) (40.00~60.00)/秒	恒温时间(150~190)℃ (80.00~120.00)/秒	恒温斜率(150~190)℃ (0.00~1.00)℃/秒	峰位温度 (230.00~255.00)℃	峰位温度差 (0.00~20.00)℃	最大正斜率 (1.00~5.00)℃/秒	最大负斜率 (-5.00~1.00)℃/秒
#2	58.50	104.00	0.39	247.10		4.44	-3.64
#3	58.00	99.00	0.61	248.30	◆ 3.70	4.66	-3.28
#4	54.00	103.00	0.40	244.60	◇	3.79	-3.62
#5	58.00	103.50	0.39	246.00		4.27	-3.63
#6	61.50	100.50	0.39	248.00		4.31	-4.65

图 8-22

四、能掌握产品测温板制作流程及注意事项

（1）制作测温板物品及工具（图 8-23）：PCBA、热电偶线、高温胶带、高温锡丝、红

胶带、1mm钻头的手枪钻和工程提供的测温点SOP（作业指导书）。

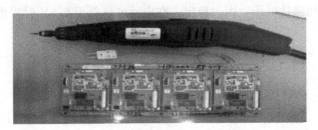

图 8-23

（2）准备6根以上热电偶线，并在准备好的PCBA上找出6个热电偶线焊接点（无组件空白位置；阻容感等组件位置；BGA等核心组件位置；连接器等大型组件位置；温度重点监控组件位置）。

（3）装热电偶插头：将热电偶线端部分分开并剥去护线胶皮少许，再将红色热电偶线接负极，黄色接正极，然后在插头上写上在测温板上的位号（图8-24）。

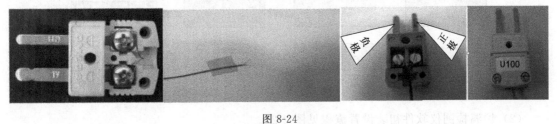

图 8-24

（4）热电偶的焊接：将热电偶线端部分分开并去护线胶皮少许，再将热电偶线焊在工程提供的测温点上，并用高温胶带或红胶带固定［BGA热电偶的焊接：将板上的BGA元器件拔下并清理PCB PAD上的余锡。在BGA焊接位置附近钻一个直径1mm的孔，从PCB反面用高温胶带或红胶带固定好热电偶线，并将钻孔用红胶带进行封堵，防止温度串流。做完后进行重新贴装BGA，即在PCB PAD上全体涂抹助焊剂，再在BGAREWORK（BGA类元器件维修）工站重新贴装BGA，贴装完成后使用红胶带固定BGA对角两点，如图8-25所示］。

图 8-25

（5）炉温检测仪使用注意事项：

① 不得碰撞，摔打；

② 严禁无保护套过炉；

③ 保持内部电路板清洁，不得随意打开炉温检测仪上盖；

④ 经常检查仪器上的螺钉是否松动，发现松动立即拧紧；

⑤ 更换电池时不得随意用力拉扯电源线，以免拉断电源线；

⑥ 炉温检测仪不使用时，请不要打开电源，要节约用电；

⑦ 电池建议使用碱性电压，因为稳定，在电池电压低于 6.8V 时需更换。

操作指南

1. 组织方式

（1）场地设施：SMT 生产线；一体化教室。

（2）设备设施：炉温检测仪、测温板；BEStEMP 炉温检测仪操作手册视频资料。

2. 操作要求

（1）遵守课堂纪律。

（2）做好安全防护，防止烫伤。

任务实施

（1）测温板制作流程见图 8-26。

图 8-26

（2）炉温检测仪软件初装设置流程见图 8-27。

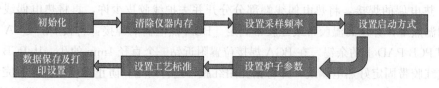

图 8-27

（3）炉温检测仪测温流程见图 8-28。

图 8-28

任务小结

（1）BEStEMP 炉温检测仪硬件主要包括温度数据记录仪、热电偶线、数据传输线、隔热防护盒、充电器、软体光盘、高温手套等。

（2）BEStEMP 炉温检测仪原理：以在样品板不同类型不同大小组件上埋设热电偶线做成测温板，借助温度数据记录仪，根据产品进入回流焊炉中随着时间及产品所在炉膛位置的不同而受热不同，以时间为横坐标、温度为纵坐标、0.05s/1 个点的信息收集频率绘制温度变化曲线，从而准确检测产品预热（Pre-Heating）—恒温（Heating）—熔锡（Peak）—冷却（Cooling）回流焊接过程。

（3）温度数据记录仪部件：电源指示灯（蓝灯和红灯）、测试指示灯（绿灯和橙灯）、复位键、数据通信和充电端口、电源开关键、测试开关键、热电偶插座。测温时，测温板插头与温度数据记录仪插座按照正确极性对接，将温度数据记录仪放入保温承载托盘，按下电源开关键开机，长按SWITCH键3s清除温度数据记录仪内存，轻点SWITCH键开始数据收集，关闭保温承载托盘，测温板与炉温检测仪先后自动流入炉前入口，炉温检测仪流出炉后关闭电源键。

（4）以调整回流焊各加热区块的预设上限温度及轨道传输速度，实现对在生产的产品需要的预热（Pre-Heating）时间/恒温（Heating）时间/熔锡（Peak）时间/冷却（Cooling）时间/最高温（Top Temperature）/升温斜率（Heating Rate）/降温斜率（Cooling Rate）的掌控，从而达成产品的最佳焊接品质。

（5）制作测温板流程。相关器材准备：PCBA、热电偶线、高温胶带、高温锡丝、红胶带、1mm钻头的手枪钻、工程提供的测温点SOP。装配热电偶插头。热电偶的焊接。热电偶红胶带固定。温度取点位置标示。机型名称标示。

X-ray激光检测仪操作与维护

📃 项目概述

X-ray 激光检测仪使用高压加速电子束来释放 X 射线，这些 X 射线会穿透样品并留下图像。通过图像的亮度观察样品的相关细节。它可以检测 BGA/QFN/Module 类焊接点非裸露在外的元件焊接状况，如连锡/空焊/锡裂/冷焊等一系列异常，以确认 SMT 产出产品的品质状况。

🦑 本项目主要学习任务

学习任务 1　X-ray 激光检测仪的认知
学习任务 2　X-ray 激光检测仪的操作及注意事项——DAGE X-ray XD 7600 的认知
学习任务 3　X-ray 激光检测仪的维护——DAGE X-ray XD 7600

学习任务 1　X-ray 激光检测仪的认知

📑 学习目标

（1）了解并熟悉 X-ray 工作原理。
（2）了解 X-ray 设备的应用领域。

▶ 知识准备

一、X-ray 工作原理

X 射线（X-ray）设备使用高压加速电子来释放 X 射线，这些 X 射线会穿透样品并留下图像。技术人员通过图像的亮度观察样品的相关细节。它可以检测到一系列异常，例如 PCB 电路断开、IC 缺陷、焊球开裂/连焊。

（1）X 射线设备主要利用 X 射线的穿透作用。X 射线的波长短，能量大。当它们照射到物质上时，该物质只能吸收一小部分能量，而大部分 X 射线的能量将穿过物质原子之间的间隙，显示出强大的穿透能力。

X 射线设备通过 X 射线穿透要测试的样品，然后将 X 射线图像映射到图像检测器上。图像形成质量主要取决于分辨率和对比度。一般来说，X 射线设备的 X 射线管也决定着 X 射线设备的功能。

(2) X 射线设备可以检测 X 射线的穿透能力与物质密度之间的关系，并且差分吸收的特性可以区分不同密度的物质。如果检查对象破裂，则厚度不同，形状变化，X 射线的吸收率不同，所得到的图像也不同，因此可以产生有区别的黑白图像。

X 射线管主要通过电场将热阴极提供的电子加速到阳极。当电子在数十千伏的高压下迅速加速到高速状态时，动能被转换为释放 X 射线，当它们撞击阳极体时，碰撞区域的大小是 X 射线源的大小。通过小孔成像原理，可以知道 X 射线源的大小与清晰度成反比，即 X 射线源越小，图像越清晰。

(3) X 射线检测仪弥补了过去化学膜成像的不足。检测仪可以节省成本，同时提高效率。可用于 IGBT 半导体检查，BGA 芯片检查，LED 灯条检查，PCB 裸板检查，锂电池检查，铝铸件的无损检查。

二、 X-ray 设备应用领域

(1) 工业 X 射线检测设备具有广泛的应用范围，通常用于电池行业（例如锂电池测试）、印制电路板行业（半导体封装）、汽车行业、印制电路板组装（PCBA）行业等，以观察和测量包装内部对象的位置和形状，查找问题，确认产品是否合格，并观察内部状况。

(2) 具体应用范围：主要用于 SMT、LED、BGA、CSP 倒装芯片检查，半导体、包装组件、锂电池行业，电子组件、汽车部件、光伏行业，铝压铸、模压塑料、陶瓷的特殊检查产品等行业。

➡️ 任务小结

通过使用非破坏性微焦点 X 射线设备输出高质量的透视图像，然后转换平板探测器接收到的信号。只需使用鼠标即可完成操作软件的所有功能，非常容易使用。标准的高性能 X 射线管可以检测到 $5\mu m$ 以下的缺陷，某些 X 射线设备可以检测到 $2.5\mu m$ 以下的缺陷，系统放大率可以达到 1000 倍，并且物体可以移动和倾斜。可以通过 X 射线设备执行手动或自动检测，并且可以自动生成检测数据报告。

学习任务 2　X-ray 激光检测仪的操作及注意事项——DAGE X-ray XD 7600 的认知

📚 学习目标

(1) 了解并掌握开关机操作。

(2) 熟练掌握 PCBA 检测操作。

(3) 熟练掌握图形图像处理与储存。

(4) 熟练掌握量测工具使用方法。

9

一、开关机操作

1. 开机

电源的控制开关位置如图 9-1 所示。

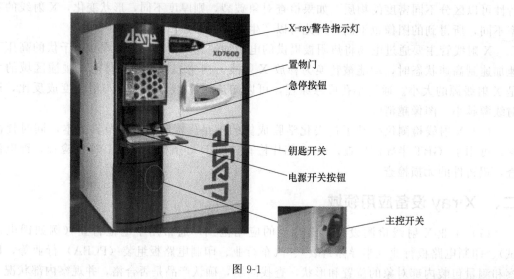

X-ray警告指示灯
置物门
急停按钮

钥匙开关
电源开关按钮

主控开关

图 9-1

正确的开机顺序是：

（1）在开机前先检查一下机器的外观是否有明显的损伤或改装。任何损伤或改装都有可能增加 X-ray 泄漏的危险。

（2）检查机器的前门是否关闭，正常情况下前门都会被内锁锁住，以防止前门在未关闭情况下打开机器。

（3）将主控开关打到"I"位置；如主控开关在"T"位置，则应先打到"O"位置然后再打到"I"位置（图 9-2）。

（4）检查急停按钮是否被设定，如果被设定，则顺时针旋转按钮解除急停状态。

图 9-2

（5）插入钥匙并将钥匙开关打到 X-ray ENABLE 位置（图 9-3）。

（6）按下绿色 POWER ON 按钮，此时 X-ray 机器的真空泵和电气设备都已启动。

主控计算机首先按照正常的启动顺序开机，接着按下列的顺序启动：

图 9-3

（1）"X-ray"应用软件自动启动模式，屏幕出现"X-ray"的品牌画面（图 9-4）。

（2）几秒后，如果是带 CT 的机器，会提示是否使用 CT 功能（平时操作选择第一项），如图 9-5 所示。

（3）出现"Press OK to Initialize Axes"信息时，单击"OK"开始初始化各轴（图 9-6）。

（4）完成这些操作后，屏幕出现应用程序画面，如图 9-7 所示。

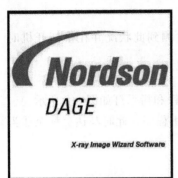

图 9-4

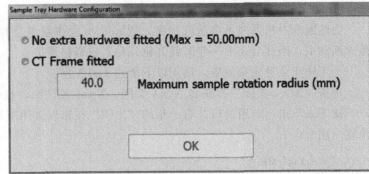

图 9-5

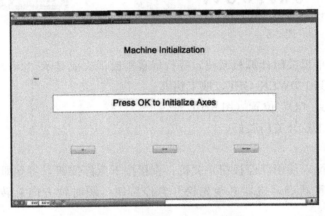

图 9-6

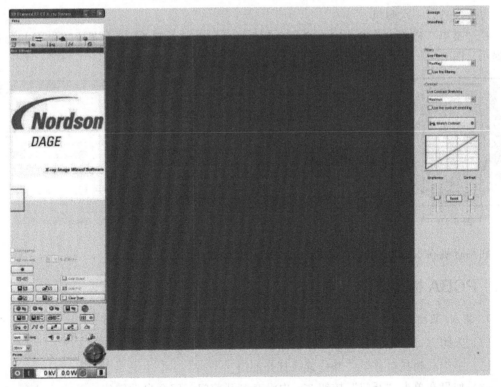

图 9-7

2. 关机

突然断电对机器并不会造成损害，Windows 操作系统会检测到此状况并在重新开机时做诊断测试，因此会花上一些时间开机且易造成资料流失。

为了防止此种现象发生，请用以下所述关机程序：

单击"X-ray 关闭"按钮将 X-ray 关闭。X-ray 关闭时，按钮和指示灯如图 9-8 所示。

接下来单击"应用窗口"右上角的"关闭"按钮以关闭应用程序，此时马达会移至适当位置（图 9-9）。

图 9-8

图 9-9

在"开始"菜单里关闭计算机系统，等待屏幕画面消失或显示"No Sync"。

将钥匙开关打到 POWER OFF，取下钥匙。

将主控开关打到"O"位置（图 9-10）。

离开机器前把主控开关门关好。

3. 急停按钮

在紧急情况下可以使用急停按钮来关机：直接按下急停按钮，将立即关掉机器并切断内部部件的电源。要重新启动机器必须先松开急停按钮（顺时针方向旋转即可），如图 9-11 所示。

4. 暖机

每天应进行一次暖机。

在"菜单"栏依次单击"Menu""Tube""Warmup"，暖机时，"菜单"栏下方会有进度提示（图 9-12）。

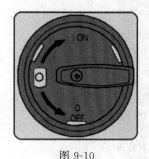

图 9-10

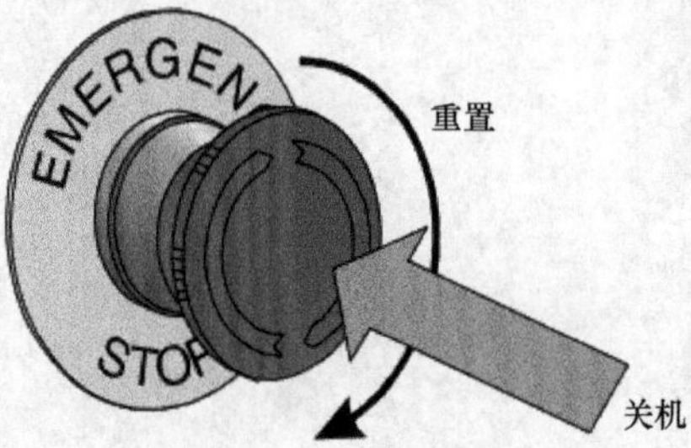

图 9-11

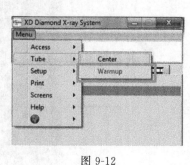

图 9-12

如果暖机在 15min 内无法完成，请立即通知厂商。

二、 PCBA 检测操作

1. 装入/取出 PCBA 操作

（1）关闭 X-ray 后单击 ■（"开门"按钮）松开门锁。

（2）等待载物托盘移至装卸位置后打开前门。

（3）如果在单击"开门"按钮 30s 内没有打开前门，门会自动锁住。

（4）将 PCB 放在载物托盘的左下角，距离两边缘各约 2cm。样品高度/重量需低于限定值，默认为：重量小于 5kg，高度小于 50mm（图 9-13）。

（5）关上前门。

2. 打开 X-ray

单击"射线开启"按钮。

kV 值和 W 值会持续增加，其值代表现在的电压值和功率值（图 9-14）。

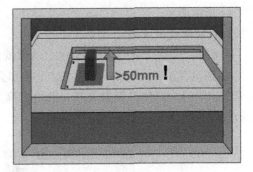

图 9-13

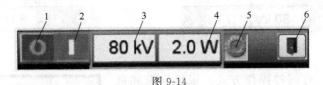

图 9-14

1—"射线关闭"按钮；2—"射线开启"按钮；3—电压反馈显示；4—功率反馈显示；
5—AVG 处理状态提示（当变绿色后，图像才会稳定）；6—"开门"按钮

注意：可能会花几十秒屏幕才会显示图像。

如果功率值显示过低或为零，则单击"Menu""Tube""Center"，约 10s 后功率输出应该会恢复（图 9-15）。

如果仍然没有影像输出，可能是测试区域太厚而需要更强的 X-ray 能量。

调整电压至较高的设定值（图 9-16）。

如果有什么原因造成 X-ray 不能打开，在信息栏中会列出相应的错误信息。

3. 导航图产生

打开 X-ray，选择"Board Image"选项卡。开启射线，待功率电压稳定后，选择"Scan-Board"或"Scan Full"完成扫描（图 9-17）。

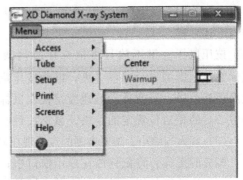

图 9-15

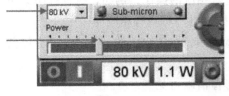

图 9-16

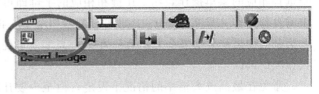

图 9-17

"Scan Board"：机器会从左下角开始寻找 PCB。如果载物托盘放有两片 PCB 且相隔超过 6cm，机器可能会扫描不到第二片 PCB，此时可采用"Scan Full"。

"Scan Full"：机器会扫描全部的载物托盘区域。这通常会花比较长的时间。

选择观察区域：在导航图上双击鼠标左键，此时影像显示屏幕会显示刚才所点选的区域。

4. 影像调整

（1）影像亮度调整：

① 经由 Tube Power 调整。这个动作就像是调整家中电视机屏幕亮暗程度（图 9-18）。

② 经由 Tube Voltage 调整。这个动作会增强 X-ray 的穿透能力。此值太低 X-ray 会无法穿透较厚的金属使得影像太暗；此值太高则会穿透较薄的金属使得影像太亮。两者均无法显示较理想的 X-ray 影像（图 9-19）。

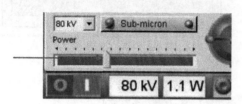

图 9-18

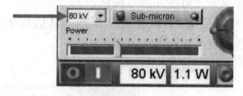

图 9-19

（2）影像移动。有两种操作方式：鼠标拖曳和鼠标摇杆。

将鼠标移至影像显示屏幕并右击鼠标。此时会出现一个小选单，如图 9-20 所示。

选择"Mouse drag"模式：将鼠标移至欲检测点，然后双击鼠标左键，此点会移至屏幕中央。将鼠标移至欲检测点，然后按住鼠标左键不放拖曳鼠标，此点会依着鼠标移动直到松开鼠标键。

选择"Mouse joystick"模式：双击鼠标左键的操作与上述一样。

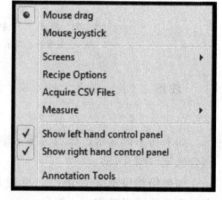

图 9-20

按压鼠标左键不放且将鼠标往前稍微移动，此时鼠标会跳至影像显示屏幕中央，继续按压鼠标左键不放，试着在屏幕上移动鼠标，此时鼠标就像摇杆一样，影像移动的速度是根据鼠标和中心点的距离定的，而其移动方向是根据鼠标和中心点的相对位置定的。松开鼠标按键影像便停止移动。

（3）放大与缩小。想要检测的点出现在显示窗口中，可以用不同的放大率来查看相应的点。

相应的操作：将鼠标放在显示窗口中；旋转鼠标轮可以放大、缩小显示窗口中的图像。

（4）快捷键使用。键盘的主要应用是输入要存储和打印的图像文件的名称。另一项应用是选择相应的菜单操作，用 Alt 键和相应的字母即可进行相应的操作。例如，执行打印菜单中的存储操作，只需按 Alt＋P 即可打开打印菜单，再按 S 键即可执行相应的操作。

（5）测试高度寻找。目的在于在某一高度下可任意以倾斜角观测组件，而且组件会停留在相同的画面位置。

避免在最高放大倍率的情况下设定，但至少要让影像清晰可见。

① 单击"Set Height"按钮。相应的指示灯会变成绿色（⬛●）。

② 单击想要检测的点。

③ 尽量准确地在此点单击鼠标左键。

④ 每次单击摄像机都会倾斜一个角度并询问确认位置。通过倾斜，计算该点的高度。

重复上述的操作 6 次。

在最后一次（第 7 次）单击时机器会计算此组件高度。

"信息"栏中将显示"New Height Set"，现在高度已设定完成。

（6）多角度测试。从不同的角度查看 PCB，可以更加详细地检查 PCB 缺陷。"倾斜控制"按钮允许用户在不同的角度以不同的方向查看 PCB。

用"Set Height"按钮来定位基准点。

在小放大率状态下选择所欲检测点。

在"倾斜控制"按钮上单击鼠标左键。红色十字符号位置代表现在所观测的角度（图 9-21）。

单击"倾斜控制"按钮中的任何一点，红色的 X 将移到相应的点，这样摄像机也移到了相应的位置。

单击"倾斜控制"按钮周边上的任何一点。摄像机会移到相应的方向以最大的角度查看 PCB。

单击中心的红点，摄像机将移到 PCB 的正上方。

在"显示"窗口中双击任何一点，效果是一样的。

图 9-21

三、图形图像处理与储存

1. 影像平均（AVG）

实时影像显示通常会有噪声，但以平均多张影像资料的方式可以减少此现象。

可选择所要做平均的影像张数，如图 9-22 所示，但所选择的张数越多，处理时间就越久，一般使用可选择 32 张，处理指示灯全部呈现绿色代表影像处理完成。

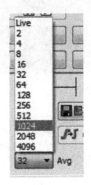

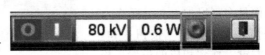

处理指令灯

图 9-22

2. 增强图像对比

（1）自动调整：打开右侧"控制"菜单，选择"Linear"，如图 9-23 所示。

（2）手动调整：单击  ，相应功能的指示灯会变成绿色，如图 9-24 所示。

机器会自动调整影像的黑白对比。也可通过再次单击相应的按钮，取消相应的图像处理操作。

切换到此选项卡，并通过拉动箭头调整。

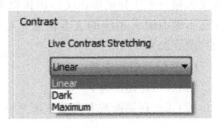

图 9-23

3. 影像滤镜

在右侧菜单上，选择"Filters"，并选择相应滤镜（图 9-25）。

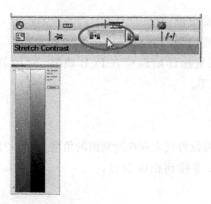

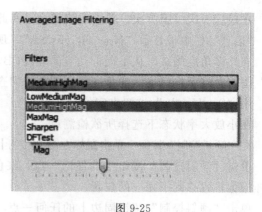

图 9-24　　　　　　　　　　　　　　图 9-25

也可单击 ![AJ●]，进入图 9-26 所示界面选择更多滤镜。

4. 彩色影像处理

单击 ![■]，再次单击相应的按钮，取消相应的图像处理操作（图 9-27）。

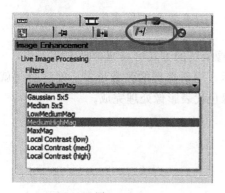

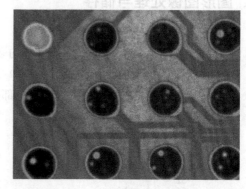

图 9-26　　　　　　　　　　　　　　图 9-27

5. 影像注释与存储

一张影像最多可以加入 9 个标注。

单击任何一个"注释"按钮（![图]）并按住鼠标左键，拖到相应的位置，松开左键（图 9-28），一条红色的线将连在"注释"按钮和要注释的点之间。也可以用同样的方法再做一条注释或单击注释按钮取消已标注的注释。在文本框中输入相应的文本信息，可单击更改箭头方向（图 9-29）。

图 9-28

6. 存储与打印影像

（1）1—存储图片；

（2）2—存储图片和参数（图 9-30）。

四、量测工具使用

使用量测工具时必须将影像增强器移至检测对象正上方，必须先完成设高动作（图 9-31）。

图 9-29

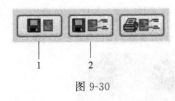

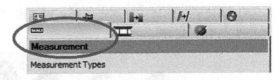

图 9-30

图 9-31

（一）长度量测

选择第三项（Distance Only），单击 "Measure" 按钮，使其指示灯变绿（图 9-32）。在 FOV 区域，单击测量的两个端点，距离就会显示出来（图 9-33）。

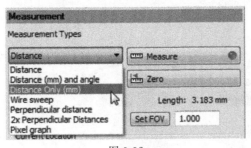

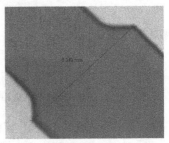

图 9-32

图 9-33

（二）面积量测

首先需将锡球移动到 FOV 正中，放大到合适大小，并设高（图 9-34）。

1. 查找锡球外框（图 9-35）

（1）设定锡球最小直径，方法选择"自动"（图 9-36）。

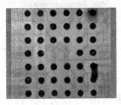

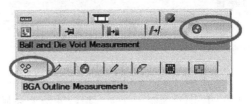

图 9-34

图 9-35

（2）单击 "Findout Line"。

（3）如果此时未出现锡球轮廓线或显示不正确，可调整 "Outline" 滑标直到结果正确为止（图 9-37）。

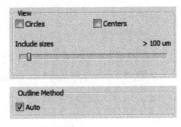

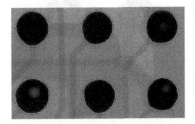

图 9-36

图 9-37

（4）如果机器计算结果包含了较小的非锡球轮廓线，可以调整 "Exclude Size" 滑标设定最小的直径测量下限值。

（5）单击 "Diameters" 以显示每一个被测量锡球的直径大小值。

（6）欲使锡球轮廓线呈现正圆形，可单击 "Circles"。

结果如图 9-38 所示。

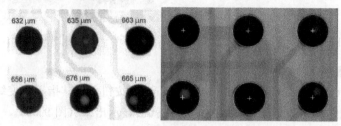

图 9-38

2. 锡球气泡量测（图 9-39）

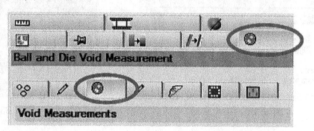

图 9-39

（1）选择气泡比例不合格上限（图 9-40）。

（2）选择"自动"量测方法（图 9-41）。

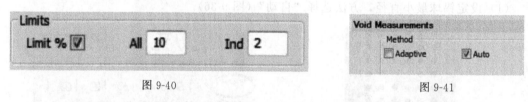

图 9-40

图 9-41

（3）单击 [🌐 Voids]，屏幕上会显示每一颗锡球气泡的百分比（图 9-42）。

（4）若气泡显示不正确，可调整 "Void" 滑标（图 9-43）。

（5）可以移动滑标将圆周以内的些许区域不列入锡球面积计算范围（图 9-44）。

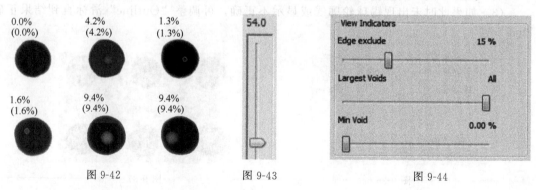

图 9-42   图 9-43   图 9-44

3. 任意区域气泡量测工具（图 9-45）

（1）选择方形圈选工具：将鼠标移至影像显示屏幕，选择欲圈选区域的一个角落后按住鼠标左键不放，将鼠标移至对角以画出方形区域。

（2）单击"Add"。

（3）以相同的方式可以选用圆形圈选工具和任意形状圈选工具。

几何形状区域气泡量测工具：

（1）合并两种形状，可以任意合并多种形状（图 9-46）。

（2）消除一部分形状（图 9-47）。

（3）保留重叠区域（图 9-48）。

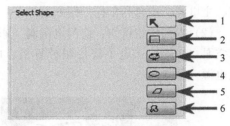

图 9-45

1—选择工具；2—矩形工具；3—三点圆规；
4—椭圆工具；5—多边形工具；6—铅笔工具；

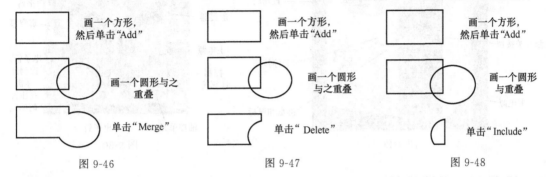

图 9-46　　　　　　图 9-47　　　　　　图 9-48

🔜 任务小结

DageX 光检测系统专为印制电路板（PCB）和半导体行业设计，并且采用了符合人体工程学的设计，可提供高分辨率纳米级焦距 X 射线系统，不仅可用于实验室故障分析，也可用于生产环境。本任务以 DAGE X-ray XD 7600 设备为例重点介绍 X-ray 设备开关机/紧急停止等基础知识，并对该设备测试 PCBA 线路及 BGA 锡球焊接状况操作过程重点讲解，从而让学员更快更好地掌握。

学习任务 3　X-ray 激光检测仪的维护——DAGE X-ray XD 7600

📖 学习目标

（1）了解设备构造。

（2）熟练掌握周期保养项目。

（3）了解并掌握常见问题排除。

🔜 知识准备

一、设备构造认知

（1）设备外部构造：警告指示灯、显示器、置物门（待测产品从此门放入设备内部测试区）、电源开关按钮［三种选择方向：主电关闭/电子管（Tube）关闭/正常工作］、急停按钮、主电源、键盘和鼠标（图 9-49）。

（2）内部构造认知：前门电磁阀、影像摄取器、置物台、移动平台、主平台、避震器、真空泵（Pump）、电子管控制计算机、电子管、高压控制单元、轴控单元、控制计算机、主电源（图 9-50）。

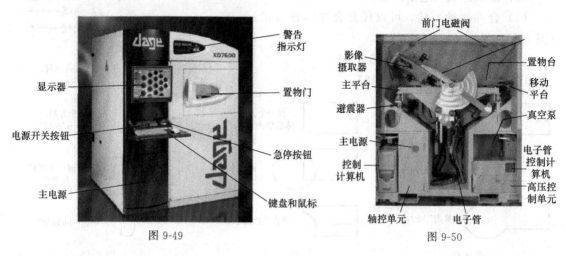

图 9-49　　　　　　　　　　　　　　　　图 9-50

二、设备部件周期保养

（一）保养周期表

保养周期表见表 9-1。

表 9-1

间隔时间				保养项目
每天	每周	半年	一年	
√				暖机(约 3～5min)
	√			辐射泄漏侦测(建议自行购买,侦测器于每周测量)
			√	每年由原子能委员安排检测一次
				真空系统检查
√				1. 由操作软体检视真空状态
	√			2. 真空帮浦油位检查
		√		3. 阴极板与阳极圈清洁/更换
			√	4. 真空帮浦润滑油更换
			√	5. O-Ring 清洁并上止泄油或更换
故障发生时				Filament 更换
配合 Filament 更换时转向或 4 个月				Target 转向
			√	Target 更换
1. 每半年				X-ray Image Optimization
2. 设备移动				
3. 更换 Filament				
4. 影像模糊时				
W 数值呈现粗体字时				X-ray Beam Center
1. 设备移动				Calibration
2. 影像位置有误差时				
		√		螺杆与滑轨上油
1. 每半年				高压 cable 清洁并上绝缘油
2. 信息显示				
KV Wandering				
3. Warmup 无法完成(停留在高 kV 值)				

（二）检测真空状态

（1）检视 X-ray 发射管的真空值（图 9-51）。

　　　　　　　　　　　　　　　　　　　—— 真空指示灯

图 9-51

（指示灯呈绿色表示真空良好；呈黄色表示差；呈红色表示无真空）

> **注意：** 为确保耗材及设备寿命，真空值不佳时，切勿开启 X-ray。

（2）"Engineer"画面中会显示真空值，单位为 Penning。Penning 值愈低，真空愈佳。建议 Penning 小于 6.0 再开启 X-ray（图 9-52）。

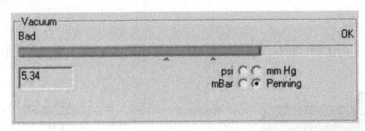

图 9-52

（三）　Warmup（暖机）——每日执行

（1）Warmup（图 9-53）为自动清洁电子管内部杂质的动作。可防止过多的物质影响电子管内部的真空状态。提升 X-ray 的影像水平。

（2）执行 Warmup，系统会自动开启 X-ray，由 0kV 慢慢增至 162kV，完成后自动关闭 X-ray。不论关机与否，每天至少执行 Warmup 一次。

（3）执行前请先确认真空状态，指示灯呈绿色方可执行。

图 9-53

（4）如果每日执行 Warmup，仅需 2～3min 即可完成；若一周未执行 Warmup，则需 30～60min。

（四）　Penning Transmitter（阴极发射机）保养与维护（阴极板更换）

1. 说明

（1）Penning Transmitter 安装于电子管上，功用为量测电子管内部的真空值。"Engineer"画面中的真空值就是由 Penning Transmitter 提供的。当真空值不佳时，将无法开启 X-ray。

（2）阴极板（Cathode Plate）位于 Penning Transmitter 内部，功用为侦测通过 Penning Transmitter 的真空压力并转换为电压信号。使用后，会有污垢附着于阴极板上，必须定期更换。

2. 判断方式

（1）正常情况下，开机后，Penning Transmitter 会有两个 LED 亮起（图 9-54）。

（2）在无漏气的情况下，"Engineer"画面不停跳动时，必须更换阴极板。

（3）若真空值保持在红色 10Penning，请先确认 Penning Transmitter 下方的连接线是否接好。

3. 阴极板更换步骤（图 9-55）

（1）拉出电子管。

（2）卸除真空。

（3）拔除 Penning Transmitter 下方的信号线（外观类似网路线）。

（4）松开连接钳（Clamp）。

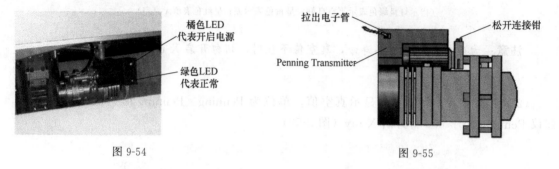

图 9-54

图 9-55

（5）松开后方两个螺钉，拉出 Penning Transmitter 内部机构（穿戴无尘手套），如图 9-56 所示。

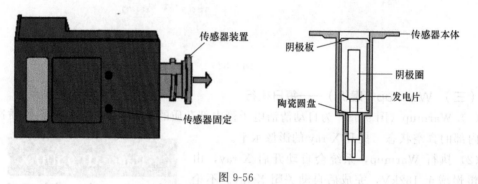

图 9-56

（6）利用镊子将阴极板拉出，再利用尖嘴钳将阳极圈拉出，取出陶瓷圆盘（图 9-57）。

（7）清洁阳极圈，利用酒精及棉花棒清洁内部，更换阴极板及陶瓷圆盘。

（8）依照原步骤将 Penning Transmitter 装回（阳极圈非常不好安装，请小心操作）。

（9）关闭泄气阀，待真空值良好后执行 Warmup，完成后才可开启 X-ray。

（五）高压电缆保养

说明：高压电缆（H. T. Cable）主要连接电源供应器（Spellman）与电子管，连接端周围为硅胶材质，每半年必须涂抹绝缘油，以防止干裂或漏电。

（1）将设备关机，并拔除电源线。等候至少 2min，让高压放电。

（2）开启前门，设备内部有一条黑色高压电缆，两端连接电源供应器及电子管。

（3）卸下四颗四号内六角螺钉，在高压电缆两端分别拔出电源供应器以及电子管（图 9-58）。

（4）用手接触连接点前，先将前端金属触碰设备的接地点，以防止触电。

（5）利用干净的擦拭布清除硅胶上、电源供应器及电子管内部的绝缘油。

（6）检视硅胶上有无裂痕或是烧焦的痕迹，若有任何不正常现象，请立即更换高压电缆。

（7）在硅胶上以手涂抹工具箱中的 DC4 绝缘油（图 9-59）。以手指旋转方式涂抹，使绝缘油均匀分布在硅胶上达 2mm 为止。注意：绝缘油勿涂抹在高压电缆前端金属部分，否则将无法导电。

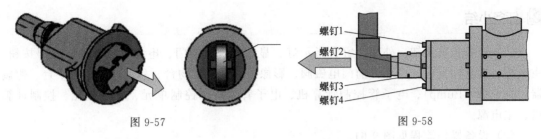

图 9-57　　　　　　　　　　　　图 9-58

（8）将高压电缆装回电源供应器及电子管，注意前端金属勿沾到绝缘油（图 9-60）。

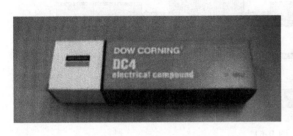

图 9-59　　　　　　　　　　　　图 9-60

（9）开机，待真空良好后执行 Warmup。

三、常见问题排除

常见问题及解决方法见表 9-2。

表 9-2

问题状态	可能原因	解决方法
1. 真空值跳动且无法到达绿色区域	a. 阴极板损坏 b. 真空泄漏 c. 标靶穿孔 d. Penning Transmitter 损坏	a. 更换阴极板 b. 检查各交接处 O-Ring（密封圈）清洁并上油 c. 更换标靶 d. 更换 Penning Transmitter
2. 无真空值 （显示为 Penning 10.0-红色区域）	a. Penning Transmitter 损坏 b. 信号线脱落 c. 主控计算机无法与电子管控制器连接	a. 更换 Penning Transmitter b. 检查电子管控制器至 Penning Transmitter 的连接线（蓝色，类似网路线）是否松脱 c. 检查主控计算机与电子管控制器的 RS232 是否松脱
3. 开放 X-ray 后只有 kv 值而 Watt 为零	a. 灯丝烧毁 b. X-ray Beam 偏移	a. 更换灯丝 b. 校正中心 X-ray
4. 电压紊乱	a. X-ray Beam 偏移 b. 高压电缆（H. T. Cable）绝缘不良	a. 校正中心 X-ray b. 清洁并重新上绝缘油
5. 电压无响应	a. PSU（高压产生器）未开放 b. PSU 熔丝烧毁	a. 开放 PSU b. 更换熔丝
6. 无法完成 Warmup （超过 30min 以上）	a. 高压电缆（H. T. Cable）绝缘不良 b. 真空值不足 c. 未按时（每日）执行 Warmup	a. 清洁并重新上绝缘油 b. 关闭 Warmup 并等待真空值到 6.0Penning 以下或检查是否有泄漏情形
7. 钥匙开关未设置到 X-ray 中心	钥匙开关未设置到 X-ray 中心	将钥匙开关转至 X-ray 中心
8. 通信超时	主控计算机无法与电子管控制器连接	a. 检查主控计算机与电子管控制器的 RS232 是否松脱 b. 更换电子管控制器

任务小结

（1）设备构造认知。外部：警告指示灯、显示器、置物门、电源开关按钮、急停按钮、主电源、键盘和鼠标。内部：前门电磁阀、影像摄取器、置物台、移动平台、主平台、避震器、真空泵（Pump）、电子管控制计算机、电子管、高压控制单元、轴控单元、控制计算机、主电源。

（2）设备操作流程见图 9-61。

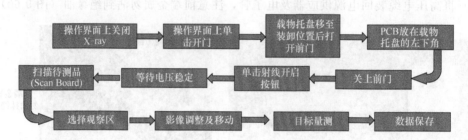

图 9-61

（3）设备维护及保养项目：检视真空状态、暖机（Warmup）、滤镜更换、标靶转向及更换、Penning Transmitter 保养与维护、阴极板更换、高压电缆保养。

操作指南

1. 组织方式

（1）场地设施：X-ray 机房，现场教学。

（2）设备设施：准备 1 台 DX 7500 X-ray 设备；带 BGA/QFN/DIP 产品 PCBA 3 片左右，防护服、绝缘油、擦拭纸、保养润滑油等耗材若干。

2. 操作要求

（1）遵守课堂纪律。

（2）做好安全防护。

（3）5 人 1 小组，实操演练。

任务实施

（1）要求学员了解并掌握 X-ray 的基本构造，了解各部件在使用中所起的作用。

（2）要求学员熟练掌握 X-ray 操作，以利于正常生产中快速准确地确认产品的品质。

（3）要求学员熟练掌握周期保养项目及维护保养注意事项，以利于实际生产中设备的正常运行。

（4）要求学员了解并掌握常见问题的排除方法，以利于生产中更快地处理问题。

项目十

AGV机器人操作与维护

项目概述

　　车间传统手工搬运占用更多人力成本，造成作业浪费，效率低下，治具与物料得不到及时周转，治具与物料手工搬运过程中，容易造成掉落损坏发生，人员前后走动造成车间管理混乱，环境不美观。AGV搬运方式使治具能够得到有效周转，实现物料治具搬运自动化，自动导引车（Automated Guided Vehicle，AGV）设计小型化适合有限空间运转作业，美化生产车间管理环境。AGV现场作业，双向运动操作简便，安全规避障碍物，可及时报警，降低人力成本，效率高，针对本项目学习快速有效地掌握 AGV 设备的使用与维护，更好地服务于生产（图10-1）。

图 10-1

本项目主要学习任务

学习任务 1　了解 AGV 机器人
学习任务 2　AGV 机器人操作
学习任务 3　AGV 机器人的维护

学习任务 1　了解 AGV 机器人

学习目标

（1）了解 AGV 机器人的发展历程。
（2）掌握 AGV 机器人的构造及工作原理。
（3）了解 AGV 机器人的分类。

知识准备

一、了解 AGV 机器人的发展历程

　　AGV 利用网络、电磁或光学等自动导引装置进行控制信号的传输，通过导航装置获知

周边情况从而自主进行规划、调整行进路径，从而更好地装卸和搬运物料。AGV 扮演物料运输的角色已经 60 多年了，其最早起源于美国，然后发展到欧洲，接着普及到日本，再到中国。

1. 欧美全自动 AGV 技术的发展

世界上第一台 AGV 是由美国 Barrett 电子公司于 20 世纪 50 年代初开发成功的，它是一种牵引式小车系统，带有车兜，在一间杂货仓库中沿着布置在空中的导线运输货物，可十分方便地与其他物流系统自动连接，显著地提高了劳动生产率，极大地提高了装卸搬运的自动化程度。随后此技术在英国得到了提升，英国最先研发出了电磁导引的 AGV，利用电磁导引使 AGV 摆脱了原来需要铺设轨道的不便，使 AGV 的应用更加简单起来。到了 20 世纪 50 年代末期，AGV 在欧洲得到了更广的推广和应用。1960 年，欧洲就安装了各种形式、不同水平的 AGV 系统 220 套，使用了 AGV 1300 多台。到了 20 世纪 70 年代中期，由于微处理器及计算机技术的普及，伺服驱动技术的成熟促进了复杂控制器的改进，并设计出更为灵活的 AGV。20 世纪 70 年代末，欧洲装备了 520 套 AGV 系统，共有 4800 台小车，1985 年发展到 10000 台左右。综合以上欧美国家及地区 AGV 技术的发展，可以发现这类技术追求 AGV 的自动化，几乎完全不需要人工的干预，路径规划和生产流程复杂多变，能够运用在几乎所有的搬运场合。这些 AGV 功能完善，技术先进；同时为了能够采用模块化设计，降低设计成本，提高批量生产的标准，欧美的 AGV 放弃了对外观造型的追求，采用大部件组装的形式进行生产；系列产品的覆盖面广，各种驱动模式，各种导引方式，各种移载机构应有尽有。不过，由于技术和功能的限制，此类 AGV 的销售价格仍然居高不下（图 10-2）。此类产品在国内有为数不多的企业可以生产，技术水平与国际水平相当。

2. 日本简易型 AGV 技术的发展

日本在 1963 年首次引进 AGV，其第一家 AGV 工厂于 1966 年由一家运输设备供应厂商与美国的 Webb 公司合资建成。1976 年后，日本对 AGV 的发展给予了高度重视，每年增加数 10 套 AGV 系统。1981 年，日本的 AGV 总产值为 60 亿日元，1985 年已上升到 200 亿日元，平均每年以 20％的速度递增，1986 年，日本累计安装了 2312 套 AGV 系统，拥有 5032 台 AGV，到 1990 年日本拥有 AGV 约 10000 台。到 1988 年，日本 AGV 制造厂已达 47 家，广泛应用于汽车制造、机械、电子、钢铁、化工、医药、印刷、仓储、运输业和商业上。以日本为代表的简易型 AGV 技术，或只能称其为 AGC（Automated Guided Cart），该技术追求的是简单实用，极力让用户在最短的时间内收回投资成本，这类 AGV 在日本和中国台湾企业应用十分广泛，从数量上看，日本生产的大多数 AGV 属于此类产品（AGC）。该类产品完全结合简单的生产应用场合（单一的路径、固定的流程），AGC 只是用来进行搬运，并不刻意强调 AGC 的自动装卸功能，在导引方面，多数只采用简易的磁带导引方式。由于日本的基础工业发达，AGC 生产企业能够为其配置上几乎简单得不能再简单的功能器件，使 AGC 的成本几乎降到了极限。这种 AGC 在日本 20 世纪 80 年代就得到了广泛应用，2002 年到 2003 年达到应用的顶峰（图 10-3）。由于该产品技术门槛较低，目前国内已有多家企业可生产此类产品。

3. 我国 AGV 发展现状

随着中日的交流深入，国内很多企业也意识到 AGV 能为企业节省人力，提高工作效率，节省成本，所以近年 AGV 在国内也得到了迅猛的发展。我国 AGV 发展历程较短，也

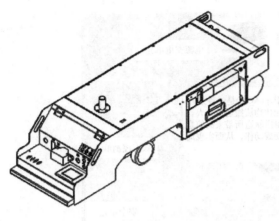

图 10-2

图 10-3

较缓慢，但一直以来不断加大在这一领域的投入，以改变我国 AGV 长期依赖进口的局面。近年来，在国内工业机器人需求量激增以及"中国制造 2025"、智慧物流等各项政策的保驾护航下，我国 AGV 机器人销售量持续增长。从需求领域来看，目前我国 AGV 机器人需求领域较为集中，主要分布在汽车工业、家电制造等生产物流端，其中汽车工业领域 AGV 机器人销售额占比 24%，家电制造占比 22%。除了工业领域

图 10-4

的应用外，AGV 开始向商业行业推广应用，其中对 AGV 需求最大的是电商仓储物流、烟草和3C 电子行业，三者占比分别为 15%、15% 和 13%（图 10-4）。国内 AGV 企业约 70 家，国产品牌占有率接近 90%，有近 30 家是最近两三年新进入的企业，主要是因为国内 AGV 应用市场在近几年才真正打开。目前，行业并未出现国外机器人巨头垄断的局面，国产品牌市场占有率接近 90%。

二、掌握 AGV 机器人的构造及工作原理——柔性化仓储搬运 AGV

（1）AGV 控制系统由管理系统、监控系统、通信系统、导航系统、充电系统等多个子系统组成。AGV 系统的工作原理是 AGV 单机通过通信系统接收到来自管理系统的指令，再根据预先规划好的路线通过导航算法驶向目标地点，期间 AGV 不断上传自己的状态信息，由监控系统显示出来。

（2）仓储搬运自动导引车（AGV）是一种柔性化和智能化物流搬运机器人，可依据电磁轨道所带来的信息进行固定区域、固定路线移动动作，从而实现周转搬运。由自动导引车和简易 AGV 呼叫系统组成。

自动导引车包含 AGV 驱动单元、电源充电单元、AGV 控制单元、避障传感单元、安全单元等单元（图 10-5）。

简易 AGV 呼叫系统包含工位呼叫盒、操作箱（控制）、AGV、柔性电磁轨道等（图 10-6）。

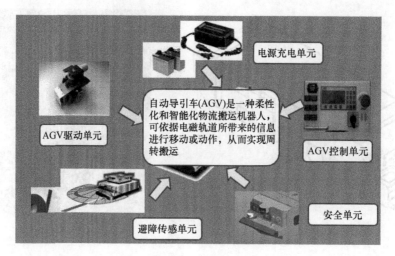

图 10-5

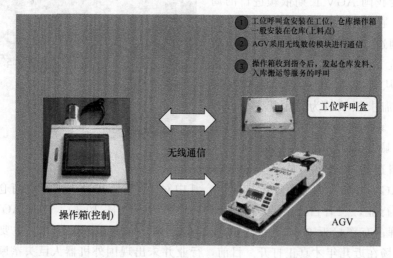

图 10-6

三、了解 AGV 机器人的分类

（1）按 AGV 导航方式来分。

① 电磁导航 AGV：电磁感应式引导一般是在地面上，沿预先设定的行驶路径埋设电线，当高频电流流经导线时，导线周围产生电磁场，AGV 机器人上左右对称安装有两个电磁感应器，它们所接收的电磁信号的强度差异可以反映 AGV 偏离路径的程度。AGV 的自动控制系统根据这种偏差来控制车辆的转向，连续的动态闭环控制能够保证 AGV 对设定路径的稳定自动跟踪。这种电磁感应引导式导航方法目前在绝大多数商业化的 AGV 系统上使用，尤其适用于大中型的 AGV 机器人。

② 磁条导航 AGV：这种引导方式是在地面上连续铺设一条用发光材料制作的带子，或者将发光涂料涂抹在规定的运行路线上，在车辆的底部装有检测反射光传感器，通过偏差测定装置和驱动转向电机来不断调整车辆前进的方向（图 10-7）。

③ 二维码导航 AGV：含有坐标信息的二维码被准确地固定在地面上，当摄像头扫描到二维码时，处理器即可根据二维码的坐标信息，通过摄像头中心和二维码的中心算出当前准确的位置误差和角度误差。在二维码之间的空白区域没有参考信息，可以通过控制器的输出开环推测当前的位置与误差，还可以根据积分编码器的测量值推测出当前位置。但由于积分编码器的精度问题总会产生推算的误差，为了减小误差首先可以通过缩短二维码之间的距离去减少推算时间，进而减小累积误差；还可以增加惯性导航，通过惯性测量单元（IMU）推测出当前的位置，再以积分编码器推测的位置为基础，利用数据融合技术推测出更为准确的位置。

图 10-7

④ 激光导航 AGV：该种智能 AGV 上安装有可旋转的激光扫描器，在运行路径沿途的墙壁或支柱上安装有高反光性反射板的激光定位标志，智能 AGV 依靠激光扫描器发射激光束，然后接收由四周激光定位标志反射回的激光束，车载计算机计算出车辆当前的位置以及运动的方向，通过和内置的数字地图进行对比来校正方位，从而实现自动搬运。

⑤ 惯性导航 AGV：惯性导引是在 AGV 上安装惯性陀螺仪，在行驶地面上安装定位块，AGV 可通过对惯性陀螺仪偏差信号的计算及地面定位信号的采集来确定自身的位置和方向，从而实现导引。其主要优点是技术先进，定位准确性较高，灵活性强，便于组合和兼容；缺点是惯性陀螺仪对振动较敏感，地面条件对 AGV 的可靠性影响很大，后期维护成本较高。

⑥ 视觉导航 AGV：视觉引导式智能 AGV 是正在快速发展和成熟的智能 AGV，该种智能 AGV 上装有 CCD 摄像机和传感器，在车载计算机中设置有 AGV 机器人欲行驶路径周围环境图像数据库。AGV 机器人行驶过程中，CCD 摄像机动态获取车辆周围环境图像信息并与图像数据库进行比较，从而确定当前位置并对下一步行驶做出决策。

将来可能还有 GPS、i-GPS（室内 GPS）、d-GPS（差分 GPS）AGV。

（2）按 AGV 驱动方式来分：单轮驱动 AGV、双轮驱动 AGV、多轮驱动 AGV、差速驱动 AGV、全向驱动 AGV。

（3）按 AGV 移载方式（执行机构或用途）来分：叉车式 AGV、牵引式 AGV、背负式 AGV、滚筒式 AGV、托盘式 AGV、举升式 AGV、SMT 式 AGV、防爆 AGV、装配型 AGV。

这里的移载方式分类都是大类，例如，叉车式有落地叉式、平衡叉式等；牵引式是指不承载或不彻底承载搬运对象重量的 AGV；背负式 AGV 彻底承载搬运对象的重量，可能采用的移载机构多种多样，如辊道、皮带、推挽等方式，固然也包括人工装卸；装配型是指用 AGV 构成了柔性的装配生产线，通常配以专用的工艺工装。

（4）按 AGV 控制形式来分：普通型 AGV、智能型 AGV。

（5）按 AGV 承载重量来分：轻便式 AGV（500kg 以下）、中载式 AGV（500kg～2t 之内）、重载式 AGV（2～20t 之内）。

（6）按 AGV 室内外来分：室内 AGV、室外 AGV（户外 AGV）。

（7）按 AGV 小车应用来分：工业制造 AGV、仓储物流 AGV、服务型 AGV（服务型 AGV 也可叫服务型移动机器人，具备很强的综合性、集成性，且形式多样，应用在不一样行业有不一样的名称，如巡检机器人、消毒机器人、医疗机器人等）。

学习任务 2　AGV 机器人操作

➡️ 知识准备

一、AGV 人机界面介绍

1. 车体主面板

车体主面板是 AGV 上主要的人机交互界面。主面板上提供了液晶显示以及工作任务中所需要的操作功能按钮，包括钥匙开关、启动按钮、停止按钮、复位按钮及键盘等。面板的布局如图 10-8 所示。操作人员可以通过主面板完成车体状态及任务的查看和设置。

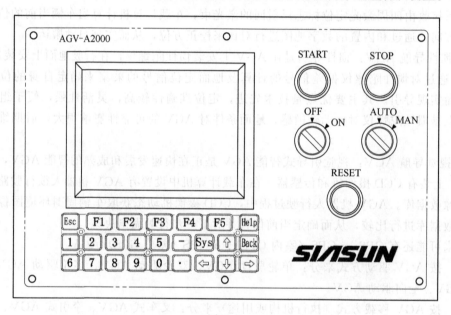

图 10-8

钥匙开关：在 AGV 电量正常的情况下，用户可以通过插入钥匙旋至 ON 或 OFF 对 AGV 进行开机操作。

手自动切换开关：手自动切换开关完成手动状态和自动状态的切换（暂不使用）。

停止按钮：在 AGV 正常运行的情况下，可以通过停止按钮暂停 AGV 的运行。

启动按钮：用户可以通过启动按钮使处于暂停状态的 AGV 进入运行状态。

复位按钮：当急停按钮被按下或者保险杠撞到障碍物停车后，用户在松开急停按钮或移走障碍物时，可以通过复位按钮来进行复位恢复对 AGV 伺服轴的供电。

键盘：车体主面板上的键盘可以提供给用户人机交互时所需的按键需求。

2. 行走手控盒

行走手控盒完成手动操作状态下的车体行走功能。行走手控盒上功能按键的布局设置如图 10-9 所示。行走手控盒上液晶显示和响应指示灯以及其内部蜂鸣可以实时显示行走手控盒相应状态。

方向键:

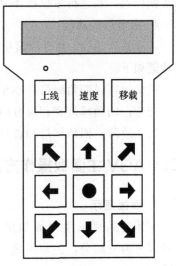

↑为前平移方向键,在运动方式状态时,此键使车体向前平移行走;在速度设置状态时,此键可提高速度级别。

↓为后平移方向键,在运动方式状态时,此键使车体向后平移行走;在速度设置状态时,此键可降低速度级别。

←为左平移方向键,在运动方式状态时,此键使车体向左平移行走。

➡为右平移方向键,在运动方式状态时,此键使车体向右平移行走。

↖为左前斜移方向键,在运动方式状态时,此键使车体向左前斜移行走。

图 10-9

↗为右前斜移方向键,在运动方式状态时,此键使车体向右前斜移行走。

↙为左后斜移方向键,在运动方式状态时,此键使车体向左后斜移行走。

↘为右后斜移方向键,在运动方式状态时,此键使车体向右后斜移行走。

功能键:

上线 自动对线:当将小车运行到导航线路上之后,按下"上线"键可使小车自动上线运行到前方站点,以便使小车能够自动运行。

速度 速度设置:速度级别共分为 5 挡,按下此键可进行当前 AGV 行走的速度级别设置,通过前平移方向键和后平移方向键来提高和降低速度级别。

移载 车载设备:根据 AGV 功能的不同,配有相应的车载设备,该键具有相应功能的定义,诸如移载设备功能等(此功能键暂时没有使用)。

●组合功能键:当 AGV 需要转弯、旋转操作时,该键与方向键结合具有相应方向的转弯旋转功能。

3. 举升操作面板

AGV 的前后举升机构(提升机)均配有举升操作面板。举升操作面板用来完成 AGV运行过程中用户所需的举升动作的控制操作。面板上功能按键的布局设置如图 10-10 所示,包括 UP、DOWN、RE-SET 等按钮,其中,前举升机构面板配有同步按钮,可以保证前后举升机构上升下降的同步性,满足用户进行底盘安装时对举升机构控制的精确要求。

图 10-10

UP:上升按钮,用户可以使用此按钮完成对应举升的上升操作。

DOWN:下降按钮,用户可以使用此按钮完成对应举升的下降操作。

RESET:复位按钮,用户可以使用此按钮完成对应举升的复位操作,使举升下降至初始最低位置，在进行复位操作时需同时按下下降和复位按钮。

4. 指示灯的功能

本项目的 AGV 共有四盏指示灯，前后各两盏。每盏指示灯有两个颜色：红色和绿色。其功能如下：

正常运行：四角绿灯（小车四角各一盏绿灯）闪烁。

转弯：四角绿灯和相应方向的黄灯同时闪烁。

发生故障：四角绿灯和黄灯同时闪烁。

二、AGV 主面板操作方法

1. 面板显示

车体液晶显示主界面如图 10-11 所示，显示区分为三部分：主显示区、状态栏和功能键。

（1）主显示区：在该区域内主要显示 AGV 的运行状态、系统参数、故障提示。

通过人机交互界面提示操作者 AGV 当前运行情况及如何排除提示的常见故障。

（2）状态栏：用于提示 AGV 工作的状态，如与控制台的通信状态、紧急开关的状

图 10-11

态、电量的情况、碰撞与防碰提示等。通过图标直观地提示给操作者 AGV 当前的状况。

（3）功能键：与键盘上 F1 到 F5 按键对应，按下对应按钮选择相应的功能。

2. 设备状态菜单选择

该菜单主要用于显示 AGV I/O 状态，其中包括开关、传感器、防碰保险杠、伺服驱动器、舵角当前位置及电池电量。

操作方法：首先开机后进入主画面，通过 F3 键选择"查看"，进入"查看"对话框，如图 10-12 所示，对话框显示各项使用功能键，包括车体姿态、电机及伺服轴、开关及继电器、电池、手控盒、保险杠及非接触防碰、软件版本、事件日志、车载设备。

（1）车体姿态。该对话框显示导航信号、地标信号以及返回的车体姿态偏差，如图 10-13 所示。

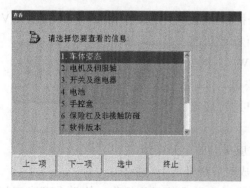

图 10-12

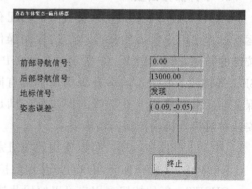

图 10-13

（2）电机及伺服轴。"选择驱动单元"对话框见图 10-14。

通过查看"轮电机"对话框，可以了解电机，包括驱动轴和舵轴的状态值及工作状态（图 10-15）。

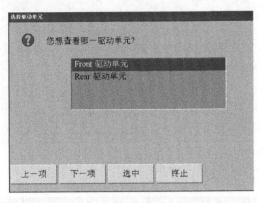

图 10-14

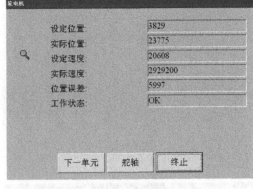

图 10-15

注意： 如果某一电机伺服驱动器出现故障，则显示异常。

（3）开关及继电器。如图 10-16 所示对话框，便于操作者查看 AGV 常用开关量的开关情况，方便调试及维护。通过该对话框操作者可检查启动/停止按钮、急停按钮、伺服/充电继电器（Servo relay/Charge relay）是否工作正常。

（4）电池。在 AGV 本体有显示电量情况的电量表，当电量表显示值在 98％～99％时，电池状态为满电量（图 10-17）。

图 10-16

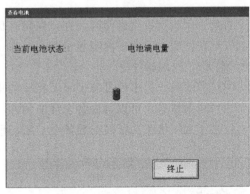

图 10-17

当电量表显示值在 95％～98％时，电池状态为电量正常（图 10-18）。

当电量表显示值在 95％以下时，电池状态为电量偏低，需及时对 AGV 进行充电（图 10-19）。

（5）手控盒。在"查看手控盒"对话框中，操作者可查看当前手控速度的级别（分为 5 级，1 为低速，5 为高速）、转弯半径的大小、手控盒命令码，通过手控盒命令码可查看手控盒的串口通信是否正常（图 10-20）。

（6）保险杠及非接触防碰。在此对话框中，可查看防碰安全设备——保险杠（图 10-21）。

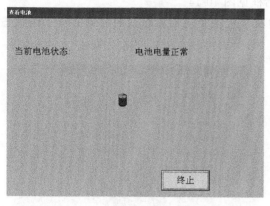

图 10-18

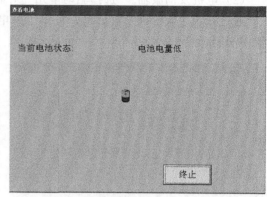

图 10-19

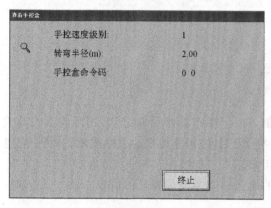

图 10-20

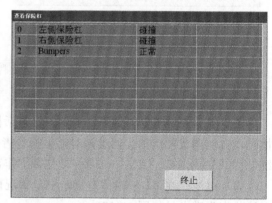

图 10-21

当某一保险杠发生碰撞时，在该保险杠位置系统显示"碰撞"。

（7）软件版本。此项内容显示的是当前 AGV 系统应用软件的版本，包括控制台软件、车体 MCU50 内部软件等。

（8）事件日志。事件日志记录了相应的重要事件内容，以便查询。

（9）网络状态。可以自检各个环节的网络连接情况（图 10-22）。

（10）CAN 状态。可以查看各个 CAN 通信器件的版本号（图 10-23）。

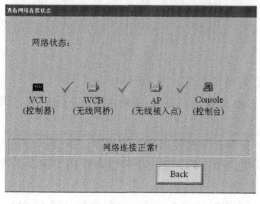

图 10-22

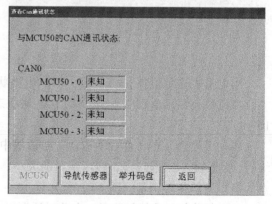

图 10-23

(11) 车载设备。在此对话框中可以查看车载设备状态,本系统车载设备为双提升机,配合同步传感器。用户可选择查看传感器状态和前后提升机状态(图 10-24)。

"查看提升机"对话框内可以选择查看提升机操作面板、提升轴及提升机开关的状态(图 10-25)。

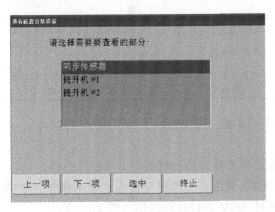

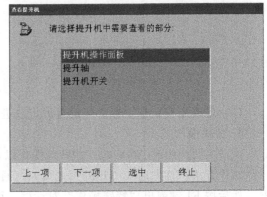

图 10-24   图 10-25

3. 参数设置

上一节介绍了 AGV 一些常用电气设备状态查看的方法,该节主要介绍允许操作人员修改的参数设置,共有三种参数供操作人员修改。其他由技术人员修改的参数将在下面部分介绍。下面是对 AGV 的一些参数设置(图 10-26)。

操作方法:AGV 上电后进入"开机"主画面,按 F4 键选择"设置",此时会弹出"输入用户口令"的对话框,AGV 操作人员输入口令密码后便可进入"参数设置"菜单,非 AGV 操作人员没有口令不得进入。

(1) 离线运行速度级别设置。"离线运行速度级别"对话框显示了离线运行时 AGV 采用的运行速度。通过键盘的左右箭头键选择速度,运行速度共分 10 级,1 级速度为最低(0.1m/s),10 级速度为最高(1m/s),见图 10-27。

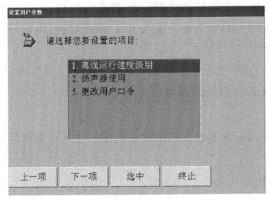

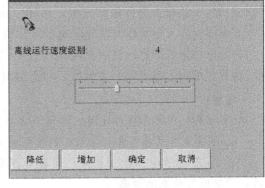

图 10-26   图 10-27

注:该速度只在离线运行时起作用。

(2) 扬声器使用设置。本设置选项可以对 AGV 本体上放置的扬声器进行设置,操作者可根据工作环境的需求放开或关闭提示音(图 10-28)。

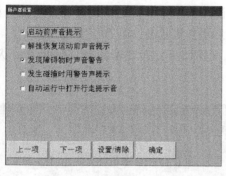

图 10-28

表 10-1 所示为声音报警模式说明。

表 10-1

功能	说明
启动前声音提示	AGV 从停止转为启动之前,发出报警提示声,提示在前方的人员注意
解挂恢复运动前声音提示	控制台挂起 AGV,操作人员解挂,AGV 在恢复自动运行之前发出提示
发生碰撞时用警告声提示	当保险杠发生碰撞时,发出报警声音提示操作者排除障碍

（3）更改用户口令设置。该设置可更改进入"设置"菜单的口令（图 10-29）。

4. 特殊操作

该节主要介绍对 AGV 的一些特殊操作以及特殊操作应用的环境。

操作方法：首先进入"开机"主画面，通过 F2 键选择"操作"进入"手工操作"对话框，然后按 F1 键弹出"特殊操作"对话框，可对 AGV 进行特殊操作（图 10-30）。

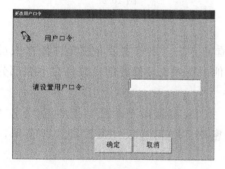

图 10-29

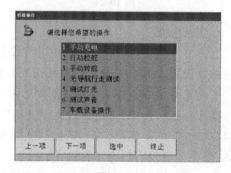

图 10-30

（1）手动充电。AGV 在正常运行过程中，会自动充电保证其正常运转。但在某些情况下，当操作者有手动充电的需要时，车体软件同样提供了这样的操作可供选择。

操作方法：首先运行 AGV 到充电站，然后按照上面所述选择"保养充电"项，此时会弹出对话框确认是否进行保养充电，选择"确认"AGV 开始自动充电，显示如图 10-31 所示（充电器保养充电操作方法见充电器使用说明）。

当充电结束或需提前结束充电，通过 F4 键选择"结束充电"，弹出"确认结束"对话框。选择"结束"将退回到主画面，如不退出可选择继续，充电将持续下去。

注意：

① 如果小车充电器与地面充电器没有对正，充电器检测不到 AGV 电压将不能充电。

② 该充电方式也可作为 AGV 快速充电用。

③ AGV 在充电站上只能进行前后运行操作，在充电站上旋转或转弯将损坏小车充电器，严重时可使电池短路。

（2）自动校舵。对于全方位 AGV，每次上电系统都自动校正舵角到零点，保证前进或后退运行的路线是直线。如有其他原因使舵角无法回到零点，需用此项功能自动校正舵角，使舵角回到零点。

操作方法：首先进入"特殊操作"，选择"自动矫正舵角"选项，然后 AGV 开始自动矫正舵角（图 10-32）。

图 10-31

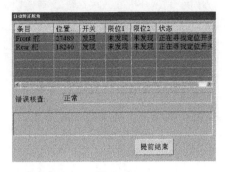
图 10-32

（3）手动转舵。本项功能用于舵轮转向角度不准时的手动转舵测试，用户可根据测试结果找出舵角偏差，从而调整舵角的零位参数（图 10-33）。

（4）无导航行走测试。本项功能用于调试人员测试 AGV 车轮直径，车轮直径在出厂前已经设定好，无须改动。只有在由轮径引起的 AGV 无法正常运行的情况下，才选择此项功能。

操作方法：首先进入"特殊操作"，选择"无导航行走测试"，先弹出"输入口令"对话框，输入用户口令弹出如图 10-34 所示对话框，然后通过功能键选择行走的速度和距离，通过左右箭头键设定大小，按功能键 F3 后 AGV 便按上述设定的速度和距离运行，待 AGV 停车后测量起点到终点间的直线距离，如测量距离小于设定距离，则表明轮径偏大，需减小轮径；如测量距离大于设定距离，则表明轮径偏小，需加大轮径。

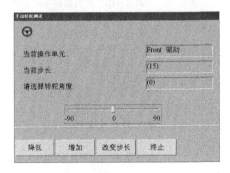
图 10-33

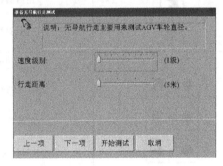
图 10-34

注：进行无导航行走测试要在宽阔地面进行。

（5）测试灯光。系统软件提供测试车体转向灯的功能，对话框见图 10-35。用户可以选中"点亮左侧的转向灯"和"点亮右侧的转向灯"来测试输出是否正常，灯泡是否损坏。

（6）测试声音。系统软件提供了测试车体各种声音的功能，对话框如图 10-36 所示。用户可以选择"静音""警告音"和"故障呼叫音"三种声音状态进行测试（图 10-36）。

5. AGV 行走手控盒操作方法

（1）行走操作。当 AGV 进入手动操作时，可以使用行走手控盒进行 AGV 的行走操作，按下行走手控盒上的方向键完成向相应方向行走的操作，八个按键分别代表四个方向的平移和四个方向的斜移。具体按键与对应功能及液晶显示如表 10-2 所示。

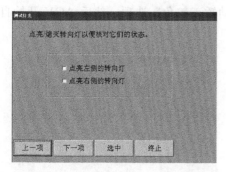

图 10-35

图 10-36

表 10-2

按键	对应功能	液晶显示
↑	前平移	MOTION＞前进
↓	后平移	MOTION＞后退
←	左平移	MOTION＞左平移
→	右平移	MOTION＞右平移
↖	左前斜移	MOTION＞左前斜移
↗	右前斜移	MOTION＞右前斜移
↙	左后斜移	MOTION＞左后斜移
↘	右后斜移	MOTION＞右后斜移
按键组合	**对应功能**	**液晶显示**
●+↖	左前转弯行走	MOTION＞左前转弯行走
●+↗	右前转弯行走	MOTION＞右前转弯行走
●+←	逆时针旋转	MOTION＞逆时针旋转
●+→	顺时针旋转	MOTION＞顺时针旋转
●+↙	左后转弯行走	MOTION＞左后转弯行走
●+↘	右后转弯行走	MOTION＞右后转弯行走

　　(2) 速度设置。手动操作时，按下"速度"键，即可进入速度设置状态，液晶显示当前速度级别，通过前平移方向键和后平移方向键来提高或降低速度级别，再次按下"速度"键确认，设置成功后，会有液晶显示提示成功。具体步骤如图 10-37 所示。

　　除非出现紧急情况，否则不要在 AGV 运行过程中按下急停按钮。紧急停车意味着在 AGV 的驱动轮上施加了猛烈的刹车。在这种情况下，因为把过大的力施加到 AGV 车轮上，

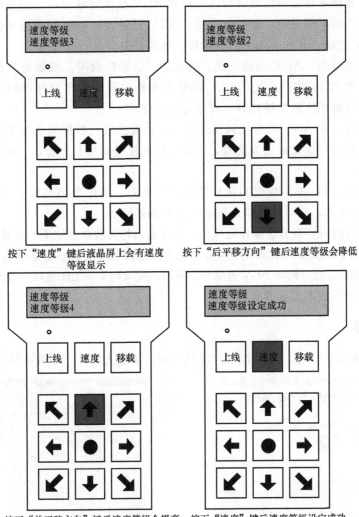

按下"速度"键后液晶屏上会有速度　　按下"后平移方向"键后速度等级会降低
等级显示

按下"前平移方向"键后速度等级会提高　按下"速度"键后速度等级设定成功

图 10-37

应注意可能会对 AGV 车轮造成不良影响。

三、AGV 碰撞停车

在 AGV 前侧装有防碰保险杠，保险杠内传感器与急停按钮串联起来保证，如果 AGV 运行方向的保险杠与其他物体发生碰撞，能够快速停车，同时 AGV 车体两侧的显示灯闪烁，显示器将显示停车原因，即紧急停止。

发生碰撞后，将碰撞物体移开后，按复位按钮后可恢复运行。如碰撞物体不可移动，可将 AGV 手动离开事故地点，在安全路段上重新上线运行。

四、AGV 动态装配流程

AGV 完整的动态装配流程大致分为吊装准备过程、动态合装过程和结束复位过程。

（1）吊装准备过程：当操作者按照前述方法启动 AGV 并将 AGV 自动上线运行以后，吊装准备过程就是整个工作流程的第一个阶段，此阶段 AGV 停靠在吊装点，等待吊装操作的加载完成。当操作者将发动机或者后桥加载到 AGV 操作完成之后,需要触发加载完成信号,按下举升机构的下降复位,触发此信号,AGV 开始等待被装配车体到位,当被装配车体到位后,AGV 启动,开始进入下一个阶段,准备合装。

(2)动态合装过程:AGV 加载完成、启动进入合装阶段时,开始寻找放置在被装配车体上的反光板,当 AGV 找到反光板后,AGV 开始跟踪被装配车身并以同步的速度缓慢移动。此时操作者可将相应的挂链挂好,开始合装操作。

在合装开始时,若 AGV 没有找到反光板或反光板丢失,根据场合的不同,会有相应的信号,当控制台检测到反光板丢失信号,会有相应的报警信号和声音,同时将停止搬运被装配车身的挂链。

合装超时情况,当 AGV 快要到达合装路段结束点,操作者仍然没有完成装配工作时,AGV 会发出报警提示,同时停止搬运被装配车身的挂链。

(3)结束复位过程:在合装操作完成后,操作者须将合装挂链取下,放置在相应位置,同时按下举升面板的下降复位,或是利用现场设置的复位触发按钮来触发复位信号,此时,AGV 举升机构将回到初始位置,同时 AGV 开始停止跟踪,进入到下一工作循环,准备吊装加载。

本部分内容仅供技术人员参考。

五、系统工具

在图 10-38 所示对话框,用户按下"工具"项,则进入图 10-39 所示对话框。

图 10-38

图 10-39

进入系统工具后,用户可以选择"I/O 调试""PING 测试""IP 设置"以及"退出",如图 10-40 所示。

1. I/O 调试

在 I/O 调试界面,用户可以调试输入、输出、模数转换输入,如图 10-41 所示。

图 10-40

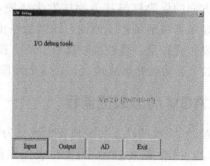

图 10-41

2. PING 测试

在图 10-42 所示对话框中,用户可以输入某个 IP 地址(如控制台的 IP 地址),可以进行 Ping 操作,确定网络是否畅通。

3. IP 设置

在图 10-43 所示对话框中,用户可以设置本机 IP 地址。

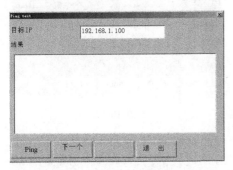

图 10-42

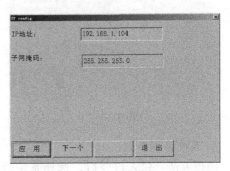

图 10-43

六、系统参数设置

系统参数包括导航系统参数、车体轮系结构参数、系统管理参数、扩展设备参数。进入"车体软件"主界面时,选择按下 Sys 键,进入系统设置前的"用户口令"对话框,如图 10-44 所示。输入口令,进入"系统参数设置"对话框。

1. 导航系统参数

操作方法:输入口令后,选中"导航系统参数"可设置导航参数,选中"导航参数",可以更改磁导航的 PID 参数;选中"姿态反馈控制"参数,可以更改车体的直道跟踪和弯道跟踪参数。更改参数后重新上电,新设置的参数方可生效。"导航参数"非技术人员请勿更改。

2. 车体轮系结构参数

操作方法:输入口令后,选择车体轮系结构参数,弹出"驱动单元"对话框,如图 10-45 所示,通过功能键选定需要设定的驱动单元,然后弹出"选择驱动轮或舵轮"的对话框,选中其中一个轮系。

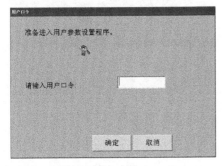

图 10-44

图 10-45

驱动轮参数包括轮径(前面已提到)、伺服放大器的比例/微分/积分因子、最大误差(准许轮码盘的最大误差值,超过这一限定系统报错),如图 10-46 所示。

269

转舵机构参数包括伺服放大器的比例/微分/积分因子、最大误差（准许舵码盘的最大误差值，超过这一限定系统报错），如图 10-47 所示。

图 10-46

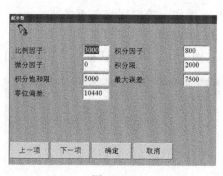

图 10-47

3. 系统管理参数

操作方法：输入口令后，选择系统管理参数，弹出"系统管对话框"如图 10-48 所示，可设置控制台 IP 地址，IP 地址设置正确 AGV 才能与控制台建立通信联系；设置"系统口令"，用于更改进入参数设置的口令；设置"延时关机"，用来设定自动关机的时间间隔。

4. 扩展设备参数

操作方法：输入口令后，选择"扩展设备"

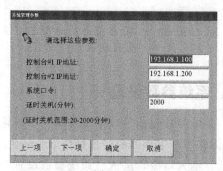

图 10-48

参数，弹出图 10-49 所示对话框（本系统扩展设备为合装设备），进行进一步选择，可以设定同步传感器、举升使能配置的相应参数。

5. 选择界面语言

系统软件提供多种语言选择，用户可根据需要选择中文、英文、俄文等多国语言，本项目只选用中文（图 10-50）。

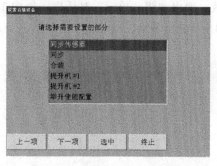

图 10-49

图 10-50

➡ 任务小结

（1）AGV 人机界面介绍：重点针对车体主面板/行走手控盒/举升操作面板/指示灯的各功能键进行使用说明及演示。

（2）AGV 基本操作：重点针对 AGV 车体主面板操作/AGV 行走手控盒操作/AGV 举

升面板操作进行具体说明及演示。

（3）AGV 碰撞停车：对小车碰撞发生原因及处理方案进行说明。

（4）AGV 动态装配流程：针对吊装准备、动态合装、合装完成复位、动态装配流程操作进行具体说明及演示。

（5）系统工具：对工作人员级别的系统工具进行说明。

（6）对系统参数设置进行说明及演示。

图 10-51 为小车运行流程图。

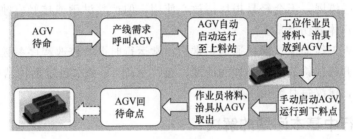

图 10-51

学习任务 3　AGV 机器人的维护

📚 学习目标

（1）掌握 AGV 在使用过程中的维护和保养注意事项。

（2）掌握 AGV 运行中基本问题的解决方法。

（3）掌握使用 AGV 过程中应当注意的细节。

（4）掌握 AGV 故障排除方法。

➡️ 知识准备

一、AGV 在使用过程中的维护和保养

（1）定期清理 AGV 车体灰尘和杂物，保持干净卫生。AGV 在使用过程中要保持路面清洁，没有杂物。AGV 运行过程中尽量避免人为给 AGV 施加外力，如果想改变 AGV 的位置，应该先停止 AGV，然后再将 AGV 推至希望其到达的地方。AGV 车头电箱中存放着 AGV 的中央控制系统，非专业人员禁止打开。使用 AGV 物流系统时注意必须先启动中央控制系统。

（2）运行的路线附近尽量保持干燥，地面上的水渍会使得 AGV 运行的过程中驱动轮打滑，造成 AGV 运行不稳定，严重可导致 AGV 脱离磁条。

（3）定期检查车上传感器是否能正常工作，主要包括机械防撞传感器、障碍物传感器、路径检测传感器，建议每周至少检查 1 次。虽已配备多种传感器来保证 AGV 不会对人员造成伤害，但是为了安全起见，请尽量主动避让 AGV。

（4）AGV 的导航磁条附着在地面上，尽量不要在磁条上拖拽重物，或者用尖锐的物体

划伤磁条，如果出现磁条的破损，可根据之前培训的方法自行更换 AGV 磁条。

（5）AGV 的地标利用 RFID（无线射频识别）卡制作而成，虽已添加保护但尽量不要在卡片上拖拽重物，如果出现 RFID 卡失灵的情况，可根据之前培训的方法自行更换卡片。

（6）节假日时注意关闭电源。AGV 每次断电移位后的启动地点是固定的，不能随便启动，具体的项目会有相应的培训，不要随意移动 AGV，这会打乱 AGV 的运行路径，进而发生不可预测的问题。

（7）AGV 操作面板要定期检查，保证面板上的按钮都能正常使用。AGV 的触摸屏采用的是工业级的触摸屏，不会轻易损坏请放心使用，但严禁淋雨或接触腐蚀性物体，防止强酸、强碱、尖锐物体划伤屏幕。

（8）定期检查天线通信，保持通信正常。正常运行时严禁修改程序参数。

（9）定期给升降挂钩清洁及添加润滑油，建议每周 1～2 次。定期清洁驱动轮的传动机构，添加润滑油，建议每月至少 1 次。

二、AGV 运行中基本问题的解决

（1）小车出现脱轨的时候：将小车推到有磁条的地方（注意车头对应的位置应为变频测试区或者排污测试区）。

（2）当小车停止在固定的地方一直不动，若是屏幕上显示"交通管制中"，此时不需要用户启动小车，等其他车离开交通管制区域小车自然会自己启动。

三、使用 AGV 过程中应当注意的细节

（1）激光头的注意事项：避免激光头被其他物品遮挡，保证激光头的干净。

（2）运行过程中途取消命令：需要按 AGV 小车屏幕上面的取消按钮。

（3）早上开机的顺序：先将显示地图的计算机主机打开，再分别打开 AGV 小车（小车在打开的过程中会有"滴滴"两声，过后小车会显示网络已连接上），最后正常使用。

（4）晚上关机的顺序：要确保小车是在待机点的位置再关闭小车（是小车自己回到的待机点，而不是人为地将小车推到待机点的位置）；确认小车都在待机点，没有任何的指令的情况下关闭计算机主机（如果在小车运行的过程中将主机关掉，可能会引起小车的碰撞）。

（5）平移过程中应当与 AGV 保持距离，由于 AGV 的侧面没有障碍感应器，无法检测是否有障碍物，若是有紧急情况需要 AGV 停止平移，请按急停按钮，平移将会停止，等待可以安全平移就可以松开急停按钮，AGV 小车将会继续平移。

（6）AGV 在十字路口旋转的情况与平移情况相似，若有紧急情况可按急停按钮让小车停止旋转，等需要小车继续旋转时松开急停按钮即可。

（7）工位上请务必将料车放在指定的位置，以免出现小车与料车正确挂钩，若出现正常挂钩，请及时处理。

（8）请勿私自在存放空料车的区域拿车，若是拿了空料车，请及时在计算机上更新库里面存放空车的位置，防止 AGV 小车在提取空料车时提取错误。

（9）由于 AGV 在运行的过程中存在抖动的现象，所以放在料车上的物品请放置到位，以免在运动过程中发生物品侧翻损坏。

（10）料车摆放的位置需要准确，当发现料车未与 AGV 正确挂钩时，请及时按下绿色按钮停止小车，将料车与 AGV 摆放正确，再沿着小车本身运行的方向启动小车。

10

（11）在 AGV 的运行轨道上要保持通畅，避免物品的阻挡，影响 AGV 的正常运行。

（12）在运行过程中，横轴运行时车头永远指向变频测试区，纵向运行时车头永远指向排污测试区。

四、AGV 故障排除

（1）AGV 在某个固定的地方经常无法有效地交通管制。

处理方法：检查管制区域 IC 是否有缺失或多出。根据 CAD 地图上的管制区域划分，查找对应地点是否有卡缺失或多出。缺失或者多出 IC 卡，都会导致交通管制失败。

（2）某一片区域的呼叫盒按下后一直闪烁，无法呼叫 AGV。

处理方法：

① 检查交换机是否均已经通电，未通电则通电即可。

② 以 192.168.1.9 的 IP（或者其他未使用的 IP）连入无线网络或者用中央控制系统计算机的 Ping 命令检查各路由器（192.168.1.51～192.168.1.53）是否均已通电而处于可连接状态，未通电则通电即可。

➡ 任务小结

（1）AGV 在使用过程中的维护和保养：AGV 磁条保养与维护、AGV 触摸屏保养与维护、路面清理，运动部件的清洁与加注润滑油。

（2）AGV 运行中基本问题的解决：小车脱轨的故障处理、小车停止运动的故障处理。

（3）使用 AGV 过程中应当注意的细节：激光头的保护、运行中途命令取消操作、开关机顺序、运行过程中的注意事项。

（4）AGV 故障排除：交通管制失效故障排除、呼叫盒无法呼叫小车故障处理。

➡ 操作指南

1. 组织方式

（1）场地设施：SMT 产线，现场教学。

（2）设备设施：准备 1 台 AGV 设备；擦拭纸、保养润滑油等耗材若干。

2. 操作要求

（1）遵守课堂纪律。

（2）做好安全防护。

（3）3 人 1 小组，实操演练。

➡ 任务实施

（1）要求学员了解并掌握 AGV 的基本构造，了解各部件在使用中所起的作用。

（2）要求学员熟练掌握 AGV 操作，以利于正常生产中快速准确地确认产品的品质。

（3）要求学员熟练掌握周期保养项目及维护保养注意事项，以利于实际生产中保障设备的正常运行。

（4）要求学员了解并掌握常见问题的排除方法，以利于生产中更快地处理问题。

项目十一

传感器

项目概述

传感器（Inductor）又称感应器、换能器，是一种可按需进行测量信号并转换信号形式的检测装置，通常由敏感元件和转换元件构成，为自动检测、自动控制的第一环，现已广泛用于各类自动化控制、安防设备等。

本项目主要学习任务

学习任务 1　了解传感器
学习任务 2　常见传感器认知
学习任务 3　传感器工作原理

学习任务 1　了解传感器

学习目标

（1）认识并了解什么是传感器。
（2）常见传感器及元件分类。

知识准备

传感器由敏感元件（感知元件）和转换元件两部分组成，有的半导体敏感元件可以直接输出电信号，本身就构成传感器。敏感元件品种繁多，就其感知外界信息的原理来讲，可分为：

（1）物理类，基于力、热、光、电、磁和声等物理效应。
（2）化学类，基于化学反应的原理。
（3）生物类，基于酶、抗体和激素等分子识别功能。

通常据其基本感知功能可分为热敏元件、光敏元件、气敏元件、力敏元件、磁敏元件、湿敏元件、声敏元件、放射线敏感元件、色敏元件和味敏元件等 10 大类（还有人曾将传感器分为 46 类）。下面对常用的热敏、光敏、气敏、力敏和磁敏传感器及其敏感元件介绍如下。

一、热敏传感器及热敏元件

（一）温度传感器及热敏元件

温度传感器主要由热敏元件组成。热敏元件品种较多，市场上销售的有双金属片、铜热电阻、铂热电阻、热电偶及半导体热敏电阻等。以半导体热敏电阻为探测元件的温度传感器应用广泛，这是因为在元件允许工作条件范围内，半导体热敏电阻具有体积小、灵敏度高、精度高的特点，而且制造工艺简单、价格低廉（图 11-1）。

按温度特性热敏电阻可分为两类：随温度上升电阻增加的为正温度系数热敏电阻，反之为负温度系数热敏电阻。

图 11-1

1. 正温度系数热敏电阻的工作原理

此种热敏电阻以钛酸钡（$BaTiO_3$）为基本材料，再掺入适量的稀土元素，利用陶瓷工艺高温烧结而成。纯钛酸钡是一种绝缘材料，但掺入适量的稀土元素如镧（La）和铌（Nb）等以后，变成了半导体材料，被称为半导体化钛酸钡。它是一种多晶体材料，晶粒之间存在着晶粒界面，对于导电电子而言，晶粒界面相当于一个位垒。当温度低时，由于半导体化钛酸钡内电场的作用，导电电子可以很容易越过位垒，所以电阻值较小；当温度升高到居里点温度（即临界温度，此元件的"温度控制点"，一般钛酸钡的居里点温度为 120℃）时，内电场受到破坏，不能帮助导电电子越过位垒，所以表现为电阻值的急剧增加。因为这种元件在未达居里点温度前电阻随温度变化非常缓慢，具有恒温、调温和自动控温的功能，只发热，不发红，无明火，不易燃烧，电压交、直流 3～440V 均可，使用寿命长，非常适用于电动机等电气装置的过热探测。

2. 负温度系数热敏电阻的工作原理

负温度系数热敏电阻是以氧化锰、氧化钴、氧化镍、氧化铜和氧化铝等金属氧化物为主要原料，采用陶瓷工艺制造而成。这些金属氧化物材料都具有半导体性质，完全类似于锗、硅晶体材料，体内的载流子（电子和空穴）数目少，电阻较高；温度升高，体内载流子数目增加，自然电阻值降低。负温度系数热敏电阻类型很多，使用区分低温（-60～300℃）、中温（300～600℃）、高温（大于 600℃）三种，有灵敏度高、稳定性好、响应快、寿命长、价格低等优点，广泛应用于需要定点测温的温度自动控制电路，如冰箱、空调、温室等的温控系统。

热敏电阻与简单的放大电路结合，就可检测千分之一摄氏度的温度变化，所以和电子仪表组成测温计，能完成高精度的温度测量。普通用途热敏电阻工作温度为 -55～+315℃，特殊低温热敏电阻的工作温度低于 -55℃，可达 -273℃。

（二）热敏电阻的型号

国产热敏电阻是按部颁标准 SJ1155—82 来制定型号，由四部分组成。

第一部分：主称，用字母 M 表示敏感元件。

第二部分：类别，用字母 Z 表示正温度系数热敏电阻，或者用字母 F 表示负温度系数热敏电阻。

第三部分：用途或特征，用一位数字（0～9）表示。一般数字 1 表示普通用途，2 表示稳压用途（负温度系数热敏电阻），3 表示微波测量用途（负温度系数热敏电阻），4 表示旁热式（负温度系数热敏电阻），5 表示测温用途，6 表示控温用途，7 表示消磁用途（正温度系数热敏电阻），8 表示线性型（负温度系数热敏电阻），9 表示恒温型（正温度系数热敏电阻），0 表示特殊型（负温度系数热敏电阻）。

第四部分：序号，也由数字表示，代表规格、性能。

往往厂家出于区别本系列产品的特殊需要，在序号后加派生序号，由字母、数字和"-"号组合而成。

例：MZ11 的各部分表示为：

1：序号。

1：普通用途。

Z：正温度系数热敏电阻。

M：敏感元件。

（三）热敏电阻的主要参数

各种热敏电阻的工作条件一定要在其出厂参数允许范围之内。热敏电阻的主要参数有 10 余项：标称电阻值、使用环境温度（最高工作温度）、测量功率、额定功率、标称电压（最大工作电压）、工作电流、温度系数、材料常数、时间常数等。其中标称电阻值是在 25℃零功率时的电阻值，实际上总有一定误差，应在±10％之内。普通热敏电阻的工作温度范围较大，可根据需要从−55℃到＋315℃选择，值得注意的是，不同型号热敏电阻的最高工作温度差异很大，如 MF11 片状负温度系数热敏电阻为＋125℃，而 MF53-1 仅为＋70℃，学生实验时应注意（一般不要超过 50℃）。

（四）实验用热敏电阻选择

首选普通用途负温度系数热敏电阻，因它随温度变化一般比正温度系数热敏电阻易观察，电阻值连续下降明显。若选正温度系数热敏电阻，实验温度应在该元件居里点温度附近。

例：MF11 普通负温度系数热敏电阻参数：

标称阻值：10～15kΩ。

额定功率：0.25W。

材料常数 B 范围：1980～3630K。

温度系数（10^{-2}℃）：−（2.23～4.09）。

耗散系数：大于等于 5mW/℃。

时间常数：小于等于 30s。

最高工作温度：125℃。

粗测热敏电阻的值，宜选用量程适中且通过热敏电阻测量电流较小的万用表。若热敏电阻值为 10kΩ 左右，可以选用 MF10 型万用表，将其挡位开关拨到欧姆挡 $R \times 100$，用鳄鱼夹代替表笔分别夹住热敏电阻的两引脚。在环境温度明显低于体温时，读数 10.2kΩ，用手捏住热敏电阻，可看到表针指示的阻值逐渐减小；松开手后，阻值加大，逐渐复原。这样的热敏电阻可以选用（最高工作温度 100℃左右）。

应将热敏电阻封装后再放入水中。最简单的封装是用长电工塑料套管，也可密封于类似的圆珠笔杆内。

几种实用测温传感器：

（1）空调内专用温控传感器：热敏元件封在铜金属管中。

（2）气温测量传感器。

二、光传感器及光敏元件

光传感器主要由光敏元件组成。目前光敏元件发展迅速、品种繁多、应用广泛。市场出售的有光敏电阻、光电二极管、光电三极管、光电耦合器和光电池等。

1. 光敏电阻

光敏电阻由能透光的半导体光电晶体构成，因半导体光电晶体成分不同，又分为可见光光敏电阻（硫化镉晶体）、红外光光敏电阻（砷化镓晶体）和紫外光光敏电阻（硫化锌晶体）。当敏感波长的光照射半导体光电晶体表面，晶体内载流子增加，使其电导率增加（即电阻减小）。

（1）光敏电阻的主要参数：

光电流、亮阻：在一定外加电压下，当有光（100lx 照度）照射时，流过光敏电阻的电流称光电流；外加电压与该电流之比为亮阻，一般几千欧到几十千欧。

暗电流、暗阻：在一定外加电压下，当无光（0lx 照度）照射时，流过光敏电阻的电流称暗电流；外加电压与该电流之比为暗阻，一般几百千欧到几千千欧以上。

最大工作电压：一般几十伏至上百伏。

环境温度：一般 $-25\sim+55℃$，有的型号为 $-40\sim+70℃$。

额定功率（功耗）：光敏电阻的亮电流与外电压乘积；可有 $5\sim300mW$ 多种规格选择。

光敏电阻的主要参数还有响应时间、灵敏度、光谱响应、光照特性、温度系数、伏安特性等。

值得注意的是，光照特性（随光照强度变化的特性）、温度系数（随温度变化的特性）、伏安特性不是线性的，如 CdS（硫化镉）光敏电阻的光阻有时随温度的增加而增大，有时随温度的增加又变小。

（2）硫化镉光敏电阻的参数：

型号规格：MG41-22、MG42-16、MG44-02、MG45-52。

环境温度（℃）：$-40\sim+60$、$-25\sim+55$、$-40\sim+70$。

额定功率（mW）：20、10、5、200。

亮阻（kΩ）：$\leqslant2$、$\leqslant50$、$\leqslant2$、$\leqslant2$。

暗阻（MΩ）：$\geqslant1$、$\geqslant10$、$\geqslant0.2$、$\geqslant1$。

响应时间（ms）：$\leqslant20$、$\leqslant20$、$\leqslant20$、$\leqslant20$。

最高工作电压（V）：100、50、20、250。

2. 光电二极管

光电二极管和普通二极管相比，除管芯也是一个 PN 结、具有单向导电性能外，其他均差异很大。第一，管芯内的 PN 结结深比较浅（小于 $1\mu m$），以提高光电转换能力；第二，PN 结面积比较大，电极面积则很小，以有利于光敏面多收集光线；第三，光电二极管在外观上都有一个用有机玻璃透镜密封、能汇聚光线于光敏面的"窗口"。所以光电二极管的灵敏度和响应时间远远优于光敏电阻。

2DU 型光电二极管有前极、后极、环极三个极。其中环极是为了减小光电二极管的暗电流和增加工作稳定性而设计增加的，应用时需要接电源正极。光电二极管的主要参数有最高工作电压（10～50V）、暗电流（不大于 0.05～$1\mu A$）、光电流（大于 6～$80\mu A$）、光电灵敏度、响应时间（几十纳秒至几十微秒）、结电容和正向压降等。

光电二极管的优点是线性好，响应速度快，对宽范围波长的光具有较高的灵敏度，噪声低；缺点是单独使用输出电流（或电压）很小，需要加放大电路。其适用于通信及光电控制等电路。

光电二极管的检测可用万用表 $R \times 1k$ 挡，避光测正向电阻应为 10～$200k\Omega$，反向应为 ∞，去掉遮光物后向右偏转角越大，灵敏度越高。

3. 光电三极管

光电三极管可以视为一个光电二极管和一个三极管的组合元件，由于具有放大功能，所以其暗电流、光电流和光电灵敏度比光电二极管要高得多，但结构原因使结电容加大，响应特性变坏。其广泛应用于低频的光电控制电路。

半导体光电器件还有 MOS 结构，如扫描仪、摄像头中常用的 CCD（电荷耦合器件），就是集成的光电二极管或 MOS 结构的阵列。

三、气敏传感器及气敏元件

本书仅要求简单的热敏电阻和光敏电阻特性实验。由于气体与人类的日常生活密切相关，对气体的检测已经是保护和改善生态居住环境不可缺少的手段，气敏传感器发挥着极其重要的作用。例如生活环境中的一氧化碳浓度达 0.8～1.15mL/L 时，就会出现呼吸急促、脉搏加快、甚至晕厥等现象，达 1.84mL/L 时则有在几分钟内死亡的危险，因此对一氧化碳检测必须快而准。利用 SnO_2 金属氧化物半导体气敏材料，通过颗粒超微细化和掺杂工艺制备 SnO_2 纳米颗粒，并以此为基体掺杂一定催化剂，经适当烧结工艺进行表面修饰，制成旁热式烧结型 CO 敏感元件，能够探测 0.005%～0.5%范围的 CO 气体。还有许多对易爆可燃气体、酒精气体、汽车尾气等有毒气体进行探测的传感器。常用的主要有接触燃烧式气体传感器、电化学气敏传感器和半导体气敏传感器等。接触燃烧式气体传感器的检测元件一般为铂丝（也可表面涂铂、钯等稀有金属催化层），使用时对铂丝通以电流，保持 300～400℃的高温，此时若与可燃性气体接触，可燃性气体就会在稀有金属催化层上燃烧，因此铂丝的温度会上升，铂丝的电阻值也上升；通过测量铂丝的电阻值变化的大小，就知道可燃性气体的浓度。电化学气敏传感器一般利用液体（或固体、有机凝胶等）电解质，其输出形式可以是气体直接氧化或还原产生的电流，也可以是离子作用于离子电极产生的电动势。半导体气敏传感器具有灵敏度高、响应快、稳定性好、使用简单的特点，应用极其广泛。下面重点介绍半导体气敏传感器及其气敏元件。

半导体气敏元件有 N 型和 P 型之分。N 型在检测时阻值随气体浓度的增大而减小；P 型阻值随气体浓度的增大而增大。像 SnO_2 金属氧化物半导体气敏材料，属于 N 型半导体，在 200～300℃温度它吸附空气中的氧，形成氧的负离子吸附，使半导体中的电子密度减小，从而使其电阻值增加。当遇到有能供给电子的可燃性气体（如 CO 等）时，原来吸附的氧脱附，而由可燃性气体以正离子状态吸附在金属氧化物半导体表面；氧脱附放出电子，可燃性气体以正离子状态吸附也要放出电子，从而使氧化物半导体导带电子密度增加，电阻值下降。可燃性气体不存在了，金属氧化物半导体又会自动恢复氧的负离子吸附，使电阻值升高到初始状态。这就是半导体气敏元件检测可燃性气体的基本原理。

目前国产的气敏元件有两种。一种是直热式,加热丝和测量电极一同烧结在金属氧化物半导体管芯内;另一种是旁热式,旁热式气敏元件以陶瓷管为基底,管内穿加热丝,管外侧有两个测量极,测量极之间为金属氧化物气敏材料,经高温烧结而成。

气敏元件的参数主要有加热电压、电流,测量回路电压,灵敏度,响应时间,恢复时间,标定气体(0.1%丁烷气体)中电压,负载电阻值等。QM-N5 型气敏元件适用于天然气、煤气、氢气、烷类气体、烯类气体、汽油、煤油、乙炔、氨气、烟雾等的检测,属于 N 型半导体元件。灵敏度较高,稳定性较好,响应和恢复时间短,市场上应用广泛。QM-N5 型气敏元件参数如下:标定气体(0.1%丁烷气体,最佳工作条件)中电压≥2V,响应时间≤10s,恢复时间≤30s,最佳工作条件加热电压 5V、测量回路电压 10V、负载电阻 R_L 为 2kΩ,允许工作条件加热电压 4.5~5.5V、测量回路电压 5~15V、负载电阻 0.5~2.2kΩ。

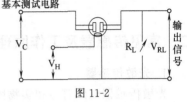

图 11-2

图 11-2 所示为气敏元件的简单测试电路(组成传感器),电压表指针变化越大,灵敏度越高;只要加一简单电路就可实现报警。常见的气敏元件还有 MQ-31(专用于检测 CO)、QM-J1(检测酒敏)元件等。

四、力敏传感器和力敏元件

力敏传感器的种类甚多,传统的测量方法是利用弹性材料的形变和位移来表示。随着微电子技术的发展,利用半导体材料的压阻效应(即对其某一方向施加压力,其电阻率就发生变化)和良好的弹性,已经研制出体积小、重量轻、灵敏度高的力敏传感器,广泛用于压力、加速度等物理力学量的测量。

五、磁敏传感器和磁敏元件

目前磁敏元件有霍尔器件(基于霍尔效应)、磁阻器件(基于磁阻效应:外加磁场使半导体的电阻随磁场的增大而增加)、磁敏二极管和三极管等。以磁敏元件为基础的磁敏传感器在一些电、磁学量和力学量的测量中广泛应用。

在一定意义上传感器与人的感官有对应的关系,其感知能力已远超过人的感官。例如利用目标自身红外辐射进行观察的红外成像系统(热像仪),黑夜中可 1000m 发现人,2000m 发现车辆;热像仪的核心部件是红外传感器。目前世界各国都将传感器技术列为优先发展的高新技术的重点。为了大幅度提供传感器的性能,将不断采用新结构、新材料和新工艺,向小型化、集成化和智能化的方向发展。

学习任务 2 常见传感器认知

📚 学习目标

(1)传感器认知。

(2)常见传感器展示及工作原理简介。

➡️ **知识准备**

一、传感器的认知

传感器的认知如图 11-3 所示。

图 11-3

二、常见传感器及工作原理

1. 光敏传感器

光敏传感器电路符号和实物图如图 11-4 所示。

工作原理：有光照时电阻小（几十千欧以下），电路接通；无光照时电阻大（10MΩ 以上），电路断开，由此把光信号转换为电信号。

按照图 11-5 所示电路连接元器件，观察光线的变化对 LED 的影响。

图 11-4   图 11-5

2. 声敏传感器

声敏传感器电路符号和实物图如图 11-6 所示。

工作原理：能通过声音引起的振动产生微弱的电信号，由此把声音信号转换为电信号。

按照图 11-7 所示电路连接元器件，观察声音对声控灯泡亮、灭的影响。

3. 磁敏传感器（干簧管）

磁敏传感器电路符号和实物图如图 11-8 所示。

图 11-6   图 11-7   图 11-8

工作原理：无磁场时，两个簧片相互分离，干簧管处于"关断"状态；当有磁场时，铁合金簧片被磁化，两个簧片相互吸引，干簧管处于"接通"状态。由此把磁信号转换为电信号。

按照图 11-9 所示电路连接元器件，并将磁铁移近、移出干簧管，观察灯泡的亮、灭。

4. 热敏传感器（热敏电阻）

热敏传感器电路符号和实物图如图 11-10 所示。

工作原理：热敏电阻的阻值随着温度的变化而变化，从而控制电路中电流通断或大小，由此把温度信号转换为电信号。

5. 其他传感器

其他传感器实物图如图 11-11 所示。

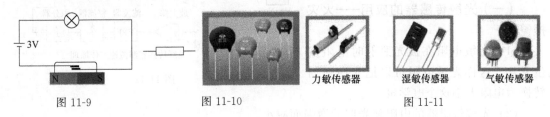

图 11-9	图 11-10	力敏传感器　湿敏传感器　气敏传感器
		图 11-11

力敏传感器：接收力信息，并转换为电信号。

湿敏传感器：接收湿度信息，并转换为电信号。

气敏传感器：接收气体信息，并转换为电信号。

常见传感器的结构图和电路符号如表 11-1 所示。

表 11-1

传感器名称	结构图	电路符号	传感器名称	结构图	电路符号
光敏传感器	光敏电阻		湿敏传感器	湿敏电阻	
热敏传感器	热敏电阻		磁敏传感器	干簧管	

学习任务 3　传感器工作原理

学习目标

（1）传感器原理简介。

（2）传感器示意图。

（3）传感器应用。

知识准备

一、传感器

传感器能够感受诸如力、温度、光、声、化学成分等物理量，并能把它们按照一定的规律转化为便于传送和处理的物理量（通常是电流、电压等电学量）或转换为电路的通断。把非电学量转换为电学量，就可以很方便地进行测量、传输、处理和控制了。

二、传感器示意图

传感器感受的通常是非电学量，如压力、温度、位移、浓度、速度、酸碱度等，而它输出的通常是电学量，如电压值、电流值、电荷量等，这些输出信号是非常微弱的，通常要经过放大后，再送给控制系统产生各种控制动作，传感器原理如图 11-12 所示。

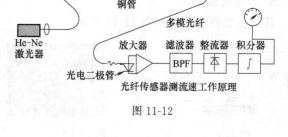

图 11-12

三、传感器的应用

（一）光敏传感器的应用——火灾报警器

（1）光敏电阻在被光照射时电阻发生变化，这样光敏电阻可以把光照强弱转换为电阻大小这个电学量。

（2）光敏传感器的电阻随光照的增强而减小。

光敏电阻一般由半导体材料做成，当半导体材料受到光照或者温度升高时，会有更多的电子获得能量成为自由电子，同时也形成更多的空穴，于是导电性能明显增强。

（二）温度传感器的应用——电熨斗

由半导体材料制成的热敏电阻和金属热电阻均可制成温度传感器，它可以把热信号转换为电信号进行自动控制。

（1）电熨斗的构造见图 11-13。

（2）电熨斗的自动控温原理：常温下，上、下触点应是接触的，但温度过高时，由于双金属片受热膨胀系数不同，上层金属膨胀系数大，下层金属膨胀系数小，则双金属片向下弯曲，使触点分离，从而切断电源，停止加热。温度降低后，双金属片恢复原状，重新接通电路加热，这样循环进行，起到自动控制温度的作用。

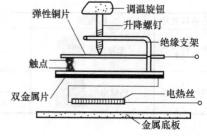

图 11-13

熨烫棉麻衣物和熨烫丝绸衣物需要设定不同的温度，这是如何利用调温旋钮来实现的？

通过调温旋钮来调节升降螺钉的升降以实现不同温度的设定。如需设定的温度较高，则应使升降螺钉下降；反之，升高。

（三）测定压力的电容式传感器

当待测压力 F 作用于可动膜片电极上时，可使膜片产生形变，从而引起电容的变化，如果将电容器与灵敏电流计、电源串联，组成闭合电路，当 F 向上压膜片电极时，电容器的电容将增大。灵敏电流计有示数，则压力 F 发生了变化（图 11-14）。

相比而言，金属热电阻化学稳定性好，测温范围大，而热敏电阻的灵敏度较好。

（四）力传感器的应用——电子秤

（1）组成：由金属架和应变片组成。

（2）电子秤的工作原理：如图 11-15 所示，弹簧钢制成的梁形元件右端固定。在梁的上下表面各贴一个应变片，在梁的自由端施力 F，则梁发生弯曲，上表面拉伸，下表面压缩，

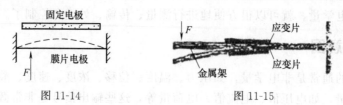

图 11-14   图 11-15

上表面应变片的电阻变大，下表面应变片的电阻变小。F 越大，弯曲形变越大，应变片的阻值变化就越大，如果让应变片中通过的电流保持恒定，那么上面应变片两端的电压变大，下面应变片两端的电压变小，传感器把这两个电压的差值输出。外力越大，输出的电压差值也就越大。

（五）声传感器的应用——话筒

1. 动圈式话筒的原理

话筒是把声音转变为电信号的装置。图 11-16 是动圈式话筒的构造原理图，它是利用电磁感应现象制成的。当声波使金属膜片振动时，连接在膜片上的线圈（叫作音圈）随着一起振动。音圈在永磁铁的磁场里振动，其中就产生感应电流（电信号）。感应电流的大小和方向都变化，振幅和频率的变化由声波决定。这个信号电流经扩音器放大后传给扬声器，从扬声器中就发出放大的声音。

2. 电容式话筒的原理

如图 11-17 所示，Q 是绝缘支架，薄金属膜片 M 和固定电极 N 形成一个电容器，被直流电源充电。当声波使膜片振动时，电容发生变化，电路中形成变化的电流，于是电阻 R 两端就输出了与声音变化规律相同的电压。其优点是保真度好。

3. 驻极体话筒

（1）极化现象：将电介质放入电场中，在前后两个表面上会分别出现正电荷与负电荷的现象。

（2）驻极体：某些电介质在电场中被极化后，去掉外加电场，仍然会保持被极化的状态，这种材料称为驻极体。

（3）原理：同电容式话筒，只是其内部感受声波的是驻极体塑料薄膜。

（4）特点：体积小，重量轻，价格便宜，灵敏度高，工作电压低，只需 3～6V。

（六）霍尔元件

（1）如图 11-18 所示，厚度为 d 的导体板放在垂直于它的磁感应强度为 B 的匀强磁场中，当恒定电流 I 通过导体板时，导体板的左右侧面出现电势差，这种现象称为霍尔效应。在这个矩形半导体上制作四个电极 E、F、M、N 就成为一个霍尔元件，能够把磁感应强度这个磁学量转换为电压这个电学量。

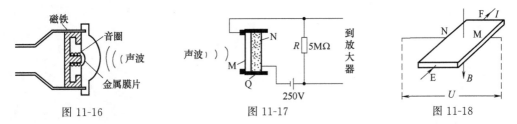

图 11-16　　　　　　　　图 11-17　　　　　　　　图 11-18

（2）霍尔电压：$U = k \dfrac{IB}{d}$。

① 其中 k 为比例系数，称为霍尔系数，其大小与薄片的材料有关。

② 一个霍尔元件的 d、k 为定值，再保持 I 恒定，则 U 的变化就与 B 成正比，因此霍尔元件又称磁敏元件。

（3）工作原理：霍尔元件就是利用霍尔效应来设计的。一个矩形半导体薄片，在其前、后、左、右分别引出一个电极，如图 11-18 所示，沿 EF 方向通入电流 I，垂直于薄片加匀

强磁场 B，则在 MN 间会出现电势差 U，设薄片厚度为 d，EF 方向长度为 l_1，MN 方向长度为 l_2。薄片中的带电粒子受到磁场力发生偏转，使 N 侧电势高于 M 侧，造成半导体内部出现电场，带电粒子同时受到电场力作用。当磁场力与电场力平衡时，MN 间电势差达到恒定。

$$q\frac{U}{l_2}=qvB$$

再根据电流的微观解释：n 为材料单位体积的带电粒子个数，q 为单个带电粒子的电荷量，S 为导体的横截面积，v 为自由电荷定向移动的速率。

整体得 $I=nqSv$

令 $k=\dfrac{1}{nq}$，则有 $U=k\dfrac{IB}{d}$

可见，U 与 B 成正比，这就是霍尔元件能把磁学量转换成电学量的原因。

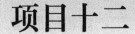

项目十二

其他设备操作与维护

项目概述

工业烤箱由角钢、薄钢板构成，另外箱体加强，外表面覆漆，外壳与内胆之间用硅酸铝纤维填充，形成可靠的保温层，工业烤箱应用的范围很广泛，可干燥各种工业物料，是通用的干燥设备。

通过数显仪表与温感器的连接来控制温度，采用热风循环送风方式，热风循环系统分为水平式和垂直式。均经精确计算，由送风马达运转带动风轮送出冷风，冷风经由电热器加热后送至风道进入烘箱工作室，且将使用后的空气吸入风道成为风源再度循环加热运用，可有效提高温度均匀性。如箱门使用中被开关，可借此送风循环系统迅速恢复操作状态温度值。

本项目主要学习任务

学习任务 1 烤箱操作及使用注意事项
学习任务 2 LCR 直路电桥的操作及使用

学习任务 1 烤箱操作及使用注意事项

学习目标

（1）认识并了解烤箱的机构。
（2）学习烤箱的工作原理。
（3）掌握烤箱的操作。
（4）掌握烤箱操作的注意事项。

知识准备

一、烤箱的结构

工业烤箱为内外双层结构，壳体为角钢薄钢板，内外双层壳体之间填充有纤维物质。工业烤箱使用的纤维物质多为硅酸铝，它能起到保温的作用，形成可靠的保温层。工业烤箱配置有热风循环系统及温度测量与控制系统（图 12-1）。

二、烤箱的原理

图 12-1

工业烤箱在工作时，操作人员通过数显仪表和感温器来获得工业烤箱内部的温度值，再通过控制系统进行操作。工业烤箱的热风循环加热方式与普通的散热加热方式相比，有着更好的气体流动性，能提高工业烤箱内物料的干燥速度。

工业烤箱的热风循环系统由送风电机、风轮和电热器组成，送风马达带动风轮送出冷风，冷风经过电热器加热携带热能后经风道进入工业烤箱的烘箱工作室。

工业烤箱的热风循环系统有利于提高空气温度的均匀性，在工业烤箱开关箱门运送物料的过程中，温度值会受到影响发生变动，热风循环系统的均匀性则有利于在最大速度内恢复工作状态的温度值。

三、烤箱的操作

（一）开机准备

（1）检查烤箱是否存在漏电隐患。

（2）检查烤箱控制盒上的各开关是否完好无损。

（3）检查烤箱内是否存放物品，箱内是否干净。

（二）操作步骤

（1）打开控制盒上的总开关。

（2）打开烤箱上的开关电源。

（3）设定超温保护数值。

（4）打开风扇开关及加热开关。

（5）旋转温控器设定温度范围。

（6）关闭加热开关。

（7）关闭风扇开关。

（8）关闭烤箱上的电源开关。

（9）关闭控制盒上的总开关。

（三）操作面板说明

1. 设置面板说明（图 12-2）

（1）SET 温度设置；

（2）AT 温度调整；

（3）TIME 时间设置。

2. 控制面板说明（图 12-3）

（1）POWER 电源开关；

（2）电机控制；

图 12-2

（3）风门调节。

（四）注意事项

（1）在操作前，注意电压是否正确，仅使用工业烤箱自身所标识的电压，避免用电过量，而使电线走火。

（2）当显示温度与实际温度（由标准温度计测出）差异较大时，不可随意调整印制电路板的零件，应及时通知专业人员处理。

（3）使用过程中温度发生变化时，请勿随意打开烤箱。

（4）请勿置于潮湿场所，以防漏电。

（5）请勿直接用自来水冲洗，以防漏电。

（6）禁止将酒精、黏合剂等易燃易爆物质，具有挥发性物品，酸性物品放在机台内，防止意外发生。

（7）请勿在机台附近使用可燃性物品，防止意外发生。

图 12-3

（五）基本保养

（1）每日、每周检查烤箱内外清洁状况。

（2）至少每个月检查一次输入电压、超温保护装置、控制盒各类开关装置是否正常。

（3）至少每年对烤箱外部进行防腐漆涂抹。

学习任务 2　LCR 直路电桥的操作及使用

任务描述

LCR 测试仪也称 LCR 数字电桥，就是能够测量电感、电容、电阻、阻抗的仪器。如何认识 LCR 面板？如何操作 LCR 进行测试？LCR 的基本性能指标有哪些？

学习目标

（1）认识并了解 LCR 操作面板。

（2）能独立操作 LCR 进行测量。

（3）掌握 LCR 基本性能指标。

知识准备

一、面板说明

（一）前面板说明

TH2811D 前面板示意图如图 12-4 所示。

（1）商标及型号：仪器商标及型号。

（2）LCD 液晶显示屏：显示测量结果、测量条件等信息。

（3）电源开关：当开关处于位置"1"时，接通仪器电源；当开关处于位置"0"时，切断仪器电源。

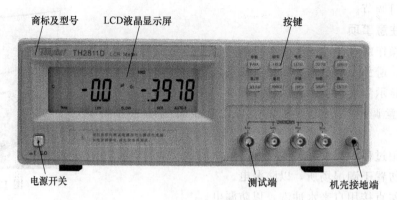

图 12-4

（4）按键：

① PARA 键：测量参数选择键。

② FREQ 键：频率设定键。

③ LEVEL 键：电平选择键。

④ 30/100 键：信号源内阻选择键。

⑤ SPEED 键：测量速度选择键。

⑥ SER/PAR 键：串并联等效方式选择键。

⑦ RANGE 键：量程锁定/自动设定键。

⑧ OPEN 键：开路清零键。

⑨ SHORT 键：短路清零键。

⑩ ENTER 键：开路/短路清零确认键。

（5）测试端（UNKNOWN）：四测试端用于连接四端测试夹具或测试电缆，对被测件进行测量。

Hcur：电流激励高端。

Hpot：电压取样高端。

Lpot：电压取样低端。

Lcur：电流激励低端。

（6）机壳接地端：该接地端与仪器机壳相连，可以用于保护或屏蔽接地连接。

（二）后面板说明

TH2811D 后面板示意图如图 12-5 所示。

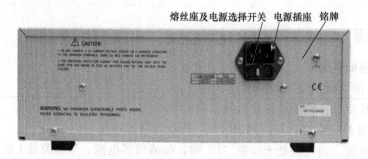

图 12-5

(1) 铭牌：指示仪器编号、生产厂家等信息。

(2) 电源插座：用于输入交流电源。

(3) 熔丝座及电源选择开关：用于安装电源熔丝，保护仪器。

（三）显示区域定义

TH2811D 的显示屏显示的内容被划分成如图 12-6 所示的显示区域。

图 12-6

1. 主参数指示

指示用户选择测量元件的主参数类型。

"L:" 点亮：电感值测量。

"C:" 点亮：电容值测量。

"R:" 点亮：电阻值测量。

"Z:" 点亮：阻抗值测量。

2. 信号源内阻显示

"30Ω" 点亮：信号源内阻为 30Ω。

"100Ω" 点亮：信号源内阻为 100Ω。

3. 量程指示

指示当前量程状态和当前量程号。

"AUTO" 点亮：量程自动状态。

"AUTO" 熄灭：量程保持状态。

4. 串并联模式指示

"SER" 点亮：串联等效电路的模式。

"PAR" 点亮：并联等效电路的模式。

5. 测量速度显示

"FAST" 点亮：快速测试。

"MED" 点亮：中速测试。

"SLOW" 点亮：慢速测试。

6. 测量信号电平指示

"0.1V"：当前测试信号电压为 0.1V。

"0.3V"：当前测试信号电压为 0.3V。

"1.0V"：当前测试信号电压为 1.0V。

7. 测量信号频率指示

"120Hz" 点亮：当前测试信号频率为 120Hz。

"1kHz"点亮：当前测试信号频率为 1kHz。

"100kHz"点亮：当前测试信号频率为 100kHz。

8. 主参数测试结果显示

显示当前测量主参数值。

9. 主参数单位显示

用于显示主参数测量结果的单位。

电感单位：μH，mH，H。

电容单位：pF，nF，μF，mF。

电阻/阻抗单位：Ω，kΩ，MΩ。

10. 副参数测试结果显示

指示当前测量副参数值。

11. 副参数指示

指示用户选择测量元件的副参数类型。

二、操作说明

（一）开机

（1）按电源开关键启动仪器。

（2）LCD 屏首先显示仪器版本号。

（3）延时后进入测试状态。如图 12-7 所示，实际情况有可能不同。

（4）仪器恢复上次关机时的设定状态（量程除外）。

如图 12-7 所示，测量显示描述如下。

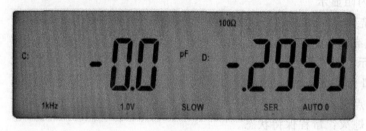

图 12-7

（1）主参数：C。

（2）主参数值显示。

（3）主参数单位：pF。

（4）信号源内阻：100Ω。

（5）副参数值显示。

（6）测量信号频率：1kHz。

（7）测量信号电平：1.0V。

（8）测量速度：SLOW。

（9）副参数：D。

（10）串联等效：SER。

（11）量程：AUTO 0。

（二）参数设定

TH2811D 在一个测试循环内可同时测量被测阻抗的两个不同的参数组合。主参数和副参数如下：

主参数：

L：电感量。

C：电容量。

R：电阻值。

$|Z|$：阻抗的模。

副参数：

D：损耗因数。

Q：品质因数。

Z 取绝对值，$L/C/R$ 有正负。

C-D 测量时，主参数显示"－"，则实际被测器件呈感性。

L-Q 测量时，主参数显示"－"，则实际被测器件呈容性。

R-Q 测量时，出现 R 为"－"的情况，是由于过度清"0"所至，请正确清"0"。

TH2811D 提供以下 4 种测量参数组合：L-Q，C-D，R-Q 和 Z-Q。

执行以下步骤设定测量参数。

（1）假设仪器当前的测量参数为 L-Q。主参数显示"L："，副参数显示"Q："。

（2）按 PARA 键，测量参数改变为 C-D。主参数显示"C："，副参数显示"D："。

（3）按 PARA 键，测量参数改变为 R-Q。主参数显示"R："，副参数显示"Q："。

（4）按 PARA 键，测量参数改变为 Z-Q。主参数显示"Z："，副参数显示"Q："。

（5）重复按 PARA 键，直至当前测量参数为所需测量参数。

（三）频率设定

TH2811D 提供以下 4 个常用测试频率：100Hz，120Hz，1kHz 和 10kHz。当前测试频率显示在 LCD 左下方的频率指示区域。

执行以下步骤设定测试频率。

（1）假设仪器当前的测试频率为 100Hz。LCD 下方显示"100Hz"。

（2）按 FREQ 键，测试频率变为 120Hz。LCD 下方显示"120Hz"。

（3）按 FREQ 键，测试频率变为 1kHz。LCD 下方显示"1kHz"。

（4）按 FREQ 键，测试频率变为 10kHz。LCD 下方显示"10kHz"。

（5）按 FREQ 键，测试频率重新变为 100Hz。LCD 下方显示"100Hz"。

（6）重复按 FREQ 键，直至当前测试频率为所需测试频率。

（四）测试信号电压选择

TH2811D 提供以下两个常用测试信号电压：0.3V 和 1.0V。当前测试信号电压显示在 LCD 下方的信号电压指示区域。

执行以下步骤设定测试频率。

（1）按 LEVEL 键，测试信号电压在 0.3V 和 1.0V 之间切换。

（2）LCD 下方显示当前测试信号电压值。

（五）信号源内阻选择

TH2811D 可提供 30Ω 和 100Ω 两种信号源内阻供用户选择。在相同的测试电压下，选择不同的信号源内阻，将会得到不同的测试电流。当被测件对测试电流敏感时，测试结果将会不同。提供两种不同的信号源内阻，可方便用户与国内外其他仪器生产厂家进行测试结果对比。

执行以下步骤设置信号源内阻。

（1）按 30/100 键，可使信号源内阻在 30Ω 和 100Ω 之间切换。

（2）LCD 上方显示当前信号源的内阻值。

（六）测量速度选择

TH2811D 提供 FAST，MED 和 SLOW 3 种测试速度供用户选择。一般情况下测试速度越慢，仪器的测试结果越稳定、越准确。

FAST：每秒约 12 次。

MED：每秒约 5.1 次。

SLOW：每秒约 2.5 次。

执行以下步骤设定测试速度。

（1）假设仪器当前的测试速度为快速 FAST。LCD 下方显示"FAST"。

（2）按 SPEED 键，测试速度改变为中速 MED。LCD 下方显示"MED"。

（3）按 SPEED 键，测试速度改变为慢速 SLOW。LCD 下方显示"SLOW"。

（4）按 SPEED 键，测试速度重新变为 FAST 方式。LCD 下方显示"FAST"。

（5）重复按 SPEED 键，直至当前测试速度为所需测试速度。

（七）等效电路方式

1. 设置串联与并联

TH2811D 可选择串联（SER）或并联（PAR）两种等效电路来测量电感、电容和电阻。

执行以下步骤设置等效电路方式。

（1）按 SER/PAR 键可以使等效方式在串联（SER）与并联（PAR）之间切换。

（2）屏幕下方显示当前等效方式。

2. 选择串联或并联方式

（1）电容等效电路的选择：

① 小容量对应高阻抗值，此时并联电阻的影响比串联电阻的影响大。串联电阻与电容的阻抗相比很小可以忽略不计，因此应该选择并联等效方式进行测量。

② 相反大电容对应低阻抗值，并联电阻与电容的阻抗相比很小可忽略不计，而串联电阻对电容阻抗的影响更大一些，因此应该选择串联等效方式进行测量。

电容等效电路的选择规则：大于 10kΩ 时，选择并联方式；小于 10Ω 时，选择串联方式。

介于上述阻抗之间时，根据元件制造商的推荐采用合适的等效电路。

（2）电感等效电路的选择：

① 大电感对应高阻抗值，此时并联电阻的影响比串联电阻的影响大，因此选择并联等效方式进行测量更加合理。

② 相反小电感对应低阻抗值，串联电阻对电感的影响更重要，因此选择串联等效方式进行测量更加合适。

电感等效电路的选择规则：大于 10kΩ 时，选择并联方式；小于 10Ω 时，选择串联方式。

（八）量程设定

TH2811D 提供 100Ω 信号源内阻时，共使用 5 个量程：30Ω、100Ω、1kΩ、10kΩ 和 100kΩ。各量程的有效测量范围如表 12-1 所示。

TH2811D 提供 30Ω 信号源内阻时，共使用 6 个量程：10Ω、30Ω、100Ω、1kΩ、10kΩ 和 100kΩ。各量程的有效测量范围如表 12-2 所示。

表 12-1

序号	量程电阻	有效测量范围
0	100kΩ	100kΩ～100MΩ
1	10kΩ	10～100kΩ
2	1kΩ	1～10kΩ
3	100Ω	50Ω～1kΩ
4	30Ω	0～50Ω

表 12-2

序号	量程电阻	有效测量范围
0	100kΩ	100kΩ～100MΩ
1	10kΩ	10～100kΩ
2	1kΩ	1～10kΩ
3	100Ω	100Ω～1kΩ
4	30Ω	15～100Ω
5	10Ω	0～15Ω

执行以下步骤设定测试量程。

（1）按 RANGE 键，量程可在自动和保持之间切换。

（2）当量程被保持时，LCD 下方不再显示"AUTO"字符，仅显示当前保持的量程号。

（3）当量程为自动（AUTO）状态，LCD 下方显示"AUTO n"。"n"为当前自动选择的量程号。

> **注意：** 量程保持时，测试元件大小超出量程测量范围，或超出仪器显示范围也将显示过载标志"—"。

例：量程位置的计算。

电容量为 $C=210$nF，$D=0.0010$，测量频率 $f=1$kHz 时，

$$Z_X = R_X + \frac{1}{\mathrm{j}2\pi f C_X}$$

$$|Z_X| \approx \frac{1}{2\pi f C_X} = \frac{1}{2\times 3.1416\times 1000\times 210\times 10^{-9}} \approx 757.9\ (\Omega)$$

由表 12-2 可知，该电容器正确测量量程为 3。

（九）开路清零

TH2811D 开路清零功能能够消除与被测元件并联的杂散导纳如杂散电容的影响。

执行以下步骤进行开路清零：

（1）按 OPEN 键选择开路清零功能。

（2）LCD 显示信息如图 12-8 所示，"OPEN"闪烁。

图 12-8

（3）将测试端开路。

（4）按 ENTER 开始开路清零测试。

（5）按其他键取消清零操作，返回测试状态。

（6）TH2811D 对所有频率下各量程自动扫描并进行开路清零测试，LCD 下方显示当前清零的频率和量程号。

（7）如果当前测试结果正确，在 LCD 副参数显示区显示"PASS"字符，并接着对下一个频率或量程进行清零。

（8）如果当前清零结果不正确，在 LCD 副参数显示区显示"FAIL"字符并退出清零操作返回测试状态。

（9）开路清零结束后仪器返回测试状态。

（十）短路清零

TH2811D 短路清零功能能够消除与被测元件串联的剩余阻抗如引线电阻或引线电感的影响。

执行以下步骤进行短路清零：

（1）按下 SHORT 键选择短路清零功能。

（2）LCD 显示信息如图 12-9 所示，"SHORT"闪烁。

（3）用低阻短路片将测试端短路。

（4）按 ENTER 开始短路清零测试。

（5）按其他键取消清零操作返回测试状态。

（6）TH2811D 对所有频率下各量程自动扫描并进行开路清零测试，LCD 下方显示当前清零的频率和量程号。

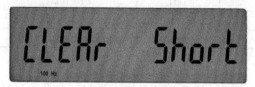

图 12-9

（7）如果当前测试结果正确，在 LCD 副参数显示区显示"PASS"字符，并且接着对下一个频率或量程进行清零。

（8）如果当前清零结果不正确，在 LCD 副参数显示区显示"FAIL"字符，并退出清零操作返回测试状态。

（9）短路清零结束后仪器返回测试状态。

> **注意：**
>
> （1）仪器清零过后如改变了测试条件（更换夹具，温湿度环境变化），请重新清零。
>
> （2）短路清零时，可能偶尔出现"FAIL"现象，此时可能未使用低阻短路线或未可靠接触，请重新可靠短路后再执行。清零数据保存在非易失性存储器中，在相同测试条件下测试，不需要重新进行清零。

三、LCR 基本性能

（一）测量参数

（1）主参数：

L：电感。

C：电容。

R：电阻。

Z：阻抗。

（2）副参数：

D：损耗因数。

Q：品质因数。

（3）测量参数组合：L-Q、C-D、R-Q、Z-Q。

（二）等效方式

SER：串联。

PAR：并联。

实际电感、电容、电阻并非理想的纯电抗或电阻元件，而是以串联或并联形式呈现为一个复阻抗元件，本仪器根据串联或并联等效电路来计算其所需值，不同等效电路将得到不同的结果。两种等效电路可通过表 12-3 等效电路转换所列公式进行转换。对于 Q 和 D 无论何种等效方式均是相同的。

表 12-3

电路形式		损耗因数 D	等效方式转换
L		$D=2\pi F L_p/R_p=1/Q$	$L_s=L_p/(1+D^2)$ $R_s=R_pD^2/(1+D^2)$
		$D=R_s/2\pi F L_s=1/Q$	$L_p=(1+D^2)L_s$ $R_p=(1+D^2)R_s/D^2$
C		$D=1/2\pi F C_p R_p=1/Q$	$C_s=(1+D^2)C_p$ $R_s=R_pD^2/(1+D^2)$
		$D=2\pi F C_s R_s=1/Q$	$C_p=C_s/(1+D^2)$ $R_p=R_s(1+D^2)/D^2$

注：Q、D、X_s 的定义为：$Q=X_s/R_s$，$D=R_s/X_s$，$X_s=1/(2\pi F C_s)=2\pi F L_s$，元件参数中，下标 s 表示串联等效，p 表示并联等效。

一般地，对于低值阻抗元件（基本是高值电容和低值电感），使用串联等效电路，反之，对于高值阻抗元件（基本是低值电容和高值电感），使用并联等效电路。

同时，也须根据元件的实际使用情况而决定其等效电路，如对电容器，用于电源滤波时使用串联等效电路，而用于 LC 振荡电路时使用并联等效电路。

（三）量程

TH2811D 提供 100Ω 信号源内阻时，共使用 5 个量程（30Ω，100Ω，1kΩ，10kΩ 和 100kΩ）。

TH2811D 提供 30Ω 信号源内阻时，共使用 6 个量程（10Ω，30Ω，100Ω，1kΩ，10kΩ 和 100kΩ）。

量程可选择自动或保持状态。

（四）测试端方式

四端测试：

Hcur：电流激励高端；

Hpot：电压取样高端；

Lpot：电压取样低端；

Lcur：电流激励低端。

（五）测试速度

测试频率、积分时间、元件值大小、显示方式、量程方式及比较器均会影响测试速度。

TH2811D 提供 FAST，MED 和 SLOW 3 种测试速度供用户选择。一般情况下测试速度越慢，仪器的测试结果越稳定、越准确。

快速（FAST）：每秒约 12 次。

中速（MED）：每秒约 5.1 次。

慢速（SLOW）：每秒约 2.5 次。

（六）基本精度

C：0.2% $(1+C_x/C_{max}+C_{min}/C_x)$ $(1+D_x)$ $(1+k_s+k_v+k_f)$。

L：0.2% $(1+L_x/L_{max}+L_{min}/L_x)$ $(1+1/Q_x)$ $(1+k_s+k_v+k_f)$。

Z：0.2% $(1+Z_x/Z_{max}+Z_{min}/Z_x)$ $(1+k_s+k_v+k_f)$。

R：0.2% $(1+R_x/R_{max}+R_{min}/R_x)$ $(1+Q_x)$ $(1+k_s+k_v+k_f)$。

D：±0.0020 $(1+Z_x/Z_{max}+Z_{min}/Z_x)$ $(1+D_x+2D_x)$ $(1+k_s+k_v+k_f)$。

Q：±0.0020 $(1+Z_x/Z_{max}+Z_{min}/Z_x)$ (Q_x+1/Q_x) $(1+k_s+k_v+k_f)$。

注：

（1）D，Q 为绝对误差，其余均为相对误差，$D_x=1/Q_x$；

（2）下标为 x 者为该参数测量值，下标为 max 者为最大值，下标为 min 者为最小值；

（3）k_s 为速度因子，k_v 为电压因子，k_f 为频率因子；

（4）为保证测量精度，在准确度校准时应在当前测量条件、测量工具的情况下进行可靠的开路短路清零。

1. 影响准确度的测量参数最大值、最小值

影响准确度的测量参数最大值、最小值见表 12-4。

表 12-4

参数	频率			
	100Hz	120Hz	1kHz	10kHz
C_{max}	800μF	667μF	80μF	8μF
C_{min}	1500pF	1250pF	150pF	15pF
L_{max}	1590H	1325H	159H	15.9H
L_{min}	3.2mH	2.6mH	0.32mH	0.032mH
Z_{max}/R_{max}	1MΩ			
Z_{min}/R_{min}	1.59Ω			

2. 测量速度误差因子k_s

慢速、中速：$k_s=0$。

快速：$k_s=10$。

3. 测试电平误差因子k_v

测试电平、仪器所设定的参数信号电平 V（有效值），以 mV 为单位。

当 $V=1V$ 时，$k_v=0$；

当 $V=0.3V$ 时，$k_v=1$。

4. 测试频率误差因子k_f

当 $f=100Hz$、120Hz、1kHz 时，$k_f=0$；

当 $f=10kHz$ 时，$k_f=0.5$。

（七）测试信号频率

TH2811D 提供以下 4 个常用测试频率：100Hz，120Hz，1kHz 和 10kHz。

频率准确度：0.02%。

（八）测试信号电平

$(1+10\%)\times0.3V_{rms}$。

$(1+10\%)\times1.0V_{rms}$。

（九）输出阻抗

$(1+5\%)\times30\Omega$。

$(1+5\%)\times100\Omega$。

（十）测量显示范围

测量显示范围如表 12-5 所示。

表 12-5

参数	频率	测量范围
L	100Hz、120Hz	1μH～9999H
	1kHz	0.1μH～999.9H
	10kHz	0.01μH～99.99H
C	100Hz、120Hz	1pF～19999μF
	1kHz	0.1pF～1999.9μF
	10kHz	0.01pF～19.99μF
R		0.1mΩ～99.99MΩ
Q		0.0001～9999
D		0.0001～9.999

（十一）清零功能

TH2811D 开路清零功能能够消除与被测元件并联的杂散导纳，如杂散电容的影响；TH2811D 短路清零功能能够消除与被测元件串联的剩余阻抗如引线电阻或引线电感的影响。

（十二）量程保持

量程自动 AUTO：仪器自动选择测试量程。

量程保持：仪器固定在某一量程进行测量。

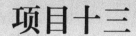

SMT生产线运行管理

本项目主要学习任务

学习任务 1　现场管理
学习任务 2　品质控制
学习任务 3　原材料的管理与使用
学习任务 4　简单单板的生产——SMT 生产线的实际运行

学习任务 1　现场管理

学习目标

（1）掌握生产现场管理中早晚会交接班内容，提高管理水平。

（2）了解生产现场中异常发生原因、流程、日常处理对策和方法。

（3）掌握日常生产管理中产出管理、广告牌管理及影响产出的原因与分析对策。

（4）掌握生产现场管理中 ESD（静电放电）/6S 定义及管理方法。

（5）熟悉 SMT 生产现场管理中切换线管理及流程，SOP（标准作业程序）和 MN（制作流程单）的管理。

知识准备

一、早晚会交接管理

1. 交接管理目的

（1）了解当班生产机型进度，成品半成品入库完成状态。掌握上一班的生产质量状况。

（2）了解上班次生产达成率和品质状况，避免异常问题点重复发生，对下班次生产人员做及时宣导。

（3）全面掌握人、机、料、法、环状况，保证生产顺利进行。

交接主要包括四个方面：交接对象、交接时间与地点、交接具体内容、交接形式。

2. 交接对象

这里交接对象主要是指参与直接生产的作业员、修复员及工程技术人员，及现场管理干部与物料员等，有些单位交接特指领班对领班，全能手对全能手，修复员对修复员，物料员对物料员，原则上生产交接应是等职位内容交接，不能跨级做交接，避免造成生产现场管理资源的冲突。

3. 交接时间与地点

依据各工厂生产产品特点，交接时间也不一致。

早班：7：45—8：15。

晚班：19：45—20：15。

交接的具体时间段控制和时间把握，由各单位生产部门依据工厂产品特点及交货计划和现况做针对性的调度安排，时间点也由各单位自己做决定，当然交接时间的安排还要考虑精益生产管理的特点，交接越短越好，内容交接越详尽越好。

4. 交接具体内容

现场管理交接内容应依据各工厂产品要求特点来定，但一般包含如下几部分内容，涵盖日常生产交接中涉及的主要部分，即人、机、料、法、环、测等几项内容：

（1）人数清点。各成员依据规定集合时间点，做好手头工作内容交接，并按时到指定位置集合，在集合前没有交接完的任务要做好管理，会议后要做补充交接，确保生产安全有序持续。

（2）生产计划达成及工作计划安排。

（3）工作重点和异常处理。

（4）TOP（最上面部分）异常状况及注意事项。

（5）投入站及产出管理。

（6）物料交接/材料点数/损耗检讨。

（7）纪律、政令、生产现场各种待交办任务等。

5. 交接形式

（1）排队点名集中交接，领班组长宣导。

（2）个别一对一工作内容现场交接。

（3）管理记录本和口头。

（4）辅助电话邮件补充交接，微信推送，广告牌等辅助方式交接。

① 如何指导员工及干部做好日常交接呢？以某代工厂 SMT 生产现场领班现场管理及现场交接内容举例，作为一个合格领班需要做如下每日生产状况内容的了解确认和交接。

a. 人、机、料、法准备状况，了解排程是否变更，人员需求状况。
b. 交接当日生产机型完成进度。
c. 了解新机型首件是否完成，材料准备状况。
d. 了解出货需求与差异，上一班生产状况及产能与目标差异。
e. PQC/OQC(制程质量控制/出货质量控制)当日质量状况(稽核的问题描述及问题的防止措施)。
f. 当日生产质量 QRQC(品质异常反馈追踪系统)问题点(原因描述和对策)。
g. 了解当天机型修复 WIP(在制品)状况。
h. 了解各站位是否有不良品的处理(各站不良品的不良点)。
i. 了解当日是否有 Control run(控制运行)单，单独追踪机器重点交接。
j. 了解当日生产机型 MO(生产指令)是否开启，生产机器版本测试程序是否上传 MES(生产信息化管理系统)。
k. 了解交接是否有新机种上线，SOP 是否齐全。
l. 交接上一班产量及各站的 WIP，了解是否有遗留问题待解决。
m. 上级主管交代事件着重记录，了解是否需要传签数据，例会宣导。

② 同时对于现场管理人员，除自身作业内容交接外，需要辅导所在团队人员的工作内容交接，即作业员主要包含如下内容：

a. 有秩序地进入生产区域后，与上一班站位人员交接。

b. 了解该站位当日有无异常状况，产品有无不良。

c. 了解 SOP 是否有更改。

d. 了解该站是否有异常，作业手法是否异常。

e. 了解治具运行是否正常。

f. 了解该站位 WIP 状态。

g. 交接完毕之后，开始正常作业。

二、生产异常管理

（一）生产管理定义

生产管理（Production Management）是计划、组织、协调、控制生产活动的综合管理活动，内容包括生产计划、生产组织以及生产控制。通过合理组织生产过程，有效利用生产资源，经济合理地进行生产活动，以达到预期的生产目标。在生产作业中对从业人员的管理和单纯技术工作不同的是，生产管理者要对自己属下的广大从业人员负责，包括掌握他们的工作、健康、安全及思想状况，以及要对人员异常制定相对应的管理制度并加以约束，以期达成生产任务顺利完成。

（二）异常管理目的

（1）采取适当措施，有效处理生产作业过程中的各种异常品质和生产效率问题。

（2）针对发生的异常划分责任，以便找到问题，更好解决。

（3）对生产中各种异常快速处理，达成提高生产效率，满足生产出货需要，降低生产成本。

（三）异常管理类型

SMT 生产中异常管理一般包含如下四部分：

（1）人员异常管理；

（2）机台异常管理；

（3）材料异常管理；

（4）制程异常管理。

除此以外还包含其余生产异常状况，这里不再做进一步说明，重点说明以上人员、机台、材料、制程这几种常见异常管理流程。

常见 SMT 工程或相关生产工厂对于一般生产作业中出现异常后的处理方法：不良发生达到设定的品质目标以下时，就需要触发相关的预警机制，以便能第一时间通过判定分析，对不良做出预先判断分类，依据类别做出快速反馈，进而依据处理的流程来针对性开展工作。

（四）异常处理流程

如图 13-1 所示，当产线不良率达到规定触发条件时，员工需要第一时间报备所在组长或领班，基层干部在对问题做初步判定后，要反馈给对应生产部门负责人，如生产有分白夜班次，则反馈给对应的班次干部即可。如果夜班作业不能判定不良归属的，就要及时反馈给工程师介入处理，如果是白班次，就要在规定时间内通告相关人员，召集技术、生产、设备、工程及 RD（研发）、品质与项目主管参会。确认问题归属，做不良类别的分类处理。

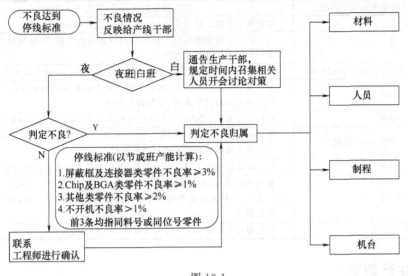

图 13-1

通常初步分析确定归为 5 类，即人员异常、机台异常、材料异常、制程异常和其他生产异常状况。

1. 人员异常管理

发生原因：人员在生产作业中无责任心或是个体突发状况，导致没有依据规定操作，造成损失。

改善要点：改善员工操作方法。

2. 机台异常管理

发生原因：主要由机器故障或机器参数设置不当引发的不良。

改善要点：通过故障分析，快速找到问题原因，对设备做维修处理，并建立长期 TPM（全面生产维护）管理方案。

3. 材料异常管理

发生原因：因为材料问题导致的不良。

改善要点：对产线不良品做分析，采取临时对策和长期对策，建立品质监控制度，反馈厂家改善，并跟踪后续长期品质计划。

4. 制程异常

发生原因：制程中由工艺参数等引发的不良。

改善要点：反馈对应负责人员，快速介入处理，做出分析，依据工艺技术要点做参数调整，并辅助其余作业、设备、材料等方面综合参与分析改善，控制不良，并对改善后参数在运行平稳后建立 SOP。

5. 其他生产异常状况

发生原因：主要是指除生产品质、设备、人员以及制程等因素造成不良外，还有例如环境中的温湿度管理、5S、安全、ESD 等问题造成相关生产中异常状况，另外还有突然断电、网络中断、病毒疫情等不可抗拒的因素造成的异常状况的发生。

改善要点：重在预防，并建立可控机制，建立规范管理，强化责任意识。

表 13-1 为生产现场管理中厂家的异常问题点检查表。

表 13-1

项次	容易发生异常的时机	发生异常时机 & 厂家处理一般对策
1	新员工	领班须对新员工进行充分的训练,并经组长确认可以上岗
2	新工具	新工具上线时领班须与工程师同时确认可以上线,并在后续工作中重点检查是否影响产品外观及性能
3	搬运(空间)前后制程转换	台车是否为空,数量是否正确。周转工具是否会导致产品不良
4	工位调动	工位调整时交接须清楚,替补人员必须能描述 SOP 的作业内容及注意事项经领班考核后方可上岗,并发行上岗证
5	员工情绪	视自己为家长,关心每位员工的工作与生活,及时为员工排忧解难
6	换料过程(换线过程)	换线时,物料员需先打印生产机型 BOM 与实物核对,利用 SOP 进行检查在线员工须对照料站表进行物料核对
7	休息与吃饭后开线	开线时确认所有人员全部到岗位,避免人员未到齐造成作业漏失
8	机型换线	新机型切换时,需确认 SOP 生产机型使用材料是否与 BOM 一致,设备治具是否就位,专技人员是否调试完成,首件产品是否测试通过,确保每站作业人员作业顺畅
9	新机型导入	新机型导入时需安装 4M 要求确认(人、机、料、法)

三、日常生产管理

(一)广告牌管理/产出管理

(1)在线显示器动态播放在生产中类似广告牌管理方式,因为运作的模式类似广而告之的形式,所以习惯上被称为广告牌管理。

(2)广告牌一般分两类来使用,也就是"领取广告牌"和"生产指示广告牌"。领取广告牌记载着后工序应该从前工序领取的产品种类和数量。生产指示广告牌指示前工序必须生产的产品种类和数量。

SMT 生产现场中,通常这两种广告牌都是存在的,生产线标准广告牌模式显示计划、预订、实际产量及产量差额;SMT 生产线头和生产线尾一般会配置这种广告牌,见图 13-2。

图 13-2

楼层电子广告牌能目视化看出当日当线的标准产能和达成情况、制单总数量等，见图 13-3。

图 13-3

（二）巡线管理/瓶颈管理

（1）巡线管理是日常 SMT 生产管理中的重点内容，以下是关于巡线的现场管理内容：

① 检查作业员当班是否有做静电环量测，量测异常需及时通知复测，并确保所有人员完成静电环量测。

② 检查作业员是否有静电防护。如是否按 SOP 要求佩戴静电环、静电手套、静电衣帽，头发扎进帽子。

③ 检查产线工作台面是否有静电桌皮，是否有接静电地线，有无静电地线松脱现象。

④ 检查各工站是否有 SOP，是否有临时或仅供参考的 SOP，SOP 是否在有效期内，相同机种使用的 SOP 是否为同一版本。

⑤ 检查各工站作业员是否有上岗证，且该站工位是否合格，若该站工位不合格，人员不可上岗。

⑥ 检查当班是否有做首件检查，是否有首件检查记录，记录是否正确、完整。

⑦ 检查测试/目检工站是否有做日报表，报表填写是否正确无误，落实记录报表。

⑧ 检查各工站不良品（含物料）是否有做清楚标识，是否与良品分开摆放，不会被误用。

⑨ 检查测试及检验站不良品是否堆积未及时处理。

⑩ 针对各站作业员有无按照 SOP 作业手法生产。

⑪ 针对焊接和锁紧螺钉等重要岗位，每节课抽验 10pcs 确认质量。

⑫ 检查各工站是否堆积有与当班生产无关的产品或治具，需及时清理出产线。

⑬ 检查产线物料是否有清楚标识料号及状态。

⑭ 检查产线物品摆放是否定位，是否有超出规划区域或斑马线。

⑮ 检查化学用品是否按 SOP 规定使用，是否清楚标识，且需正确佩戴劳防用品。

⑯ 检查治具是否有编号及标签标识，不可用治具及时送回专技室维修。

⑰ 检查测试设备是否有做日维护保养，是否有保养记录，保养记录是否填写正确。

⑱ 检查地面是否清洁，是否有垃圾、零件等残留。

⑲ 检查垃圾是否有区分（一般分为可回收、PCBA 边角、胶类化学品等回收），检查垃圾箱内是否有纸类与胶类混放现象。

⑳ 检查垃圾箱和垃圾打包区是否堆积垃圾未及时清理、运走。

㉑ 检查备料区物料摆放是否定位摆放，是否有清楚标识，以免误用。

㉒ 检查产线备用的物料摆放是否有高度限制（以成品栈板高度为限）。

㉓ 检查成品是否定位摆放。

㉔ 检查 OQC 检验区是否堆积不良品未及时处理。

㉕ 检查 PASS 区是否堆积成品未及时入库。

（2）瓶颈管理。什么是瓶颈？一般是指在整体中的关键限制因素。瓶颈在不同的领域有不同的含义。生产中的瓶颈是指那些限制工作流整体水平（包括工作流完成时间，工作流的质量等）的单个因素或少数几个因素。通常把一个流程中生产节拍最慢的环节叫作"瓶颈"（Bottleneck）。生产中的瓶颈和标工是紧密联系在一起的。

① 如何发现瓶颈？

通过线上节拍观察，查看是否在生产线上有等待、积压，以及流线不畅的现象。

② 如何分析瓶颈原因？

采用 IE 标准工时（标工）作为参考，从 5M＋1E 着手分析差异，根据差异分析原因，寻找解决的方案。

③ 处理瓶颈问题一般步骤是什么？

a. 首先确认线速是否符合生产节拍要求，没有过快现象。

b. 查看投入站点是否按照标工生产节拍投线：一格一台或一格两台，有无多投。

c. 检查是否所有工站均正常作业，没有提前作业现象。

d. 确认所有设备作业时间是否满足 IE（工业工程师）标工要求，有无反应过慢无法满足标工的。

e. 确认人员作业速度是否满足标工，有无明显慢于标工的。

f. 以上原因均排除需分析管理面问题。

g. 管理面没问题需对比其他线体同工站作业现象。

h. 对比其他线体无果：所有线体均堆积，需反馈组长寻找 IE 重新核算标工。

在生产作业过程中对于瓶颈站位问题的发现，特别是当瓶颈站别的 CT（Cycle Time，周期时间）影响到正常产出，对平衡率产生影响时，需要对发现的问题及时做对策和问题处理，以便顺利产出。

表 13-2 所示为瓶颈站位问题的影响因素和对策分析说明，供参考。

表 13-2

瓶颈站位问题分析与处理	
影响因素	常见一般处理对策说明
线速过快	根据标工节拍重新调整线速
投入节拍过快	宣导投入员工严格按照生产节拍投线，不可私自多投
有提前作业现象	宣导所有人员必须按照节拍流线，从哪个格子取待作业品，作业完成后还放回哪个格子，不可往前送
设备反应迟缓无法满足标工	反馈专技查看设备是否还有优化空间，无优化空间反馈 IE 重新评估设备配置
人员作业缓慢	根据员工到岗时长，观察其作业状态，明显不适合者换人作业

（3）ESD 管理/6S 管理。

① ESD 管理。关于 ESD 的定义：

a. 静电放电（Electro-Static Discharge，ESD）：是指具有不同静电电位的物体互相靠近或直接接触引起的电荷转移。

b. 因为电子产品生产中静电放电是静电危害最主要的部分，所以 ESD 成为静电的代名词。

（a）静电产生的途径有哪些？

ⓐ 相互接触、摩擦或滑动——摩擦起电。

ⓑ 两物体分开时——剥离带电。

ⓒ 两个带电物体互相靠近时——感应起电。

- 摩擦起电是反复多次的接触分离过程，摩擦起电是静电产生的最主要形式。

SMT 生产中静电摩擦带电现象有包装操作中的摩擦、检验操作中的摩擦、测试工序中的摩擦及装配操作的摩擦等（图 13-4）。

- 剥离的过程使得原有物体间的电荷平衡打破，剥离的两者带上极性相反的电荷，粘贴的标签或塑料揭下来时易发生静电，轴和皮带滚动分离时也容易产生静电（图 13-5）。

SMT 生产中静电剥离带电现象有卷盘料件的料带展开、金手指高温胶的撕离、标签的撕离及显示屏保护膜的撕离等（图 13-6）。

- 静电感应带电。导电性的物体在静电场中会发生静电感应，而瞬间接地，使得物体最终带上静电荷，静电感应带电是静电防护区域内限制绝缘材料的重要考虑因素之一，孤立导体的静电感应尤为显著（图 13-7）。

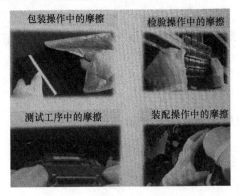

图 13-4

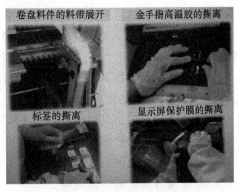

图 13-6

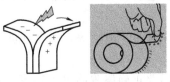

图 13-5

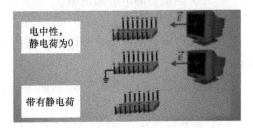

图 13-7

SMT 生产中静电感应带电现象有作业过程中头发带电感应到器件、键盘带电感应到器件（图 13-8）。

（b）为何进行 ESD 防护？静电在 SMT 生产中的危害包括生产成本提高，故障诊断时间增加，产品质量降低，客户的损失。那么 ESD 具体有哪些危害呢？这里做简要介绍：

图 13-8

ⓐ 隐蔽性。大多数 ESD 损害发生在人的感觉以下：人体感知的静电放电电压为 2～3kV，但有些敏感器件只需 100V 便能被损坏（大部分小于 1kV）。

ⓑ 潜伏性。由于多数情况下 ESD 能量都较小，所以受到 ESD 伤害的也并不表现为立即报废，有些仅表现为漏电增加，工作不稳定，甚至在出厂测试中一时表现不明显，以后发现问题易归咎为材料不良或设计不良。

ⓒ 随机性。静电的产生和积累要有一定的条件和过程，所以未加保护也不见得件件产品都会受到 ESD 伤害，有一定的偶然性。

ⓓ 复杂性。静电造成的损失很难辨识，找出静电破坏的证据和根源一般相当不容易，而且成本可能很高。

ⓔ 严重性。除带来经济损失外，还会对声誉带来影响。

ⓕ 无处不在性。静电时时刻刻到处存在，随着集成电路的密度越来越大，一方面，其二氧化硅膜的厚度越来越薄（从微米到纳米），其承受的静电电压越来越低；另一方面，产生和积累静电的材料如塑料、橡胶等大量使用，使得静电越来越普遍存在。

(c) 如何做好防护？要做好防护，这里不得不提到 ESD 管控要点，消除 ESD 实际上就是消除金属连接，Q＋M＝NO ESD，其中 Q 表示静电电荷，M 表示金属连接。

ⓐ 很多人首先试着只是控制 Q（静电荷）。

ⓑ 但消除 M（金属连接）通常是最廉价的、最容易的，从长期来说也是最有效的解决办法。

ⓒ 正确做法是把控制 Q（静电荷）和消除 M（金属连接）结合起来，这取决于在每个工艺过程中哪一种方法最容易、最廉价。

ⓓ 生产中所有岗位都要做好相应 ESD 防护措施，具体防护措施如下：

• 直接接触静电敏感元件时，必须佩戴腕带。

• 正确佩戴已测试合格的腕带。

• 穿着通过测试的防静电鞋。

• 每天测试防静电鞋和腕带。

• 穿好防静电服。

• 把静电敏感元件移出静电防护区时，确保它们已包装在有明显防静电标识的屏蔽容器内。

• 任何能产生静电的材料，例如塑料、胶带、泡沫材料、塑胶等，不允许进入静电防护区。

(d) 防静电包装、存储、转运（图 13-9）。此外，需要正确佩戴静电手环等，使用离子风扇等（图 13-10）。

静电泡盒　　静电箱　　静电货架

静电框　　未开封　　已开封

图 13-9

(e) 生产现场的温湿度管控：SMT 区域属于静电高风险区域，温度要求在 20～28℃，湿度一般为 40%～70%。

(f) 对 ESD 防护区要做标示（图 13-11）。

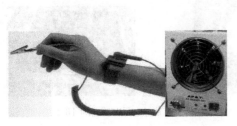

图 13-10   图 13-11

② 6S 管理。5S（整理、整顿、清扫、清洁、素养）是现场目视化管理的有效工具，同时也是员工素养提升的有效工具。除了以上 5S 外，工厂往往将安全（Safety）和 5S 一起并称为 6S 管理。

a. 主要工具。

（a）红标签。它是使用于 5S（整理、整顿、清扫、清洁、素养）的红牌作战中的红色纸张。改善的基础是将平常生产活动中不需要的物品，贴上红色标签，使每个人看了都能够明白。

（b）标示板。使用于 5S 的标示管理中。目的是清楚标示东西放置的场所，重点是让每个人都知道在哪里，摆放着多少数量，是何种物品。

（c）白线标示。在 5S 的整顿中，使用油漆或胶带清楚划分出作业场所与通道的区分线，以及半成品的放置场所等。

（d）红线标示。在 5S 的整顿中，将架子上的库存量或物品放置场所里半成品等的最大库存量用红线来标示。库存量的最低或最高限用蓝色或红色的胶带、涂料来表示。如此，一眼就能够识别出不足或者过剩。

b. 主要方法。

（a）定位法。将需要的东西放在事先规划的固定位置，位置的四个角或所在区域可以用定位线表示出来。

（b）标示法。将区域、场所、物料、设备等用醒目的字体表示出来。

（c）分区法。采用划线的方式表示不同性质的区域，如通道、作业区域等（图 13-12）。

（d）图形法。用大众都能识别的图形表示公共设施或者允许做及不允许做的事情。

（e）颜色法。用不同的颜色表示物料、区域、设备等差异或者状态的不同（图 13-13）。

（f）方向法。指示行动或前进的方向。

（g）影绘法。将物品的形状画在要放的地方，使员工一目了然，不会放错位置（图 13-14）。

（h）透明法。部分物品放在透明的容器中，以便让员工直接了解其中的东西或者多少。

（i）监察法。用某种标识使员工能够随时注意事务的动向。

（j）地图法。将公司的布置、办公地点、分公司等用地图的形式直接表示出来。

（k）备忘法。随时将需要做的事情记录到备忘板或备忘表上，可避免忘掉与他人相关的事情。

| 图 13-12 | 图 13-13 | 图 13-14 |

c. 安全。

（a）安全生产管理制度是一系列为了保障安全生产而制定的条文。它建立的目的主要是控制风险，将危害降到最小，安全生产管理制度也可以依据风险制定。

（b）公司的安全生产工作必须贯彻"安全第一，预防为主，综合治理"的方针，生产要服从安全的需要，实现安全生产和文明生产。

（c）职工在生产、工作中要认真学习和执行安全技术操作规程，遵守各项规章制度。爱护生产设备和安全防护装置、设施及劳动保护用品。发现不安全情况，及时报告领导，迅速予以排除。

（d）防护。根据工作性质和劳动条例，为职工配备或发放个人防护用品，各单位必须教育职工正确使用防护用品，不懂得防护用品用途和性能的，不准上岗操作。

努力做好防尘、防毒、防辐射、防暑降温工作和防噪声工程，进行经常性的卫生监测，对超过国家卫生标准的有毒有害作业点，应进行技术改造或采取卫生防护措施，不断改善劳动条件，按规定发放保健食品补贴，提高有毒有害作业人员的健康水平。

（e）整改。禁止中小学生和年龄不满 18 岁的青少年从事有毒有害生产劳动，检查整改发现安全隐患，必须及时整改，如本单位不能进行整改的要立即报告安委办统一安排整改。

（f）教育培训。对新职工、实习人员必须先进行安全生产的三级教育（即生产单位、部门、班组）才能准其进入操作岗位。对改变工种的工人，必须重新进行安全教育才能上岗。

严格执行各项安全生产规章制度，开展经常性的安全生产教育活动，不断增强职工的安全意识和提高职工的自我保护能力；加强安全生产检查，及时整改事故隐患和尘毒危害，积极改善劳动条件。

四、切换线管理/流程

切换线管理/流程见表 13-3。

表 13-3

流程	时间	领班工作内容	员工作业内容	所用表单/工具
工作交接	7:50—8:05	1. 两班交接线体生产异常与品质，生产达成率 2. 产线 WIP，及时跟催修复处理进度 3. 生产材料、设备、SOP、岗位设置、治具交接 4. 制程特别验证，重要事项交接	1. 交接本工位工作完成情况 2. 是否有 WIP 积压、入库 3. 品质异常情况 4. 材料耗材治具 SOP 等	检查生产中各种记录表单

流程	时间	领班工作内容	员工作业内容	所用表单/工具
人力状况早会宣导	—	1. 人员清点,出勤异常管理 2. 达成率和品质异常影响 3. TOP 异常及注意事项 4. 当日生产目标及品质目标,士气提升 5. 纪律要求,特别事项宣导及 5S 和 ESD 宣导	1. 按时到岗,准时参加早会 2. 注意听讲,不要大声喧哗 3. 遵守纪律,积极主动 4. 问题反馈	1. 检查填写入库记录表 2. 材料记录表 3. SMT 散料记录表 4. 设备保养记录表
生产准备	8:10—8:15	1. 检查材料是否齐套,是否需要紧急补充 2. 检查治具和 SOP 是否完备 3. 通知技术员程序准备	1. 工站 5S 和 ESD 设施维护 2. 检查前班入库及 WIP 状态 3. 治具准备 4. 熟悉设备和 SOP	1. 生产记录表单 2. 设备记录表填写 3. 材料交接记录表
岗位评核	—	1. 依岗位技能分配上岗,评估各岗位员工技能符合度 2. 5S 和 ESD 检查 3. 熟悉各站 SOP 4. 确认各岗位员工了解 SOP 内容	1. 工位自我检查 2. 熟悉本岗位操作内容 3. 具备本岗位操作技能 4. 依据 SOP 操作,做好 ESD	1. 材料交接记录表 2. 目检报表
组建	8:15—8:30	1. 开始换线,确认程序准备,MN,CVS(防错件系统)准备,AOI/SPI 2. 材料状况齐备和临时补料 3. 确认技术人员各设备准备 OK,治具 SET-JP	1. 工站各项作业准备 2. 检查 SOP、治具、周转框 3. 记录表 OK,耗材准备 OK 4. ESD 设施完善,设备准备	1. 材料交接记录表 2. 入库记录表 3. 目检报表
开线	8:30	1. 做好首检查确认工作 2. 印刷良率检查,巡线管理,看板管理,ESD 和 5S 3. 产线异常管理,品质监控 4. 生产进度管理,效率管理,ECO(工程变更指令)/MN 管理	1. 依据 SOP 作业,自检 2. 异常触发和问题反馈 3. 维持 5S 与纪律 4. 各种报表输出	1. 材料交接记录表 2. 入库记录表 3. 目检报表

1. 换线前准备

(1) 下线机种 SOP 归档,治具交接,上线机种材料交接,确认铭牌规格,完成上个产品机种材料退料。

(2) 归还 SOP,提前领取换线机种 SOP。

2. 换线作业

(1) 材料齐套后提前备料,做好材料管理、特殊贵重材料清点、备料上 SMT 设备供料器。

(2) 依据作业指导书,安装程序、钢板、治具,确认是否有 MN 和 ECO 变更。

(3) 调用 SMT 各设备生产程序,包含调整进板轨道宽度,治具、回流焊炉温度测试合格方可进板。

(4) 高速机贴片的 Chip 类元件需要打首件板,对电容、电阻、电感进行电测检验,以及泛用机贴片的异型元件对照位置名称确认贴装完整性与正确性,完成首检查确认工作。

(5) 做好产品的检验及检测工作,做好良品与不良品的区分。

(6) 良品要及时入库,并做好产线 WIP 维修和管理。

(7) 叉板集中投线,分类投入,设备要做好程序 SKIP(计算机编程应用)和恢复。

(8) 制单完成,进行程序复制备份,准备下线机种换线。

五、SOP/WI 作业指导书和 MN 管理

1. 管理目的

SOP 的正确性及完整性是保证机型顺利生产的首要条件,为了达到这个目的,需严格

按照以下流程来制作、发行及管理 SOP。

2. SOP 制作

SMT 制程工程师从 PE/RD（产品工程师/研发工程师）或者客户处获取 CAD/BOM（材料清单），Geber 等工程数据提供给数据组同仁，用于制作 SOP 及机型生产程序。使用程序软件制作该机型生产程序及机型 SOP。该机型 SOP 包含作业重点及注意事项。

3. SOP 发行

（1）SOP 完成之后由制程工程师对其内容做审核确认。

（2）审核完毕后打印将 SOP 送交部门主管处核准盖章。同时在 "SOP 发行及回收管理记录表" 中登记，之后归入数据柜中。

4. SOP 管理、取用及归还

（1）所有 SOP 由专人统一管理，保持整洁。机型生产前由产线工作人员领用该机型 SOP，领用时填写 "SOP 领用及归还记录表" 并签名领用。

（2）机型下线后将 SOP 收集齐全后归还，同时在 "SOP 领用及归还记录表" 上签名归还。

（3）已下线 SOP 归还入档，以备下次生产领用。

（4）SOP 变更及修改。

① MN 为临时变更，不进行 SOP 的修改，ECO 为永久性变更，需要进行相应 SOP 变更，但当机型已发料或机型在生产中时，如遇 ECO 变更，则由制程工程师请 PE 开出 MN 来执行，待机型下线后按照 ECO 内容对程序及 SOP 进行修改。

② 机型换线后有 MN 要进行相应程序变更，制单结束之后技术支持将程序改回初始状态。

③ 整套 SOP 如遇治具以及目检项目等内容有更新，由制程工程师直接修改确认无误盖 DCT 章后发行。如机型在线生产直接将修改后 SOP 替换在线旧 SOP，旧 SOP 进行销毁，修改需要有记录。

总结：为确保 SMT 生产线的正常运转，现场管理中需要对 SOP 和 MN 使用和管理进行不定期稽核，由部门主管无预警地找人依据该份稽核表，逐项对某机型进行 SOP 的流程管制稽核，确保生产正常运行。

→ 操作准备

1. 组织实施

（1）生产早会。

（2）早晚交接班。

（3）生产现场指导。

一个基层现场管理人员如何来做早晚会交接，的确是一门学问和管理技术，除需要熟悉了解现场生产流程外，还需要有管理技巧和带兵能力。具体内容可以参考有关现场管理的专业书籍，这里不再赘述。

这里举例说明一个基层现场管理干部如何做好 SMT 现场的交接班管理，做好早会的宣讲词，让员工在了解基本工作内容外，在员工士气、安全、品质、生产效率、交货期、成本控制等各方面都有提升的意识，为生产保驾护航。

一个成功的早会能激发同人一整天的工作热情，也能恰到好处地执行 PDCA 循环，使我们的工作不断取得进步。反之，则会让你的员工工作时情绪低落，心不在焉，工作效率低下，犯错不断。日夜班交接极为重要，可以很好地传递和教授各班发生的问题及解决方案，以便减少接替班组问题发生概率，提升生产效率及产品品质。

班组干部通过以上生产现场互动和指导，能够在工作中找到问题原因并加以解决，能带动全员积极性和工作主动性。

2. 操作要求

（1）集合准时，不要喧哗，手机静音。

（2）队列整齐，着装规范，认真听讲。

（3）有疑问先举手，安静离场。

（4）现场指导交接作业。

▶️ 任务实施

（1）图13-15所示为因为人为作业缺失导致产线发生异常的处理过程。

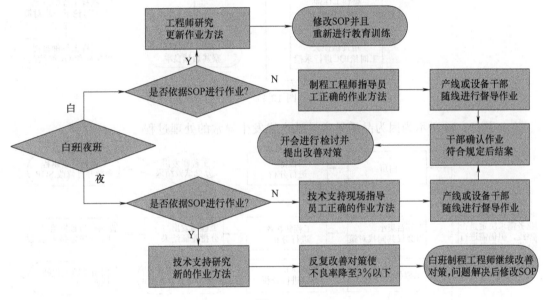

图13-15

（2）图13-16所示为因为设备故障导致产线发生异常的处理过程。

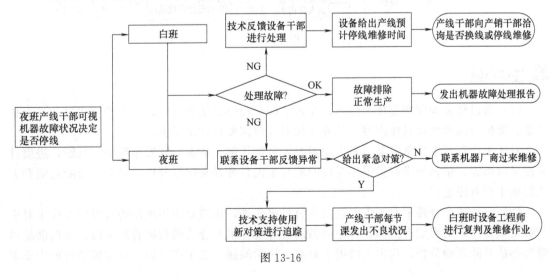

图13-16

（3）图 13-17 所示为因为原材料异常导致产线发生异常的处理过程。

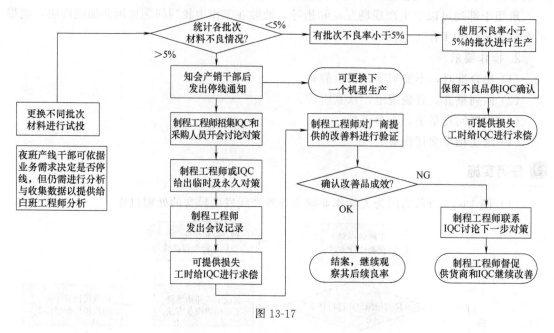

图 13-17

（4）图 13-18 所示为因为品质异常导致产线发生异常的处理过程。

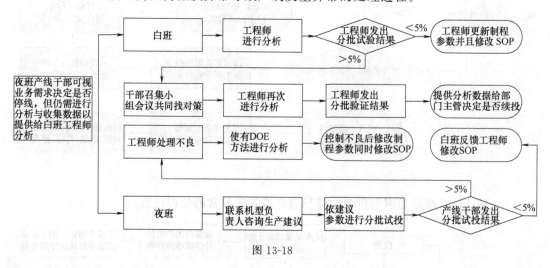

图 13-18

任务小结

（1）通过任务操作实施环节练习，深入掌握早晚会交接班内容，主要指交接目的、交接对象、交接时间及交接具体内容，另外交接形式也需要做详细了解。

对于生产现场中异常定义、发生原因要做具体了解，依据异常发生现况做判断，进而针对性采取措施，依据异常归类采用对应的流程来做日常异常问题分析，采取有效的对策和方法保证生产有序进行。

（2）日常生产管理中对于生产达成除每日报表外，还需要使用现场的管理广告牌来对生产数量做管控，对影响产能的各种原因做高效分析，采取合适的现场管理手段，并借助品质管理办法对问题做分析，找出关键因子对策，排除问题达成生产计划，日常现场管理中要多巡线，善于发现生产瓶颈，找出瓶颈的因素加以解决。

（3）生产现场管理中 ESD 定义要明确，了解放电途径及静电类型，了解为何要进行 ESD 防护，如何防护，如何做好静电产品的包装、存储、转运作业，熟悉现场的温湿管控条件，如何做好 ESD 保护及如何正确标示，除了解 6S 管理中整理、整顿、清洁、清扫、素养外，还要满足日常安全生产的相关规范要求。全面强化安全意识，做好安全生产防护，发现问题要及时整改整顿，做好日常安全教育，保证生产现场安全，提高现场管理水平。

作为生产现场管理一线干部要提高现场管理水平，要熟悉 SMT 生产现场管理中切换线管理及流程，了解换线作业前准备工作，换线中作业内容，换线后日常生产的现场巡线管理及对影响产出的因素做快速反应和对策。

（4）熟悉日常 ECO/MN 及 SOP（标准作业程序）管理，即作业指导书管理。另外要了解 SOP 制作、领用、使用归还及报废登记等一整套的管理流程。

学习任务 2　品质控制

📚 学习目标

（1）掌握品质管理中的一些基础知识以及品质管理对于现场管理的重要意义。

（2）通过对品质检验方法了解，增加现场管理各岗位人员品质意识。

（3）熟悉几种常用的品质检验作业控制方法。

（4）了解品质工程管理的方法，并对生产现场品质问题做分析和解决。

（5）能依据掌握的质量基础知识，运用常用的检验控制方法和工程管理技术对日常品质问题做分析，并做纠正和处理，能够做好日常质量管理的记录。

（6）熟悉 SMT 工厂品质控制流程。

▶ 知识准备

一、品质基础知识

1. 品质的概念

品质为判断其制品或部品是否达到使用目的及与顾客的约定的固有的性质。对于五金部品来讲，就是孔径、弯曲的高度等。对于电子产品，主要是指各种性能指标、电气特性、功能性、耐用性，进一步牵涉到焊机及牢固强度等。

品质主要指定型的科学技术内在信息状态，作为企业要素的人力、人才、产品、服务等，都必须借助科学技术手段，不断地提升其内在的科技内涵，进行必要的信息化披露，准备接受质量标准的衡量和评测。具体而言，产品品质是指产品所具备的一种或几种为达到客户满意所具备的固有特性。

2. 品质管理定义

品质管理（Quality Management）指以质量为中心，以全员参与为基础，目的在于通过让客户满意而达到长期成功的管理途径。

企业只有得到买方的同意，才能获得一定的利益。为此不能欠缺必不可少的生产、销售的技术，确保产品质量的技术等，正确经济地制造出满足顾客产品质量要求的管理体系。所以如前所述，追求所有工作的效率提高和具有改进效果的工作方法，以解决工作中发生的各种各样问题，常常探索更有效的新方法是必要的。这样的活动称为品质管理，并且将"关于制造的品质管理"作为重点叙述。事务工作如前所述也有很多共同点。

3. 品质控制基本要素

（1）人力（Man）：员工是企业所有品质作业、活动的执行者。

（2）设备（Equipment）：机器设备、工模夹具是生产现场的利刃。

（3）材料（Material）：材料品质问题往往是现场品质异常的主要原因。

（4）方法（Method）：企业文化、行事原则、技术手段、标准规范等构成企业的Know-How（技术秘诀），也是同行竞争中制胜的法宝。

（5）测量（Measure）：测量对象、一致计量的单位、可靠的测量方法和测量的准确度。

（6）环境（Environment）：外部竞争、生存环境；内部工作环境、工作现场及氛围。

4. 管理岗位品质职责

（1）生产班组长：班组长的重要任务是时常对自己管理的生产线带有问题意识和改善欲望，确实地掌握生产线的状况、改善其问题点。为了改善其问题，而自己能力有限，有必要把此问题确实地向上司报告，寻找指示，最优先考虑用这种方法管理此生产线。

（2）生产作业员：作业员就是按照以"作业指导书"（或称为SOP/WI）为代表的标准资料中所写内容作业记录数据，按照要求将工作一丝不苟地完成，如果发现异常要第一时间迅速正确地报告，寻求问题的快速解决方法，不良品得到正确处理就不会流入后工程造成客户的投诉。

（3）IQC：进料品质检验。企业在物料需求订单下达后，对供应商供应的产品进行验收检验。IQC正是在此基础上建立的，它的作用是保障企业物料库存的良性。视企业对物料检验标准的不同，这个部门的人数也会有所不同，可设立课、组、班，也可单独一个（规模标准决定）（全检，抽检）。

（4）IPQC/PQC：制程质量控制。在物料验收后，由于生产批次抽检及库区存放等原因，这一过程中也会有品质问题的产品，故在产品上线时要求对产品的首件进行品质确定，而PQC的职能就是进行首件的确认及批次生产过程中的品质规范及督导，从而提高制程品的良品率，降低成本。

（5）OQC：出货质量控制。在完成生产后，产品流到下线，即包装入库。在这个过程中OQC将对产品进行全面的品质检查，包括包装、性能、外观等。保证入库品的性能、外观、包装良好且符合要求。视客户的需求及生产管控的必要可以设定全检并包装工作。说白了就是一批经过品质训练后从事包装检验入库工作的生产人员，属下线制程。亦可由生产单位来完成，OQC进行抽检入库。

（6）QAE：品质保障工程师。这是一个职位说明，应该说是品质保障组。它是公司内部对客诉调查改善的一个单位，提出制程优化方案，提高产品品质。

（7）SQE：供应商质量工程师。这是一个对外进行品质说明、处理、协调的单位，它是直接与业务端及客户端进行协调、说明、处理的一个单位，包括系统文件管控、客诉8D回复、程序文件制定等。

（8）QC：品质管理或者品质控制。它是一个品质控制的管理理念，是把品质深入到成本、交期等领域的一个全面概念。在原有的基础上对更多领域提出了要求，从而提高企业信誉进而更全面地对品质进行管控。

二、品质检验方法

1. 全数检验

将送检批的产品或物料全部加以检验而不遗漏的检验方法。适用于以下情形：

（1）批量较小，检验简单且费用较低；

（2）产品必须是合格品；

（3）产品中如有少量不合格品，可能导致该产品产生致命性影响。

2．抽样检验

从一批产品的所有个体中抽取部分个体进行检验，并根据样本的检验结果来判断整批产品是否合格的检验方法，是一种典型的统计推断工作。

适用以下情形：

（1）对产品性能检验需进行破坏性试验；

（2）批量太大，无法进行全数检验；

（3）需较长的检验时间和较高的检验费用；

（4）允许有一定程度的不良品存在。

抽样检验中的有关术语：

（1）检验批：同样产品集中在一起作为抽验对象；一般来说，一个生产批即为一个检验批。可以将一个生产批分成若干检验批，但一个检验批不能包含多个生产批，也不能随意组合检验批。

（2）批量：批中所含单位数量。

（3）抽样数：从批中抽取的产品数量。

（4）拒收数（Re）：Refuse 的缩写，QC 设定的抽样拒收条件，即抽样批次中不良数量超过某个数值。

（5）接收数（Ac）：Accept 的缩写，QC 设定的抽样可接收条件，即抽样批次中不良数量小于某个数值。

（6）接收质量限（acceptable quality level，AQL）。

3．抽样方案的确定

我厂采用的抽样方案是根据国家标准 GB/T 2828.1—2012 来设计的。

具体应用步骤如下：

（1）选择检查水平：一般检查水平分Ⅰ、Ⅱ、Ⅲ；一般情况下，采用一般水平Ⅱ。

（2）选择接收质量限（AQL）：AQL 是选择抽样方案的主要依据，应由生产方和使用方共同商定。

（3）确定抽样数。

（4）选择抽样方案：GB/T 2828.1—2012 采用了 ISO 2859—1999 由正常检验转放宽检验的转移得分规则，具体规定如下：

① 除非责任部门另有规定，在正常检验一开始就应计算转移得分。

② 开始时，将转移得分设定为 0，同时随着每个送交的正常初次检验批的检验结果来更新或重新设定转移得分。

a. 对于一次抽样方案。

（a）当接收数等于或大于 2 时，如果将 AQL 加严一级后，该批仍能被判为接收，则给转移得分加 3 分；否则将转移得分重新设定为 0。

（b）当接收数为 0 或 1 时，如果该批被接收，则给转移得分加 2 分；否则将转移得分重新设定为 0。

b. 对于二次和多次抽样方案。

（a）当使用二次抽样方案时，如果该批在检验第一样本后被接收，给转移得分加 3 分；否则将转移得分重新设定为 0。

（b）当使用多次抽样方案时，如果该批在检验第一样本或第二样本后被接收，则给转移得分加 3 分；否则将转移得分重新设定为 0。

③ 由于转移得分规则的采用，从而取消了从正常检查到放宽检查的界限数 L_R（原 GB/T 2828—1987 表 1）。

（5）查表确定接收数（Ac）和拒收数（Re）。

三、品质检验作业控制

（1）进料品质检验（IQC）：是工厂制止不合格物料进入生产环节的首要控制点。

进料品质检验项目及方法。外观：一般采用目视、手感、对比样品进行验证。尺寸：一般采用千分尺、卡尺等量具验证。特性：如物理的、化学的、机械的特性，一般采用检测仪器和特定方法来验证。

进料品质检验方法分为全检和抽检，检验结果分为接收、拒收（即退货）、让步接收、全检（挑出不合格品退货）。

（2）制程质量控制（In Process Quality Control，IPQC）：一般是指对物料入仓后到成品入库前各阶段的生产活动的品质控制，是对生产过程做巡回检验。而相对于该阶段的品质检验，则称为 FQC（过程产品品质检验：是针对产品完工后的品质验证，以确定该批产品可否流入下道工序，属定点检验或验收检验）。

过程检验的主要方式有如下几种。

① 首件自检、互检。

② 过程控制与抽检、巡检相结合。

③ 产品完成后检验。

④ 抽样与全检相结合。

⑤ 最终检验控制：即成品出货质量控制（OQC）。

（3）品质检验异常的反馈及处理：自己可判定的，直接通知操作工和车间立即处理（如锡膏膜厚未测）；自己不能判定的，则持不良样板交主管确认，再通知纠正或处理（如某个点位不良品很多）。

（4）检验质量记录：为已完成的品质作业活动和结果提供客观的证据。

必须做到：准确、及时、字迹清晰、完整并加盖检验印章或签名。

还要做到：及时整理和归档，并储存在适宜的环境中。

四、品质工程管理的方法

常用的几种品质控制方法：

（1）掌握 5M1E 的品质变异要素。

（2）运用 QC-STOP 解决品质问题。

（3）SQC 统计技术的应用：常见的统计技术被称为 QC 七大手法。

（4）新 QC 七大手法：近年来，所谓新 QC 七大手法（New Seven Tools for TQM），也被广泛运用，新 QC 七大手法这里不做说明。

（5）其他常用品质管理方法：

① 实验计划。

② 抽样计划。最常用的方法，普遍沿用美国军方标准 MIL-STD-105D（即中国国家标准 GB/T 2828）。

③ 统计制程管制（Statistical Process Control，SPC）。通过对制程能力指数 C_p、C_a、C_{pk} 的计算分析，来判断制程能力指数，找出不足，予以改进。

④ 失效模式及后果分析（Failure Mode and Effects Analysis，FMEA），尤其是 QS9000 认证企业，强制要求实施 FMEA。

⑤ 6S IGMA 手法。由于摩托罗拉、GE 等公司的成功应用，该手法已引起企业界，尤其大中型企业的关注。

⑥ QRQC。即先期质量策划，真正意义上做到源流质量管理。

五、SMT 工厂品质控制流程

制定流程的目的是规范品质异常处理流程，提升生产效率。

该控制流程适用于制造型工厂，包括材料厂商和通用 EMS 加工组装厂。

1. 质量主要负责部门及职能

零件评鉴部：负责电子零件承认工作。

硬件品保：负责硬件测试及设计评鉴、机构零件承认工作。

质量系统（QS）部：负责公司的内部稽核以及管理审查数据保存、仪器校验管理、洽购品的验收，提供了相关的内部稽核数据、仪器校验记录等。

GP/ROHS 工程师：负责推动及整合厂内绿色产品活动，协调厂内各单位配合作业，召开厂内绿色产品会议，执行问题点的对策研拟及汇整，确认客户绿色产品的要求，制定产品的标准。

进料品质检验部：负责材料的进料管制、不良材料管制、退料管制、来料 ROHS 符合性确认，来料 ROHS 送测等。

制程质量控制部：进行首件确认、外包质量稽核/检验以及生产线质量/HSF 制程稽核等工作。

出货质量控制（OQC）部：进行产品的出货检验。

供货商质量管理部：负责材料厂商管理，厂商能力评鉴，材料质量问题调查等。

仓库：负责生产用材料的保管，包括暂收仓库、材料仓库、成品仓库及报废材料仓库。

制造部（后工程部）：负责从 PCBA 半成品到半制、成制、包装的生产。

表面贴装技术（SMT）部（前工程部）：负责电子产品中 PCB、电子组件的生产组装、贴装、焊接等。

售后维修（RMA）部：负责售后产品的维修。

制造技术（PE）部：负责生产线的技术支持，并对生产的技术文件进行管制。

人力资源部：负责公司人员劳务关系及培训，提供相关培训及考核记录表。

2. 品质来料异常处理办法

（1）工厂进料品质检验部负责材料的检验，抽样方法和检验比例根据质量部门要求执行。

（2）工厂进料品质检验部依据质量部门发布的品质检验文件和材料规格书进行材料和零部件检验，包括组包装材料和 SMT 物料，进料品质检验部定期提供来料检验结果并以报表的形式发给对应材料检验部、零件评鉴部、质量系统部、进料品质检验部、制程质量控制部、出货质量控制部、供货商质量管理部、仓库、制造部及表面贴装技术（SMT）部、售后维修（RMA）部等相关人员。

（3）抽检到不合格品时，供货商质量管理工程师需立即发出异常通知单给供应商，并将不良物料的异常信息（不良现象、不良图片、来料日期、不良率）发给供应商接口人，同时邮件知会各单位主管，4h 内召集相关部门讨论；24h 内明确初步原因和责任单位；48h 内责任单位制定改善措施，整理初步报告提交；一周内解决问题，并制定长期的、体系化、标准化的解决方案，避免异常问题重复发生。

（4）原材料来料不合格品的处理方式分几种情况：让步接收；返工或挑选使用；拒收退货。

① 让步接收类别：制程质量控制部对不合格物料进行初步分析、确认，并与 PE 工程师及研发部门进行综合评估后做出如下处理：

a. 整机品质低风险，责任厂商提供质量保证函后可以让步接收；

b. 整机品质可能有售后投诉风险，由对应材料零件评价工程师或 SQE（供应商质量工程师）发出正式邮件给各相关部门预警，同时上报品质主管，与各部门协商开会后有条件接收，同时责任厂商提供质量保证函。

② 返工或挑选使用：经厂内 SQE 评估，依实际生产情况选择返工或挑选的方式。

a. 责任供应商派人进行挑选，满足实际生产需求；

b. 若因生产紧急，供应商不能满足实际生产需求时，工厂 SQE 及时邮件或电话取得生产部门同意后，工厂协助对不合格批次进行返工或挑选处理，并按照相关协议收取供方费用。返工后产品工厂 IQC 部需要安排复检对应批次，重新入库。

③ 拒收退货：当物料达不到制程品质标准，判定拒收退货时，工厂品质系统部通知供应厂商需在一周内安排将不合格批次货物拉回。若在工厂库存时间超过规定的工作日天数，工厂保留报废处理及不对此批货品付款的权利；对于 SMT 电子物料处理方式，可分为退换货或退货扣款，或进行求偿，具体的处理方式由工厂项目部门及供应商质量管理部协同质量系统部门一起协商处理。

3. 半成品/成品的异常处理

（1）工厂开线前，QC 部门必须进行首件确认（包括核对材料号、软件版本、测试治具、人员上岗证等），首件确认不合格，立即停止生产，工厂质量工程师要立即把问题上报给对应的生产部门主管及相关制程设备及技术人员，主导异常原因的分析与改善对策的实施。

（2）正常生产过程中不合格产品及产线突发的品质异常处理：

① 测试站单项一次不良率达到 1.5%：PQE（产品质量工程师）要立即邮件或电话把问题反映出来，描述清楚异常问题的信息（不良现象、不良图片、来料日期、不良率等），工厂先进行初步分析，制程质量工程师要协助处理异常，生产紧急时必须立即给出临时措施。

②最终单项不良率达到 1%：工厂 QC 部对不合格产品进行隔离，并立即邮件或电话通知 RD，描述清楚异常问题的信息（不良现象、不良图片、来料日期、不良率等），工厂先进行初步分析，制程质量及品质工程师要协助处理异常，给出临时措施和补救方案。如果问题在 24h 内仍未找到解决方案，则联系相关部门协助处理。

③如果单项不良率达到 5%：产线停止生产，并第一时间通知生产计划及生产主管干部。

（3）产品异常处理流程（图 13-19）：

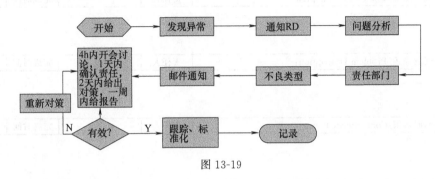

图 13-19

4．OBA 抽检不合格品处理

（1）工厂成品入库与出货检验依据部门发布的品质检验文件执行。

（2）工厂检验员抽检到整机不良品上报给工厂出货质量控制部门，OQC 必须客观公正做出判定。

（3）工厂 OQC 对每日检验数据进行汇总，如实把数据汇报给对应项目 PM。

（4）不合格品的处理方式：限度接收；重工或挑选出货；拒收限度接收。

（5）抽检到的整机不良属于轻度缺陷，不会对终端用户造成使用障碍的问题，厂内进行评估，确认对产品外观和功能没有实质影响，可以放行；重工或挑选出货抽检到的不良属于重度缺陷，立即对当前批次进行检查，RD 联合厂商要协助工厂进行问题分析，根据问题原因召集相关部门定义重工方式与流程。对于返工后的成品，OQC 必须加严一个等级进行复检，并且连续跟踪三个批次的品质状况。

（6）异常原因澄清后，重工工时转加对应责任单位，并按照相关协议要求进行索赔。

（7）拒收。抽检到的异常属于严重缺陷（影响到人身安全，不符合 Rosh 规范要求等），零件评鉴部门判定问题属实后给予拒收处理，不允许出货，相关工时损失和材料报废由责任单位承担，并依据相关的协议进行赔偿。处理流程省略。

5．售后品质异常

（1）售后、客服、仓库反馈的不良，售后服务部先对售后反馈的不良进行分类，整机分发给对应单位分析。

（2）工厂生产部门工程人员协同生产部门在问题确认后，召集重工会议，提出有效的解决方案。重工工时和相应损失转加责任单位，并按照质量协议要求进行赔偿。

（3）不合格品追溯。每月汇总不良情况，并按照"品质异常处理单"持续跟进改善状况，监控对策有效性，直到结案。

（4）记录和归档。以上所有检验和异常处理必须有纸档和电子档记录，便于查询和追溯。

品质异常处理单见表 13-4。

表 13-4

品质异常处理单
Corrective Action Request

项目名称		产品名称		材料号		发生时间	
供应商		发生场地		异常类别		不良比例	
异常问题							
Discipline 1	成立团队/Use the team approach：			责任人		完成时间	
Discipline 2	问题描述/Problem Description：			责任人		完成时间	
Discipline 3	临时对策/Containment Plan：			责任人		完成时间	
Discipline 4	发生根因 & 漏失分析/Root Cause & Escaped Reason：			责任人		完成时间	
Discipline 5	矫正措施 & 长期对策/Permanent C/A Plan：			责任人		完成时间	
Discipline 6	对策效果确认/Verification of Effectiveness：			责任人		完成时间	
Discipline 7	防止再发生对策/Prevent Recurrence：			责任人		完成时间	
Discipline 8	经验推广/Experience Promotion：			责任人		完成时间	

操作准备

1. 组织方法

（1）以 SMT 生产线品质异常发生开始问题分析，依据规定流程做分析。

（2）以现场、现物、现况展开，运用适当的检查方法和工程管理方法管控。

2. 操作要求

（1）规范 ESD 要求，正确着装。

（2）以品质为导向，从人员、设备、原材料、作业方法、环境温湿度、5S 等各方面，依品质管理角度开展分析，确认原因，制定对策，实施、跟踪与标准化。

任务实施

（1）作为现场管理的班组长需要具备基础的品质管理意识，可以参考如下进行日常品质控制。

① 经常巡视生产线，监视作业员是否正确作业。

② 如果发现错误作业，在立即纠正的同时，对生产出的制品进行确认，并把此事实正确地向上司报告。

③ 在发现有异常情况，自己又无力解决时，按"产品异常处理流程"处理。

④ 如作业员发现异常情况，让其养成必须报告的习惯。

⑤ 必须给品质确认工位的作业员不良报表，让其记入每天的不良数及不良明细，即生产日报表及不良目检表等。

⑥ 每日针对收集的不良数据进行开会检讨，考虑实施改善对策，并跟踪对策后品质状况。

⑦ 意识到品质对于熟悉作业员和新员工都是一样的要求。

⑧ 在明确传达想让作业员做什么的同时，以标准资料为基础进行指导。

⑨ 指导后对其作业结果亲自确认，判定良否，如果其结果不好进行再指导，反复如此。

⑩ 在品质问题对策后要跟踪对策的有效性，若改善没有成效，要第一时间反馈重新对策，直到问题解决。

（2）产线发生品质异常后一般处理流程如图 13-19 所示。

任务小结

通过对现场品质异常情况分析，快速做判定，并运用品质基础知识和常规检验方法，进行日常生产现场品质控制，以便对 SMT 出现的异常品质问题做正确处理，提高产品质量、生产效率，减低风险，降低成本，完成出货需求；为此我们需要在扎实的基础质量知识前提下，懂得品质检验的常用方法，运用工程管理的方法，依据 SMT 品质异常处理流程，快速找到问题根源，并制定对策，跟踪问题解决。

（1）自己可判定的，直接通知操作工或车间相关人员介入处理。

（2）自己不能判定的，则持不良样板交主管确认，再通知纠正或处理。

（3）应如实将异常情况进行记录。

（4）对纠正或改善措施进行确认，并追踪处理效果。

（5）对半成品、成品的检验应做好明确的状态标识，并监督相关部门进行隔离存放。

（6）异常处理后有改善效果的，应及时对该工位的作业指导书等进行相应的修改标准化。

（7）修改承认后，需对该工位的作业员进行教育，并进行考核，同时要确认教育的有效性。

学习任务 3　原材料的管理与使用

学习目标

（1）掌握原材料的入料基本流程和注意事项。

（2）熟悉材料在生产前的准备作业，包含交接和备注。

（3）了解领料作业流程及注意点。

（4）掌握材料使用过程中接料作业流程及步骤，了解产线物料使用流程及损耗原因分析。

（5）了解材料下线作业要求及如何正确地做好交接与盘点。

（6）掌握退料的一般流程及退料作业中的注意事项，特别是材料时效性管理。

（7）了解对于 MSD（潮湿敏感元件）材料的管理流程及注意事项。

（8）了解如何正确地做好 WIP 交接管理及异常问题的处理。

➡ 知识准备

一、入料/入库作业

1. 材料入料流程

材料入料流程见图 13-20。

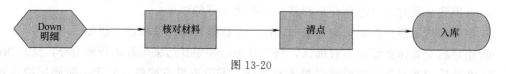

图 13-20

（1）物料室每天早上从 SAP/ERP 系统下载所有材料需求入库明细。

（2）依照入料明细，找到材料。拆箱清点数量进行 Reel ID 作业后整理入库位，登记储位卡。在 SAP 系统中将材料库存移转至物料室，并确认。

（3）第一次入料的材料，物料室备料员需立即按实际摆放库位建入系统库位，可一料多库位。对已有库位的材料，库位若已变动，则需立即修改系统库位及储位卡上标示库位，无变动则不做任何修改。

2. 入料注意事项

（1）物料室点收材料时，外箱上"合格""特采""无铅"或时效性材料的"时效卷标"不可脱落，卷标规格朝外，以利识别。

（2）不良品不可与良品混淆。

（3）验收材料交接时发现数量短缺，尽量保持小包装的原状，通知 IQC 人员确认后知会所有相关人员并开出除账备忘录，相关人员在系统中做相应账务处理。

（4）入物料后发现仍有不良现象者，Reel ID 用扫码枪依次采集料号、数量、描述、材料生产批次、日期代码等信息后，及时与 IQC 联系并由其给出处理方案。

二、材料准备作业

1. 材料准备流程

材料准备流程见图 13-21。

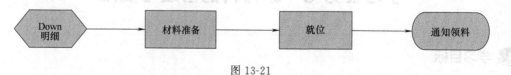

图 13-21

（1）每日根据计划确认材料数量，每班从 SAP 系统中下载成套备料单（线别、库位、料号、数量、盘数）分发给备料员。若产线实际生产中有需要超领材料，由产线提供副本（线别、机型、料号、数量），物料室据此备料。

（2）备料员依据备料单备料：

① 同一线别领用的材料应置同一处，外箱注明线别编号。

② 所有整箱材料需放置在栈板上；零散料需包装好后放置在料盒内或纸箱内。

2. 备料注意事项

（1）备料员应确实依照备料单的料号、规格、数量备料。

（2）备料员如有实物短缺，应立即反映，并依程序做账务处理，严禁私下协调生产单位交换或相欠行为。

（3）仓库每日从系统中生成一次备料清单，产销人员也在固定时间段检查系统欠料。

（4）有明显质量疑虑的材料（如变形、破裂），备料员不得将材料备给生产线，应向上级报告并提出申请，让品管单位重新检验。

（5）备料员备好料后将备料单交给发料交接人员。备料员备好的材料妥善放置在待上线区，材料箱需标注材料所属线别。

（6）交接人员将材料送至发料区，并通知发料员材料已备好。

三、领料作业

1. 材料领料流程

材料领料流程见图 13-22。

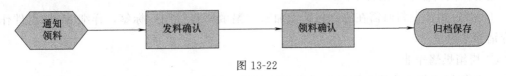

图 13-22

（1）备料准备完成后，备料员将材料送至仓库发料区后，由发料员通知 SMT 各产线物料员、作业员至交接区领料。

（2）备料员将备好的材料及系统生成的备料单带至发料交接区，依据明细待产线领料并做确认。

（3）领料员点料签单：

① 产线物料员于材料点收后在发料单上签字以示负责。

② 产线物料员签单后，需立即将材料搬运走，不得借故将材料置于物料室发料区。

③ 已签名的单据即为结单，材料管理权即移转至领料单位，单据交接双方各执一联。输入结单归档备查，物料室发料员与产线作业员在发料单签字后，集中交予仓管人员归档保存。

④ 发料单签字后，按流水号顺序装订保管备查。

2. 领料注意事项

（1）备料单为二联，发料员将备料单号输入 Reel ID 发料操作系统，用扫码枪扫读每一盘材料的二维码或一维码。

（2）所有材料扫读完毕后，进入系统后台查看是否有红色异常反馈，若无反馈，则材料与单据一致，可以确认退出签单；若系统有红色异常反馈，则根据提示料号，进行查核，解决异常。

（3）若物料室已备料，物料员和产线作业人员须及时完成领料作业，以免影响后绪作业。在发料时需随时保持发料区域的整洁有序。

四、材料使用

备料上供料器/接料操作使用流程

备料上供料器/接料操作使用流程见图 13-23。

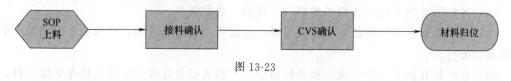

图 13-23

（1）待换线机型：

① 材料齐套的状况下 SMT 备料员根据产销实际计划按照 SOP 要求上料至供料器；

② 料备好后进行脱机 CVS 扫描作业。

（2）在线生产机型：

① SMT 产线操机人员根据补料单核对材料号、数量，核对无误后将料架放置于 SOP 指示的供料器对应位置。

② 产线操机人员按料站表接料/上料，并用 CVS 确认。

③ 按照产销计划，除临时变更计划，材料齐套状况下换线前依机型作业指导书，将材料装到对应供料器上，以备生产。

④ MSD 组件发料时需在零件包装上加贴"湿敏材料管制"标签，详细 MSD 组件作业内容请参考附录一。

⑤ 烤箱烘烤作业：

a. 烤箱烘烤作业为配合湿敏材料烘烤而制定，MSD 材料使用时间超出管控范围的必须执行烤箱烘烤作业；

b. 烘烤温度及时间依湿敏材料管控表定义或依所烘烤组件的建议值进行设定，需依据附录二作业。

五、材料下线和盘点

1. 下线作业要求

（1）下线贵重材料物料员与产线员交接，其他材料物料员用计数器盘点。

（2）按照拆料规范做下线作业。

（3）部分特殊包装以测量方式计数或称重计数。

2. 材料交接盘点

（1）换线前物料员与产线作业员确认交接材料，并在交接材料记录表签字确认。

（2）根据材料的刻度及时发现材料的短少（白晚班交接）。

（3）生产中由物料员供料至产线，双方需根据料盘标签数量对应补料单确认，无误后，产线作业员在补料单上签字。

（4）物料员依据生产数量制作损耗报废单，对 Block（冻结）不良品库存做退仓动作。

（5）产线对损耗报废做检讨，仓库每日盘点。

六、材料退料

1. 退料流程

退料流程见图 13-24。

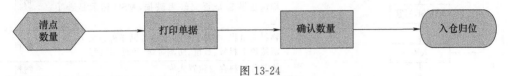

图 13-24

（1）一个制单下线后产线整理好应退材料并清点完所有数量。

① 退料单位整理并分类欲退材料。

② 物料室只接受良品退料。

③ 产线根据整理后的清单打印退料单。

（2）物料室通过 Reel ID 系统进行退料作业，将退料单号输入系统，并用扫码枪扫读每一盘待退材料，全部材料扫读完毕后，进入后台查看是否有红色异常反馈，若没有反馈，则实物与单据相符合，若有异常，请退料单位查找原因。

（3）执行材料退料处理。

① 对于时效性材料和湿敏材料，物料室退料员在接受此类退料时，必须核对时效日期有无过期，湿敏材料是否已进行抽真空处理，若不合要求，可拒收并退回产线。

② 物料室退料员在核对完退料单和实物无误后，方可在系统做单据执行转账的动作。

③ 仓库退料员将良品交给对应的备料员入库位。

2. 退料注意事项

（1）所有退料均需有经办人员签字（产线经办人和物料室接收员）。

（2）退料单据采用一物一单的原则打印。

（3）所有退料单据必须妥善保管，以利于后续查看。

七、材料使用时效性管理

1. 潮湿敏感元件（Moisture Sensitivity Device，MSD）材料管控流程

MSD 材料管控流程见图 13-25。标准作业说明及责任单位见表 13-5。

2. MSD 材料使用注意事项

（1）MSD 组件在包装上皆会明显标示其湿度敏感等级，作业员根据等级进行生产管制，若开封时间超过管制要求，则进行烘烤作业。

（2）过程中遇异常停线，则湿敏材料全部拆下抽真空并输入湿敏材料管控系统。

八、WIP 交接管理

1. 各站 WIP 管理

（1）SMT 生产出来的 PCBA 及时入库。

（2）生产过程中，各工作站人员要统计每节课生产数量，包含测试良品。

（3）目检作业员要确认好数量，填写送验单，QC 抽检规定数量后把所有 PASS 基板入库，并做账目移转。

（4）所有半成品都应遵循先产出先入库原则。

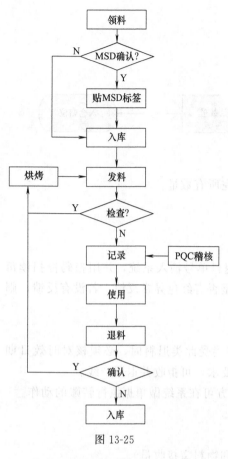

图 13-25

表 13-5

标准作业说明	责任单位
物料员将材料从仓库领回到 SMT 物料仓	物料
依照外 MSD List 或材料包装确认是否为 MSD 材料 确认包装袋是否完好无破损，MSD 标示是否清楚	物料
物料人员将 MSD 防潮管制标签贴于外包装上 清楚填上料号、数量、防潮等级、可使用时间	物料
依照各材料存放位置入库	物料
物料人员将生产所需材料发至生产在线 烘烤作业依照烘烤规定进行	物料、生产线
拆封前检查包装袋是否完好无破损，MSD 标示是否清楚 拆封后检查潮湿显示适配器是否已变色，若已变色，则退回物料进行烘烤	生产线
拆封时需记录开封启用时间于 MSD 防潮管制标签，并贴于料盘上 填写 MSD 材料开封使用记录表 一次只可拆封一包 PQC 每小时稽核记录表	生产线
依照"SMT 制程管制"作业	生产线
生产完毕，将未使用完的材料退回物料仓	物料、生产线
若开封时间未超过可使用时间，则进行真空密封作业 填写真空时间于管制标签上，并贴附于包装袋上 若开封时间已超过可使用时间，则进行烘烤作业	物料
依照各材料存放位置入库	物料

2．WIP 管制办法

（1）生产组长每节课确认 WIP 状况，有异常情况及时处理，并请助理在备注栏说明原因及填写完成日期。

（2）每天报告 WIP 状况，并做达成率检查。

（3）所有产线 WIP 要做好良品和不良品的区分。

（4）WIP 异常处理。

九、其他异常处理

材料异常处理（具体见本项目学习任务二"品质控制"）

（1）品质异常。

（2）生产过程中短少。

（3）发现材料来料短少，由发现单位通知 IQC 部确认，请助理拍图片发出邮件，同时开求偿单平账。

（4）生产过程中损耗（交接材料），按交接流程作业，在交接记录表上体现。试产或量产过程中，工程或修复人员等取料要做登记记录以备查，记录上需要描述料号、机型、制单号、数量、借用及预计归还日期、使用用途等，物料组需要记录经手人等必要信息以备查，借用人在借用日期到时需要主动归还，继续使用的需做续借动作，不执行者将责任人通报相关主管，报废材料交物料组，下线后在规定时间内，做出损耗报废单，检讨后及时处理损耗报废。

操作准备

1. 组织方法

(1) 以SMT产线生产物料需求，物料室领料发料开始，追踪整个生产物料消耗使用情况，检视物料作业过程中的异常问题点分析和解决方法。

(2) 物料交接以产线领到料上线、使用、下线点数交接物料，到最后损耗报废单制作完成，来追踪产线原材料使用过程中的各种问题。

2. 操作要求

(1) 规范ESD要求，正确着装，准备好对应的物料箱和必要的承载工具。

(2) 以原材料使用为中心，从人员、设备、原材料来料、作业方法、环境温湿度等几方面追踪材料使用过程中的领料作业流程、使用流程、下线退料及WIP交接处理。

任务实践

退料的详细流程见图13-26。

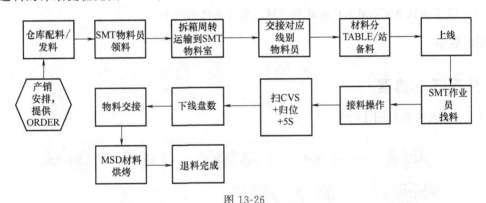

图 13-26

任务小结

整个操作过程中应关注到实际使用材料从计划端开始，通过产线开定生产计划，计算需求量后，由仓库依据生产需求配置成套数量，进而发料到生产线，需要掌握原材料在产线基本的入库流程和注意事项，熟悉材料在生产前的领料作业注意事项，特别是材料在仓库分发后，运输到指定产线位置，期间需要做好材料管理，一般有必要做好交接，然后材料依据需要供应到对应产线工位。

在贴片站位，特别是供料器（Feeder）上，在原材料作业使用中，应掌握材料使用过程中基本接料操作作业流程及步骤，因为不同员工上料作业手法有所不同，所以需要依据规定作业，生产中设备抛料会有损耗存在，需要在每日生产过程中做好材料不良分析，这里主要是指抛料率改善。另外，材料在使用过程中会出现原材料来料不良的问题，这里就需要做异常反馈处理。产线在生产结束后，做好下线材料的盘点作业，首先是要做好产线和物料员之间的交接，有些工厂为了提高生产效率，降低成本，越来越多地采用精益生产管理的理念，特别是快速换模（SMED）的作业方式，所以就需要更多的材料交接作业和备料作业于线外完成。要做好下线材料的交接作业，材料在产线完成使用后，物料部门需要做好后续的接收和盘点工作，在退料前需要做好材料的确认工作，并进行数量的盘点，遇到MSD材料还需要做时效性的管控，潮湿的元件需要做好烘烤作业后才能退料，另外还需要做好原材料与报废料的处理作业，生产中 WIP（含成品和半成品的管理工作）遇到问题要及时反馈和处理。

只有依据流程规范作业，才能做好原材料的使用管理工作，这样现场管理才能高效、高品质、低成本，现场环境才安全，才能满足客户需要并能确保及时交货。

学习任务 4　简单单板的生产——SMT 生产线的实际运行

📖 学习目标

（1）以实际生产线为例来说明整个作业过程中涉及的品质、现场管理、人力安排、原材料供应管理、设备治具维护操作保养、作业流程标准化、现场环境温湿度管控等，了解如何保证生产效率提升、品质向好、人力节约、损耗报废少、成本低、员工士气高、交货及时、现场安全等达到各项指标。

（2）以单面板 XXX-MB-T 来说明 SMT 生产线运行过程。

➡️ 知识准备

一、生产/工艺流程

生产/工艺流程见图 13-27。

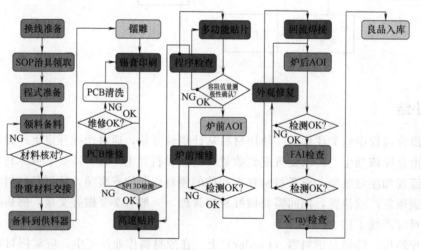

图 13-27

二、生产过程及内容

1. 生产资料准备（换线准备）

（1）依据 SMT 生产计划安排合适线体和人力。线体产能以 IE 测试的标准产能为准，达不成产能要做检讨，以便后续改善。人力安排以线体及机型 IE 标准设定满足，另外要考虑特殊人力。

（2）机型在量产初期制程工程师需取得对应机型的 CAD 文件、Gerber 文件、BOM 以及 Location 相关数据。

Gerber 文件主要用在 SMT 制程中的印刷机，用于印刷锡膏的钢板开立，钢板开立作业需符合《钢板管理相关规定》。

CAD 文件一般为 Protel 或是 Mentor 文件格式，另外要提供 BOM 以供 SMT 制作生产程序及作业指导书，BOM 可以是 Excel 或是系统下载的 TXT 文件格式，用于 SMT 生产程序制作。

（3）PE 要提前 4h 完成机型项目对应的试产作业 SOP（标准作业程序），以便提供给生产单位做备料准备。

（4）下线的设备治具要及时退库，报废的要依据规定做报废处理。

（5）量产前要交接生产用的治具以及作业指导书等，提前准备好生产用治具。

2. 材料准备

（1）物料室依据产销计划安排材料入料，领料，发料给生产部门。

（2）备料员依据工程师提供的 SOP 提前将领好的材料安装到 SMT 设备的供料器，采用 CVS 系统机型材料核对作业或送到指定工位。

（3）客户或 RD 自带材料通常需要提前一天提供给 SMT 产线物料备料员，备料员负责自带料外观检查及数量清点工作，双方交接签字确认，并做记录，有异常要第一时间报告对应的工程师，即品质工程师及主管。

（4）机型负责工程师在物料备料查点完成后，召集 SMT 各人员召开试产及量产前会议，安排试产或量产前的工作流程及重点。

（5）另外，依物料室发出的物料状况，根据实发数与需求数的差异，无法满足需求数量的要及时通报告知相关单位。

（6）有 ECO 或 MN 时需同步知会生产计划人员及制程工程师和设备技术人员，以便对生产贴片程序与 SOP 做更新。

（7）对于临时变更下线后及时恢复程序，ECO 要及时通知程序员做 SOP 的更新。

（8）下线的材料要在规定时间里做退料处理。需要 IQC（进料品质检验）的要及时送验后再退仓库。

（9）材料下单时要考虑测温板数量。

3. SMT 生产

（1）除生产前采用 CVS 做材料核对操作外，生产中也需要每隔固定时间对材料做核对，避免生产中出现上错材料情况。换料有条件，要使用系统对材料核对作业，没有系统的工厂也需要做材料换料核对作业确认动作，避免上错材料问题发生，通常要填写"换料记录表"表单。

（2）设备 SET-UP。

① 依生产产品调整各生产设备机台。

② 确认程序正确，轨道宽度适当，印刷机、贴片机的顶针平均分布或者使用支撑载具，确保 PCB 传输平稳，PIN 针不可顶到背面的零件。

③ 生产前要确保回流焊炉程序正常，炉温达到规定的回流焊接温度条件。制程工程师在生产前提供本机型所有涉及的作业资料，含目检图纸，供产线人员参照，生产过程中发现问题或遇到疑问均反馈制程工程师确认。

④ SPI（锡膏检查）程序检查目的在于管制印刷后锡膏的高度、面积、体积以及 XY 偏移量。对于各种组件管制上下限依据不同种类零件进行设定。SPI 检出不良，以过炉后不产生不良为准。SPI 检验 OK 基板直接贴片，当遇到设备故障导致印刷后基板未能通过回流焊，则无论基板处于何种状态，均要将板面上的零件和锡膏刮除，PCB 清洗干净后再重新流线。

⑤ 高速机及泛用机在换产品生产时需要制作胶模板，每拼板上分别贴位于对角线或者错开位置的两小片板的零件。

⑥ 首片胶模板由技术支持依图纸进行零件位置及方向调整，确认无问题通知 PQC 人员确认（高速机胶膜板通常要进行电测），SPQC 确认完毕后通知生产开始，以上过程中如发现问题，则通知技术支持进行程序调整。

⑦ 首件锡膏板由制程工程师负责确认极性，有问题反馈设备技术做调整修改，确认完成后拍照留存，问题均消除后放板入炉。

⑧ 过炉后的锡膏板由炉后目检人员负责确认，确保没有缺件、极反、虚焊以及损件等各种不良后，送 PQC 做首件检查。目检电测和首件板检验以"SMT 检验判定标准"为准或参考 IPC610-D/E 标准。

⑨ SMT 试产时的首件通常要先行提供给 RD 和 QA 进行测试，首件确认 OK 之后，通常由 PE 或 QA 通知开始生产，其他人通知无效。试产完成后需制作完成内部的试产报告。内容整合：SMT 炉温曲线、修护记录、异常质量原因及对策、设计评鉴（DFM）等，以便后续制程质量改善。

4. 设备治具

（1）治具部分。钢板为产品必需工具，是否需要其他治具视该机型实际状况而定。提前准备好各生产设备用治具，非使用中的治具及时交接归还给治具管理部门。

（2）生产开始前要做好印刷机、锡膏印刷检查机、贴片机及自动光学检测机、回流炉焊接设备的程序及轨道宽度调整。

（3）工厂需要建立入料 SMT-CVS 系统，并及时做好维护。

AOI 程序需于量产前由制程工程负责人提供 CAD 以及 Gerber 文件制作程序，AOI 工程师制作和调整贴片程序时，需对 BGA 类零件贴片极性做检查。

① 生产中出现因设计或者制程方面因素导致不良，且不良率超过一定概率时候，特殊工艺、流程或者材料需要验证。

② 客户提出验证等需求。

③ AOI 程序对于各种组件种类管制上下限调整依据"SMT 检验判定标准"。

④ PQC 批退或目检复判时发现没能涵盖的不良。使用同种类不良板进行调试，力求在不增加误判的情况下涵盖不良。

⑤ AO 不良板需要产线目检进行复判。复判时发现误判比较多或该测的不良没能涵盖时，找 AOI 工程师进行程序优化。

（4）现场管理。每日要报告产能与品质情况，当同一零件累计不良大于等于 X 个（制程工程师有说明的特殊情况除外），或者当班产能未达标，生产组长需要立即召集领班以及涉及人员召开会议进行检讨和对策，将结果用邮件发出。

（5）回流焊炉的程序选择后，须待炉温达到设定值后方可进行测温，确认炉温符合作业指导书建议的炉温曲线图后方可使 PCB 进入，具体可参考附录三。

（6）维修后必须使用溶剂对维修处做局部清洁，清除助焊剂等污染物。

（7）BGA 与 LGA 类组件维修后需使用 X-ray 进行全检。

（8）外观不良修护后需执行目检作业，确认维修后功能正常，修复好的不良品要在板上做标识，与正批板做区分，单独送 PQC 检验入库。

（9）单独入库的板子单独投线处理，并做跟踪确认。

（10）投线中有问题的板子要求 MP 及时回馈给 SMT 做处理。

5. 半成品入库/移转

（1）半成品移转或入库以静电车、静电箱或符合规范的方式承载。

（2）入库时，半成品含 WIP 需核对机型板别及数量并在系统中体现相关账目往来。

（3）材料运送转移及储存请参考附录四作业。

6. 退料

（1）对下线材料进行盘点并送 PQC 和 IQC 确认，确认 OK 后在系统中修编实际数量，修编完成后在系统中输入退料数量明细，再打印单据号并核对数量退物料室。制单下线材料处理至退料完成需要有时效性。

（2）在制令结单前，将修复线别损耗/报废材料退料至原生产线别的原机型制单上。如果制令已经结单，则要求产销在原生产线别根据原机型开立另一张制单用于修复线别的退料，保证专料专用，账物一致。

（3）上下线材料要做好 MSD 管理，MSD 材料要依据条件烘烤后再使用。

7. SMT 生产中注意事项

（1）换线首件所有元器件均贴装，需对照点位图确认贴装完整性与正确性。

（2）不可任意更改生产条件、设定值、钢板、锡膏用量、检查标准，如对换线中有任何疑问，应立即反映该线技术支持或制程工程师求证。

（3）要检查是否有脱离转轴的下线材料，核对 SOP 避免绕错料盘。

（4）已量产机型再次上线时，仍然可能会出现置件偏移、缺件等各种问题，因此在机型换线后，各工位要确保不发生换线后质量问题，并在目检检查完成对首件确认完毕后送给 PQC 做进一步首件确认。没有问题后开始投入生产。

8. 全面做好生产线的运行管理

做好生产现场运行管理，提高产品品质，依据 SOP 进行正确的操作，维持设备良好状态，同时应做到材料及时供应，保证生产现场环境的整洁安全。确保产品及时交货，产线运行顺畅，真正达成公司的目标。

▶ 操作准备

1. 组织方法

（1）以 SMT 产线生产产品制作流程为组织，以物料需求为导向，从物料室领料发料开始，追踪整个生产过程对于物料消耗使用情况，检视产品作业过程中的品质目标达成，并借助现场管理手段及方法参与生产运行。

（2）安排某具体 SMT 线体，从设备程序、治具、原材料、SOP 及现场环境出发，进行生产，并对整个生产过程进行物流、信息流和价值流的控制管理。

2. 操作要求

（1）规范 ESD 要求，注意现场的 5S 及操作安全防护、必要的周转工具等。

（2）围绕单面板/双面板的生产工艺流程为主线，以原材料入料、准备、领料备料上线、使用变更、产品入库、材料下线盘点、退料、WIP 管理等从人员、设备、原材料、作业方法、环境温湿度等几方面追踪 SMT 运行管理状况，提高产线运行效率和品质。

▶ 任务小结

（1）谈谈对 SMT 生产线的实际运行的体会。

（2）简述对生产线物料供应流程的理解。

附　录

附录一　湿敏材料管制办法

1. 目的

为有效管理 SMT 生产所使用湿敏材料（Moisture Sensitivity Device，MSD），防止材料因为生产或储存因素导致水气进入组件本体，SMT 回焊制程后引起爆米花现象。

2. 适用范围

SMT 生产作业涉及 MSD 组件。

3. 内容

（1）依 MSD 零件管控以及 SMT 设备运行需求，定义 SMT 车间环境温度管控范围为20～30℃，湿度管控范围为 30％～70％，各车间可依不同客户实际需求状况进行相应调整，但不得超过上述温湿度管控范围。

（2）MSD 组件共分为以下几个等级：

等级	开封使用期限（≤30℃/60％RH 条件下）
1	无限制（≤30℃/85％RH 条件下）
2	1 年
2a	4 周
3	168 小时
4	72 小时
5	48 小时
5a	24 小时
6	每次使用前需烘烤，且需在标示的时限内完成回流焊

（3）所有的 MSD 组件在包装上皆会明显标示其湿度敏感等级，作业人员根据等级进行生产管制，若开封时间超过管制要求，则进行烘烤作业，烘烤条件设定参考（7）。

① 产线确认真空包装是否完好，包装有无破损。

② 原包装材料开封时间确认并录入湿敏材料管控系统。

③ 确认二次开封材料落地寿命是否逾期，录入湿敏材料管控系统。

④ 打件过程中如遇异常停线，则湿敏材料全部拆下抽真空并录入湿敏材料管控系统。

⑤ 如下个机型仍继续使用之前材料，则可直接转入；退库时需交由 QC 确认，OK 后，真空包装完好后退库。

（4）在 MSD 组件包装袋内有"湿度指示卡"，用以判定组件在开封前是否已经受潮［蓝色变成粉红色代表已经受潮，根据受潮的湿度粉色指示及材料本身对可耐湿度的要求判定是否需要进行烘烤动作，若湿度已超出规定湿度，就必须进行烘烤，烘烤参考（7）］。

（5）湿敏材料拆封后干燥剂需要二次回收使用，取出后储存于物料室干燥柜中，需要时随时取用。

（6）IC 烘烤时须填写"湿敏零件烘烤记录表"。

（7）组件烘烤需考虑包装为高温（＞125℃；通常为 Tray 包装）或低温（＜40℃；通常为 Reel 包装），烘烤的温度及时间参考 SOP 定义。

（8）组件烘烤后，若未立即使用，则必须真空包装封存，录入湿敏材料管控系统，并且放置湿度指示卡以及干燥剂。

（9）烤箱需要进行定期的年度校验，一般由指定的计量单位进行，使用过程中需要进行定期日/周/月保养并做记录。

（10）量测其 Profile 范围，应为设定温度±5℃，若有异常需反映给技术人员联系厂商维修。

（11）IC 烘烤时间依图示 SOP 定义进行设置。

料号	密封包装保存条件	拆封后须保存条件	包装条件	MSL	≤72h 烘烤条件	＞72h 烘烤条件
270000183718	6 个月，＜40℃，＜90%RH	168h，＜30℃，＜60%RH	密封真空	3	卷盘包装料:9d,40℃ 包装料:24h,125℃	卷盘包装料:13d,40℃ 包装料:24h,125℃
20C311001069	6 个月，＜40℃，＜90%RH	168h，＜30℃，＜60%RH	密封真空	3	卷盘包装料:9d,40℃ 包装料:24h,125℃	卷盘包装料:13d,40℃ 包装料:24h,125℃
270000183718	6 个月，＜40℃，＜90%RH	168h，＜30℃，＜60%RH	密封真空	3	卷盘包装料:9d,40℃ 包装料:24h,125℃	卷盘包装料:13d,40℃ 包装料:24h,125℃
20B000014900	12 个月，＜40℃，＜90%RH	4 周，＜30℃，＜60%RH	卷盘真空	2A	卷盘包装料:9d,40℃	卷盘包装料:13d,40℃
20C282001054	12 个月，＜40℃，＜90%RH	4 周，＜30℃，＜60%RH	卷盘真空	2A	卷盘包装料:9d,40℃	卷盘包装料:13d,40℃

（12）附图为 MSD 元件标识图。

（13）附图为湿度指示卡图。

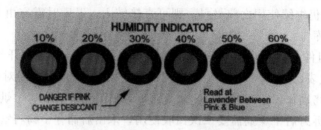

附录二　烤箱使用规定

1. 目的

制定烘烤使用烤箱的温度设置以及校验方式和频率。

2. 适用范围

所有烘烤制程使用。

3. 内容

（1）烘烤时需填写"材料烘烤记录表"，且在烘烤时不许打开或重新设定温度。

（2）烤箱必须将每日/每周保养确实记录于"烤箱保养记录表"中。

（3）发现烤箱实际量测温度不符合标准须立即停用，并请厂商进行修护。

（4）如需使用 Magazine 盛载 PCBA 进入烤箱，则 Magazine 必须为耐高温材质，禁止将非耐高温 Magazine 放入烤箱中。

（5）取放烤箱中的 Magazine 必须穿戴耐高温手套。

材料烘烤记录表

日期	料号	date code	Reel ID	数量	烘烤条件	进烤箱时间	烤箱温度	库位	记录人	SMT确认	出烤箱时间	烤箱温度	记录人	SMT确认	单号

注：进出烤箱时间需记录到分钟。

课级人员：　　　　　　　　　　　　　　　　　　　　领班/组长：

烤箱保养记录表—日/周　　　　　　　　　　　　　　ISO Q-Record

资产编号/机台号：　　　　　　　　　　　　　　　　　　　　　　　年　　月

项次	保养项目	日保养																															周保养				
		1	2	3	4	5	6	7	8	9	10	11	12	13	14	15	16	17	18	19	20	21	22	23	24	25	26	27	28	29	30	31	1	2	3	4	5
1	机台 5S																																				
2	超温保护上限值根据机型 SOP 定义																																				
3	烤箱密封圈是否完好																																				
4	烤箱温度检查																																				
5	接地电阻 <10Ω																																				
6																																					
7																																					
8																																					
9																																					
10																																					
11																																					
12																																					
13																																					
14																																					
签名	保养人：日:1-3 作业者 周:4-5 专技																																				

注：不使用用"—"表示；保养项目执行 OK 后用"V 表示"。

单位主管：

附录三　Reflow 作业规定

1. 目的
为使 PCBA 上所有组件皆达到最佳焊接质量制定此规定。

2. 适用范围
适用于 SMT 产品。

3. 内容
（1）Profile 依据 IAC 建议标准设置，IAC 标准需符合客户或锡膏厂商建议的回焊曲线。

（2）测温板制作及使用。

① 各机型需依据实际 PCBA 制作测温板，普通机型均要有两片测温板，一片只有第一面打过件，用于先打件面的测温，另一片为两面皆打过件，用于后打件面的测温；阴阳板只需一片两面打件的 PCBA。以上由制程工程师进行控制，后勤组依据各机型作业指导书选定测温点。

② 在机型试产时由制程工程师向 PM/RD 或 MS 提出测温板需求，得到允许后通知后勤组领取并依规定转入 SMTM，不需要入库的机型由制程工程师取得 PCBA 后直接将其交给后勤组制作测温板。

③ 量产中的机型如果测温板损坏，后勤组应及时通知制程工程师由其向 MS 提出需求，重复以上所述流程。

④ 测温板寿命原则上为 80 次，由测温人员在测试时进行记录，但测温板寿命与基板结构及厚度等因素相关，不同测温板寿命不尽相同，所以仍然需由测温人员在实际测温时进行把关，视测温板实际情况决定是否提前报废或者延期使用，测温人员无法判断的，则请机型工程师进行判定。

（3）测温点的选择由制程工程师在机型第一次试产时依机型实际情况进行选择，测温点选择及炉温制定规则如下：

① 原则上每板面选择 5 个测温点，测温点位置应涵盖整片 PCBA 的四角及中间位置。

② 组件选择需涵盖大尺寸及小尺寸零件以及 BGA 类组件。

③ 从 SAP 中下载基板上所有 BGA 类以及塑料类等特殊零件的 SPEC，确认其焊接条件的范围是否在现行标准炉温范围之内，如果不符，则 SOP 所定义的标准 Profile 需满足该零件的焊接需求。

（4）测温频率。

① 机型换线（含试产换线）。

② 正常量产项目≤24 小时测温一次。

③ 设备出现故障维修完毕或者保养完毕，需重新测试。

（5）请依据各机种 SOP 进行回焊炉温度设定，当设定温度超出 SOP 定义温度范围时，通知技术人员确认。

（6）当换线或停线再开线时，对应线体的领班需提前 1 小时通知相应区域后勤测温人员提前做好炉温测试准备，在条件允许的前提下设备技术人员要协助优先将回焊炉的参数与轨道调试完成并进行升温，给测试人员充足时间进行模拟与测试。

（7）节假日后线体同时开线时，为了避免全部测试耽误产线生产工时与效率，要求同一条线体节后与节前生产同样机型，参照节前的炉温设定升温完成后可以先过炉生产，之后后勤人员根据进度一一进行炉温的实际量测，测试有异常时汇报领班、组长，并告知工程人员将之前生产板子进行冻结与分析，节后与节前生产机型不一时，必须将炉温测试完成后方可进行过板。

（8）测温人员测量炉温前，先行核对实际温度，达到设备设定温度时，才可进行测温动作，对使用载具生产的基板测温时必须模拟实际生产状况，使用载具盛载测温板测温，如果在测温时产线没有在正常生产，则需在测温板前后每间隔 20cm 左右距离放入一片空载具，模拟正常生产情况。

（9）若实测 Profile 无法符合 SOP 要求，需在回流炉入口张贴标识牌，生产的产品不允许进入回流炉，同时反映给该线技术支持以及制程工程机型负责人。

（10）每天量测的 Profile 打印出来后，请技术支持进行初核动作并签字，没有问题则请制程工程师或者技术支持组长、科长进行核准签字，签字后的 Profile 置于炉前亚克力板最外层，供随时查看。

（11）当炉温测试仪故障而无法进行炉温测试，并且基板急需过炉时，炉温测试人员首先确认炉温是否是按照前次生产合格温度设置，没有问题后先过一片，然后将该片板送交机型负责工程师确认，没有问题后再做剩余基板的过炉动作。

（12）因特殊原因无测温板的机型需要使用其他机型测温板测温的，需要经过制程工程师同意方可使用，代用测温板的选用以和待测机型板面布局相近为原则。

（13）因设备原因，各项目不再使用 CBS（轨道中央撑板机构）装置。

（14）机型停止生产，且接下来无其他项目生产，则由技术支持对该线回流炉做降温以及关闭氮气供应，以节省能源。当再开线生产时，由当线技术支持负责开启回流炉，调用相应机型程序升温，同时打开氮气各阀门及开关，并确认氮气已进入炉膛。

（15）由生产支持作业人员每班量测炉膛含氧量，并记录于"含氧量记录表"中以备查（标准 $600 \leqslant X \leqslant 1500 ppm$），无法符合标准时，需在回流炉入口张贴标识牌，生产的产品不允许进入回流炉，同时通知设备工程人员处理直到合格，有特殊状况反馈给制程工程机型负责人做处理和判断。

（16）同一项目在同台炉子生产，若本次测温设定温度与上次设定温度差异大于 $\pm 10 ℃$，则需通知设备工程师检查炉子是否出现异常。

附录四　SMT 搬运、储存管理办法

1．目的

生产作业过程中半成品应依照下列储存方式作业，并保持储存场所的清洁，以防止产品在待用以及待搬运期中损伤或变质。

2．适用范围

贴装半成品/成品电路基板，应使用下列承载器具装载 PCBA。

（1）Magazine。

（2）PCB 承载托盘（船型托盘架）。

（3）静电泡棉板。

（4）静电台车。

（5）静电气泡袋加静电箱。

3．内容

（1）Magazine 依据相应机型亚克力板来调整宽度，宽度以夹紧亚克力板为准，不留裕量，且前后需要平行。

（2）PCBA 承载托盘使用时机为有工艺边 PCBA 待维修/待检验/检验中暂时放置（无工艺边 PCBA 则使用静电泡棉板）。

（3）PCBA 在不同线别以及部门间周转依据 SOP 规定选用静电台车或静电泡棉板加静电台车。

① 静电台车宽度调整使用相应机型亚克力板来进行，以夹紧亚克力板为准，完成后需扣紧扣环。

② 静电台车配合静电泡棉板，每车泡棉板数量不可超过 50 个，泡棉板依据"左空右实"规则放置 PCBA，投入后的空泡盒放置于台车左侧，并将泡盒翻转，底部"SMT"文字朝上，泡盒侧边白漆需对齐统一朝左放置，存放有基板的泡棉板则放置于台车右侧。

（4）SMT 制程中半成品及成品运搬皆需遵循以上规定实施，严禁堆栈，以避免零件发生刮擦撞击损伤。直接用手捏取 PCB 或者 PCBA 时，应捏拿基板工艺边（基板有工艺边的情况下），避免捏拿基板表面焊盘或者零件。